Palaeontology and
Rare Fossil Biotas
in Hubei Province

湖北省地质调查院 ● 组编

VOL.6

湖北省古生物
与珍稀古生物群落

第 六 卷

珍稀古生物
群落

Rare Fossil Biotas

汪啸风　王传尚　陈孝红　王保忠 ◎ 主编

长江出版传媒
Changjiang Publishing & Media

湖北科学技术出版社
HUBEI SCIENCE & TECHNOLOGY PRESS

图书在版编目（CIP）数据

湖北省古生物与珍稀古生物群落 . 第六卷，珍稀古生
物群落 / 汪啸风等主编 . — 武汉：湖北科学技术出版社，
2020.5

ISBN 978-7-5706-0832-4

Ⅰ. ①湖… Ⅱ. ①汪… Ⅲ. ①古生物—研究—湖北
②古生物—生物群落—研究—湖北 Ⅳ. ① Q911.726.3

中国版本图书馆 CIP 数据核字 (2019) 第 300998 号

HUBEI SHENG GUSHENGWU YU ZHENXI GUSHENGWU QUNLUO
DI-LIU JUAN ZHENXI GUSHENGWU QUNLUO

策　　划：李慎谦　高诚毅　宋志阳　　　　　　　　　责任校对：王　梅
责任编辑：宋志阳　秦　艺　邓子林　　　　　　　　　封面设计：喻　杨
出版发行：湖北科学技术出版社　　　　　　　　　　　电话：027-87679468
地　　址：武汉市雄楚大街 268 号
　　　　　（湖北出版文化城 B 座 13-14 层）　　　　　邮编：430070
网　　址：http://www.hbstp.com.cn
印　　刷：湖北金港彩印有限公司　　　　　　　　　　邮编：430023
787×1092　　　1/16　　　　　　　　　　　　　　15 印张　　　360 千字
2020 年 5 月第 1 版　　　　　　　　　　　　　　　　2020 年 5 月第 1 次印刷
定价：200.00 元

PREFACE 前言

在漫长的地质年代里,地球上曾经生活过无数的生物,这些生物死亡后的遗体或是生活时遗留下来的痕迹,有一些被当时的泥沙掩埋起来。在随后的岁月中,这些生物遗体中有机质分解殆尽,坚硬的部分如外壳、骨骼等与包围在周围的沉积物一起经过埋藏成岩作用变成了化石,这些化石保留了生物遗体原先的形态和结构(甚至一些细微的内部结构);同样,这些生物生活时留下的痕迹也可以这样被保存下来。我们把这些石化的生物遗体称为实体化石,石化的生物遗迹称为遗迹化石。

简单地说,化石就是生活在远古时期生物的遗体或遗迹变成的"石头"。从化石可以看到古代动物、植物的形态,因而可以推断出古代动物、植物的生活情景和生活环境,也可以推断出埋藏化石的地层形成的年代和经历的变化,还可以推断出生物从古到今的变化等。因为按照生物进化前进性(从低级到高级、从简单到复杂)的演化规律和不可逆性的原理,在较早的岩石中的生物化石通常是较原始的、较简单的;而在年代较新的岩石中的生物化石就会变得复杂和高级。因此在地质和古生物学家眼里,化石就如同一把能够打开地球史前奥秘的钥匙或密码,通过在岩石或地层中保存的化石,人们可以破译这些含化石母岩形成的时代、沉积环境、古地理面貌,重塑地球的演变历史。

湖北省古生物化石资源丰富,类型多样,数量众多,分布广泛。据不完全统计,迄今已发现 30 多个门类和数千种的无脊椎、脊椎动物和古植物化石,其中还不包括尚未统计的微体化石、超微化石和不同有机质形成的生物标记化合物。在无脊椎动物化石方面,主要类型有古杯、海绵、层孔虫、珊瑚、有孔虫(含蜓类)、苔藓虫(或苔虫)、水母类、海鳃类、腕足类、双壳类、腹足类、头足类、软舌螺、三叶虫、叶肢介、海百合、笔石以及古老的宏体化石。在脊椎动物化石方面,主要有鱼类、两栖类、爬行类(龟鳖、海生爬行、恐龙蛋及陆生恐龙)、鸟类和哺乳类等(不包括与人类活动有关的第四纪古脊椎动物化石)。除此之外,还包括宏体藻类、大植物化石以及由藻类和环境共同作用形成的叠层石。

湖北省古生物化石的另一特点是分布时代跨度大,自距今 7.2 亿年左右成冰纪到最新的第四纪地层中,均有反映各个地质时代特征的化石发现,其中还不包括在神农架群中发现的距今约 14 亿年由藻类活动形成的叠层石。

由于这些不同门类化石已在《湖北古生物》和《湖北化石》两书中被详细介绍，本书着重介绍和讨论湖北省最具代表性、在生物演化方面最为重要的几个珍稀古生物（化石）群，即庙河生物群和埃迪卡拉生物群、宋洛生物群、清江生物群、南漳-远安动物群、郧阳青龙山恐龙蛋化石群、松滋猴-鸟-鱼化石库、鄂西陆相红盆珍稀植物群。全书共 7 章，第一章由中国地质调查局武汉地质调查中心汪啸风编写；第二章由中国地质大学（武汉）喻建新、叶琴、雷勇和中国地质调查局武汉地质调查中心安志辉编写；第三章由中国地质调查局武汉地质调查中心汪啸风和姚华舟编写；第四章由中国地质调查局武汉地质调查中心程龙、阎春波、王保忠编写；第五章由湖北省地质科学研究院李正琪和中国科学院古脊椎动物与古人类研究所张蜀康编写；第六章由中国地质调查局武汉地质调查中心汪啸风、王传尚、王保忠、孟繁松编写；第七章由孟繁松编写。

由于本书涉及湖北省距今 7.2 亿—0.56 亿年所发现的珍稀古生物化石群，时代跨度大，化石门类多样，内容广泛，受编者知识和水平所限，难免有不当之处，敬请批评指正。

本书在编写过程中得到湖北省自然资源厅、中国地质调查局武汉地质调查中心、中国地质大学（武汉）、湖北省地质科学研究院、古生物与地质环境演化湖北省重点实验室和湖北省古生物化石专家委员会的大力支持和帮助，得到国家地质调查项目"宜昌生态文明示范区综合地质调查工程（DD20190315、DD20190823）"、科技部基础性工作专项"中国标准地层建立——中国地层表的完善（2015FY310100）"、中国地质调查局和中国地质科学院项目"关键地区区域地层标准建立与关键生物群演化和沉积岩试点填图（No. DD20160120-04）"以及国家自然科学基金项目"早三叠世生态复苏期湖北鳄类多样性及其沉积环境研究（No. 41972014）"相关科研成果的支持，在此一并致谢。

编　者

2019 年 5 月

CONTENTS 目 录

第一章　庙河生物群和埃迪卡拉生物群

摘要：在对长江三峡地区地层古生物长期调查研究和查阅大量研究成果的基础上，本章着重展现了新元古代大冰期之后、寒武纪生命大爆发前，我国长江三峡东部地区埃迪卡拉系（震旦系）（距今 6.35 亿—5.41 亿年）陡山沱组和灯影组中所发现和研究的反映地球早期生命辐射进化事件的珍稀生物群——庙河生物群和埃迪卡拉生物群，前者以产宏体碳质压膜化石为特点；后者被视为地球上最早多细胞动物化石的代表，他们都是探索地球早期生命进化和保存形式的重要证据。结合庙河生物群和埃迪卡拉生物群化石的研究和讨论，还介绍了陡山沱组下部所发现的以天柱山藻（或疑源类）（*Tianzhushania*）为代表的大型带刺多细胞藻类化石群。这些珍稀化石群落显示了距今 6.3 亿年全球寒冷（雪球）事件后，随着气候转暖，在三峡东部地区温暖浅海中所出现和繁衍的多细胞生命景观，是地球早期生命从简单到复杂进化过程中的一个重要环节，是人类认识和探索地球早期多细胞生命演化的新窗口；同时也为进一步研究和厘定我国和全球埃迪卡拉系年代地层的划分提供了重要证据。

关键词：庙河生物群，埃迪卡拉生物群，多细胞藻类，陡山沱组，灯影组

20 世纪末以来，随着研究的深入，新技术、新方法和新理论的引进，高倍扫描电子显微镜的应用，科学家们陆续从变质程度不太强烈的沉积岩层中发现了叠层石，这是一种微生物和藻类活动的产物。此外，人们从南非、加拿大和澳大利亚所出露的古老的岩层中分析出大量与原核藻类非常相似的古单细胞生物化石，它们被认为是人类迄今所发现的最古老、最原始的化石，也是说明太古代（距今 40 亿—25 亿年）地层中已经出现生命的有力证据（图 1-1）。尽管当时只有数量不多的原核生物（Garwood，Russell，2012），只留下了极少的化石记录，但却展示了生物演化初级阶段所出现的最原始生命的类型和保存形式。不过比较肯定的最早的生命证据，是来自澳大利亚西部和南非距今 35 亿—34.5 亿年在硅质岩和硅化碳酸盐岩中分离出来的微生物实体化石（Schopf，1993；Schopf et al.，2005）以及大量叠层石（Allwood et al.，2006；史晓颖等，2016）。

元古代的时限从距今 25 亿—5.4 亿年（图 1-1），在这段地史中，原核生物演化为真核细胞生物，构成地史时期的菌-藻类时代。在这一时期所形成的古老地层中所发现的微古植物化石、宏体藻类化石及叠层石说明那时的地球已不再是满目荒芜（图 1-2）。随着早元古代晚期大气圈出现了自由氧，而且随着植物的日益繁盛与光合作用的不断加强，大气圈的含氧量也不断增加。因而到了元古代的中晚期，藻类已十分繁盛，明显有别于太古代仅有极少原核藻类出现的荒芜景象。

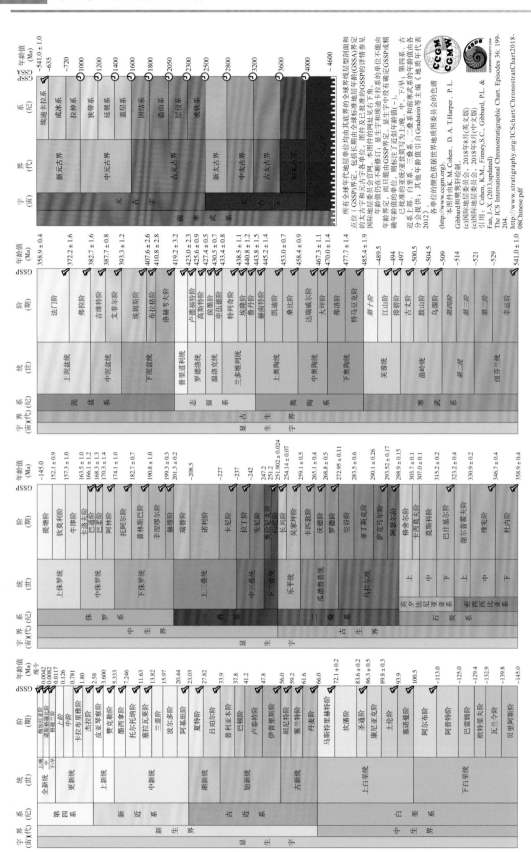

图 1-1　全球地质年代表 (国际地层委员会, 2018)

图 1-2　神农架主峰黄龙亭中新元古代出露的距今约 14 亿年由微生物和藻类活动形成的叠层石

一、三峡东部地区的成冰系和埃迪卡拉系

自李四光、赵亚曾(Lee et al., 1924)在三峡东部地区建立震旦系[包括当前的成冰系(南华系)和埃迪卡拉系(震旦系)]以来,这里一直是我国研究成冰系(南华系)和埃迪卡拉系(震旦系)的标准地区。命名剖面分别位于宜昌莲沱和田家院子。三峡东部的成冰系和埃迪卡拉系主要出露在穹隆核部周缘,围绕由早-中元古代崆岭群和黄陵花岗岩组成的变质结晶基底呈带状分布(图 1-3)。后者与上覆成冰系(南华系)之间呈明显的角度不整合接触。结晶基底之上的地层自西向东依次为成冰系(南华系)、埃迪卡拉系(震旦系)、寒武系和奥陶系、志留系等,它们环绕黄陵穹隆呈带状分布。出露于三峡东部和相关地区的成冰系和埃迪卡拉系的类型与关系如图 1-4 所示。

1. 成冰系(南华系)

本章在延续 2002 年《中国区域年代地层(地质年代)表》颁布的南华系地层划分系统的同时,考虑成冰系(南华系)在华南地区沉积类型的分异。由于三峡地区该系底部不整合在黄陵花岗岩或崆岭群之上,缺失了近 4 000 万年的沉积记录,全国地层委员会(2002,2018)所颁布的中国地质年代表中,选择湖南石门杨家坪剖面(类型Ⅱ)作为南华系的代表性剖面,以三峡东部地区(类型Ⅰ)南华系剖面作为辅助剖面(图 1-4)。三峡东部地区该系下部由一套河湖相紫红色的砂砾岩、砂岩、粉砂岩组成,上部为全球大冰期期间所形成的灰绿色冰水混杂砾岩沉积；中部缺失了在扬子碳酸岩台地边缘和斜坡地带，如长阳和湘西北地区，发育的古城组和含锰的大塘坡组沉积(图 1-3～图 1-6)。

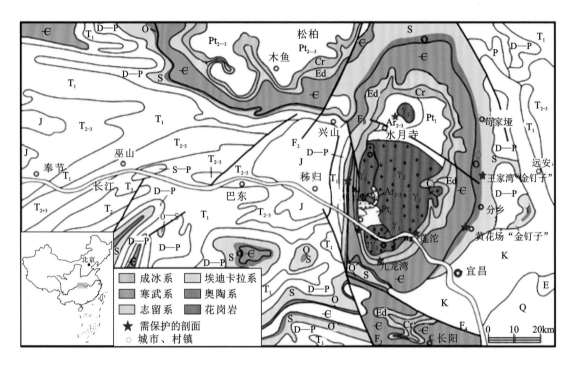

图 1-3　三峡东部新元古代成冰系(南华系)和埃迪卡拉系(震旦系)分布和命名剖面位置

中国南方		类型Ⅰ	类型Ⅱ	类型Ⅲ		
寒武系		水井沱组	水井沱组	小烟溪组		
542Ma						
新元古界	震旦系	上统 550Ma	灯影组 (549.9±6.1)Ma (551±0.7)Ma	灯影组	留茶坡组 (老堡组)		
		下统	陡山沱组 (614±7.6)Ma (628±5.8)Ma (635±0.57)Ma	陡山沱组			
	635Ma				南沱组		
	南华系	上统 660Ma	南沱组 (636.3±4.9)Ma (654.5±3.8)Ma	南沱组			
		中统	大塘坡(湘锰)组 (667±9.9)Ma (663±4.3)Ma	富禄组 (669±13)Ma			
		725Ma	古城(小冰)组				
		下统	莲沱组 (724±12)Ma (748±12)Ma	渫水河组 (758±23)Ma	长安组		
	780Ma						
	青白口系		黄陵花岗岩 (837±7)Ma	(809±16)Ma (785±19)Ma (795±15)Ma 板溪群	板溪群 (814±12)Ma	下江群	丹洲群
				下江群	四堡群		
				冷家溪群			

图 1-4　中国南方不同类型沉积区新元古界划分对比(全国地层委员会，2018；尹崇玉等，2015)

类型Ⅰ：宜昌莲沱-田家院子(台地内部)；类型Ⅱ：湖南石门杨家坪(台缘-斜坡)；类型Ⅲ：广西三江长安-富绿一带(大陆边缘斜坡-盆地)

（1）莲沱组

下部为浅紫红色厚层-块状含砾粗粒石英砂岩、长石石英砂岩，上部为浅灰色厚层状长石石英砂岩夹紫红、灰绿色中-薄层状细砂岩、粉砂岩。基本层序为：块状含砾砂岩—厚层状砂岩—粉砂岩夹泥岩互层，发育大型板状斜层理，部分层面见不对称波痕，为快速堆积的滨海相沉积。本组厚约 148 m，与下伏黄陵花岗岩或崆岭群呈角度不整合接触（图 1-3、图 1-5）。

图 1-5　南华系南沱组冰碛砾岩

（2）南沱组

该组为灰绿色块状冰碛杂砾岩、冰碛含砾砂泥岩，它以砾、泥沙混合堆积为主要特点，砾石大小不等，分选差，成分复杂，常见有硅质岩、花岗岩及变质岩等。砾石表面具"丁"字形擦痕、刻痕、压扁凹坑（图 1-5）。本组属大陆冰川为主的沉积环境，厚约 90 m，平行不整合于莲沱组之上。

图 1-6　秭归新滩庙河南华系角度不整合在中元古代崆岭群之上

（汪啸风 1985 年摄于秭归）

2. 埃迪卡拉系（震旦系）

三峡东部地区震旦系岩石地层单位一直分为二统二组，下统为陡山沱组，上统为灯影组。陡山沱组在华南地区整合或平行不整合于南华系南沱组冰碛岩之上或直接超覆于不同层位的老地层之上，厚 170~230 m。

（1）陡山沱组

该组系南沱冰期后的海侵沉积，厚约 210 m，与下伏南沱组为平行不整合接触。对陡山沱组岩性段划分，不同研究者并不完全相同，根据汪啸风等（Wang et al.，1998）意见，依岩性将其自下而上划分为四个岩性段。

一段：俗称盖帽白云岩，浅灰色中厚层状细晶白云岩，具大型"人"字形层理、小型帐篷构造、波状层理，厚 1~5 m。

二段：灰-深灰、灰黑色薄板状泥质条带泥晶灰岩、含炭质页岩、薄层状白云质硅质岩，含燧石结核及磷质，产巨型带刺疑源类化石，厚约 148 m。

三段：灰色薄-中层状细晶白云岩夹泥晶灰岩，含硅质扁豆体或燧石结核，厚 51 m。

四段（庙河段）：灰黑色薄层状炭质泥岩、白云质泥岩夹含炭质、磷质结核白云岩，富含多门类宏体化石，在秭归县庙河村发现庙河生物群（图 1-7），属浅海台地-盆地边缘环境沉积，厚 26 m，故而，亦有人称此段为庙河段（Ye et al.2017）。

图 1-7   宜昌莲沱保留的南华系与黄陵花岗岩之间不整合接触面及风化剥蚀景观（距今 820－740 Ma）

（2）灯影组

该组是一套以碳酸盐岩沉积为主的地层，岩性四分明显，因而自下而上划分为四个岩性段（图 1-8）。

蛤蟆井段：由灰-浅灰色中厚层状内碎屑白云岩、砂屑白云岩与中薄层状细晶白云岩、硅质细晶白云岩组成的高位沉积序列，上部白云岩中具鸟眼构造，厚约 200 m。

石板滩段：深灰、灰黑色薄层状硅质泥晶灰岩，产埃迪卡拉动物群，以文德带藻（*Vendotaenia*）化石及虫迹为代表的宏体藻类化石及虫迹化石等，厚 24~36 m。

				年龄值（Ma）
寒武系	纽芬兰统	水井沱组		
埃迪卡拉系（震旦系）	上统	灯影组	天柱山段	542Ma
			白马沱段	
			石板滩段	埃迪卡拉生物群
			蛤蟆井段	551Ma
	下统	陡山沱组	四段	庙河生物群
			三段	
			二段	635Ma
			一段	
成冰系（南华系）	上统	南沱组	冰碛层	663Ma
		大塘坡组	间冰层	670Ma
		古城组	冰碛层	
	下统	莲沱组		748Ma 758Ma

图1-8　宜昌新滩庙河成冰系和埃迪卡拉系地层划分及庙河生物群产地和产出层位（红圈）

（汪啸风摄于1985年）

白马沱段：主要为灰、灰白色中厚层状微-细晶白云岩，下部含管状后生动物 *Cloudina*，厚18 m；

天柱山段/岩家河组：天柱山段为钙质白云岩，含黑灰色含硅质焦磷矿结核或条带白云岩，含小壳化石，时代为寒武纪初期，厚0.5～1 m；出露在长阳县高家堰镇王子石村的岩家河组系由一套黑色泥岩和薄层硅质岩组成，岩相单一，厚80～90 m，系天柱山段相变，但小壳化石序列较后者完整，是当前最有希望重新厘定我国寒武与前寒武系界线的重要的剖面之一。

本组厚度150～820 m，与下伏陡山沱组呈平行不整合接触。

根据中国地质调查局武汉地质调查中心（2013）三斗坪地质调查的成果，结合近20年来三峡地区埃迪卡拉系多重地层划分与对比研究的深入，现将该区埃迪卡拉系岩石、层序、生物和化学地层划分概括于图1-9之中。从图1-9中不难看出，该区埃迪卡拉系自下而上划分出五个生物组合。其中陡山沱组三个，包括二段出现的以天柱山藻（*Tianzhushania*）为代表的大型具刺疑源类，三段所见的具刺疑源类以及产于四段中下部以多细胞藻类为代表的庙河生物群；灯影组两个，下部系石板滩段首次出现的以埃迪卡拉生物群为代表的多细胞动物化石和共生文德带藻和遗迹化石，以及其上白马沱段所发现的管状化石，它们对于探索地球早期生命起源和保存形式以及埃迪卡拉系内部年代地层划分和埃迪卡拉系-寒武系界线的划分具有重要的意义。需要指出的是，陡山沱组在扬子碳酸岩台地的沉积厚度随古地理位置、构造背景和沉积环境的不同有所变化。在湖北省陡山沱组广泛发育的含磷矿带和含磷层位中所发现微体化石组合应与三峡东部地区陡山沱组二段和三段下部对比（尹崇玉等，2007）。灯影组沉积一般为较稳定的碳酸盐岩，主要为白云岩和藻白云岩，但不同地区沉积厚度有较大变化，三峡东部地区灯影组沉积最厚，近700 m。向东南过渡到湖南中部和贵州东部，灯影组相变为一套灰黑色硅质岩夹薄层硅质白云岩，称为留茶坡组。再向南至盆地相边缘及更南的大陆边缘，灯影组则相变为黑色硅质岩，称老堡组。

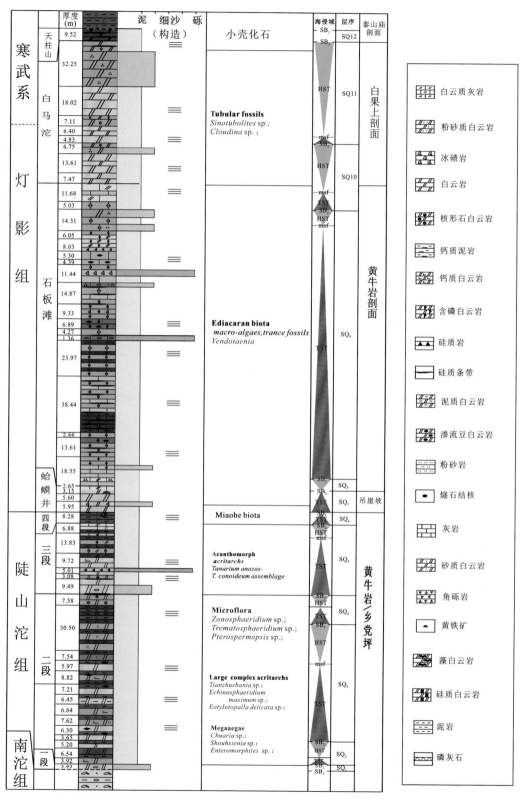

图 1-9　三峡地区埃迪卡拉系综合柱状图

（据武汉地质调查中心，2013）

二、庙河生物群

典型的以宏体碳质压膜化石为特点的庙河生物群产于湖北三峡东部秭归庙河陡山沱组四段中下部页岩中,该化石群最早发现于 20 世纪 80 年代初期,并被认为是典型的多细胞藻类化石,与现生绿藻类的浒苔可以对比(朱为庆等,1984),由此拉开了埃迪卡拉纪(震旦纪)早期——陡山沱期宏体碳质压膜化石研究的序幕(图 1-7~图 1-11)。20 世纪 90 年代初,伴随秭归庙河吊崖坡剖面陡山沱组近顶部黑色碳质页岩中所发现"庙河生物群"的大量发掘和深入研究(陈孟莪等,1991,1992;丁莲芳等,1996;袁训来等,1995,2002;陈孝红等,1999,2002;唐烽等,2002),更引起世界的普遍关注(Xiao et al.,2002,2004),因该生物群化石的出现展示了新元古代"雪球地球"事件结束后不久发生的生物演化事件,形态多样化的宏体真核生物,包括形态多样的海藻和后生动物出现和快速的辐射,暗示这个时期大气圈中的氧气含量有了明显的升高,较深部海水已经由"雪球地球"之前的还原状态转变成了间歇性的氧化状态,从而为宏体真核生物的生存提供了条件。

扬子台地型埃迪卡拉纪(震旦纪)陡山沱组地球化学的研究也表明,陡山沱组内部碳同位素的漂移轨迹,可以与世界其他地区埃迪卡拉系进行精确对比,并且与海洋每一次氧化事件以及生物多样性事件相对应,这也进一步表明埃迪卡拉纪早期真核生物的进化是沿着海洋氧化轨迹进行的,与海水温度和盐度的变化紧密相关(图 1-12)。

图 1-10 庙河生物群中的藻类化石
(袁训来等,2002)

图 1-11 三峡地区(莲沱镇对面黄牛岩)典型的
成冰系和埃迪卡拉系

1. 庙河生物群产出层位和组合特征

典型的"庙河生物群"化石产于湖北三峡东部长江北岸的秭归庙河渡口村之上所出露的陡山沱组四段下部灰色-灰黑色页岩夹薄层砂岩之中(图 1-7、图 1-8、图 1-11、图 1-12)(丁莲芳

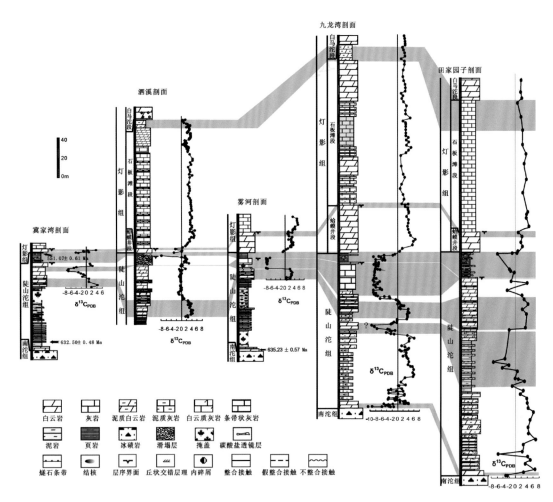

图 1-12　三峡地区不同剖面埃迪卡拉纪地层综合对比图

（同位素年龄据 Condon et al.，2005）

等，1996；陈孝红、汪啸风，2002；唐烽等，2008；Zhu et al.，2007）。与庙河隔江相望的秭归九曲脑发育了与庙河剖面可以对比的埃迪卡拉系地层。该剖面位于茅坪镇西 17 km，顺茅坪镇至高家坝沿江公路出露。剖面出露较好，底部不整合在黄陵花岗岩之上，自下而上依次可识别出南沱组、陡山沱组、灯影组和岩家河组／水井沱组。遗憾的是在该剖面陡山沱组四段下部黑色硅质、泥质薄层页岩和硅质岩中，仅发现零星的宏体碳质压膜化石碎片，而未见庙河生物群中大量多细胞藻类化石，暗示庙河生物群仅出现在"雪球事件"后，随气候转暖短暂现身且底部缺氧而表层充氧的局限盆地之中，分布环境和条件十分局限。

根据刘鹏举等（2012；Liu et al.，2013）、尹崇玉等（2015）对三峡东部地区震旦系陡山沱组剖面系统岩石切片和化学分析研究，在产庙河生物群的陡山沱组四段之下，还存在两个燧石相微化石组合，下组合出现在陡山沱组第二段碳同位素（$\delta^{13}C$）正值区（图 1-13、图 1-14）。该组合以大型具刺疑源类天柱山藻（*Tianzhushania*）、乳突球藻（*Papillomembrana*）的出现一繁盛—消亡为特征,并伴生高分异大型具刺疑源类,一般个体较大,直径 90~150 μm,主要属种包括:*Asterocapsoides sinensis*,*Briareus borealis*,*Echinosphaeridium maximum*;*Eotylotopalla delicata*,*E. dactylos*;*Ericiasphaera rigida*,*E. sparsa*,*E. spjeldnaesii*,*E. magna*;*Mastosphaera changyangensis*;*Megahystrichosphaeridium chadianensis*,*M. gracilentum*,*M. magnificum*,*M. desum*;*Papillomembrana compta* 等,组合中还出现多细胞藻类 *Sarcinophycus papilloformis*,*S. radiatus*,*Wengania minuta*,*Paramecia incognata* 等和大量丝状和球形蓝菌类。贵州瓮安陡山沱组上磷矿层下部出现微化石组合与其相当(刘鹏举等,2012;尹崇玉等,2007,2015)(图 1-13~图 1-15)。

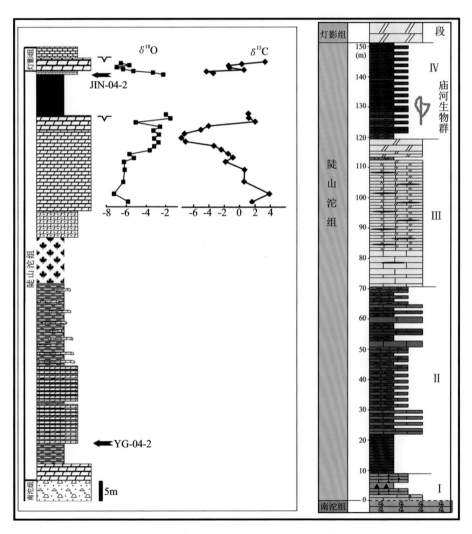

图 1-13　秭归茅坪九曲脑剖面与庙河生物群的关系

左图:九曲脑剖面陡山沱组 δ¹³C (‰,VPDB)、δ¹⁸O (‰,VPDB) 异常曲线,YG-04-2 指示该组四段底部 U-Pb 年龄为 (632.5±0.5) Ma;JIN-04-2 指示陡山沱组四段顶部 U-Pb 年龄为 (551.1±0.7) Ma (Condon et al.,2005;Zhu et al.,2007);右图:示庙河吊崖坡剖面陡山沱组四段下部产庙河生物群层位

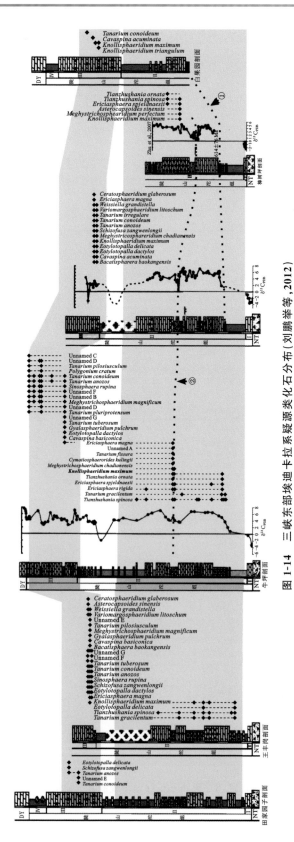

图 1-14 三峡东部埃迪卡拉系疑源类化石分布（刘鹏举等，2012）

NT：南沱组，DY：灯影组。①晓峰河，樟村坪，白果园同含磷矿层位对比；②晓峰河，樟村坪，白果园碳同位素第一次正漂移事件对比上组合出现在陡山沱组第三段,与第二段所产的下组合微化石有所不同,除第二段常见的球形和具刺疑源类上延至此段外,还出现一些具刺疑源类和可能属单细胞原生动物的新类型,并有不分叉的管状化石,贵州震旦圆圆茎(*Sinocyclocylicus guizhouensis*)出现,但下组合常见的具刺疑源类(*Tianzhushania*)未在上组合出现(Liu et al.,2013;尹崇玉等,2015)(图1-14~图1-16)。

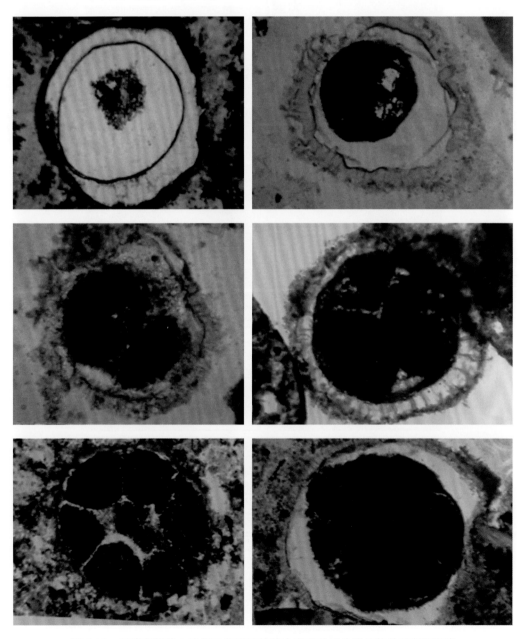

图 1-15 三峡东部陡山沱组二段燧石结核中发现的具分裂结构的具刺疑源类

(尹崇玉等,2015)

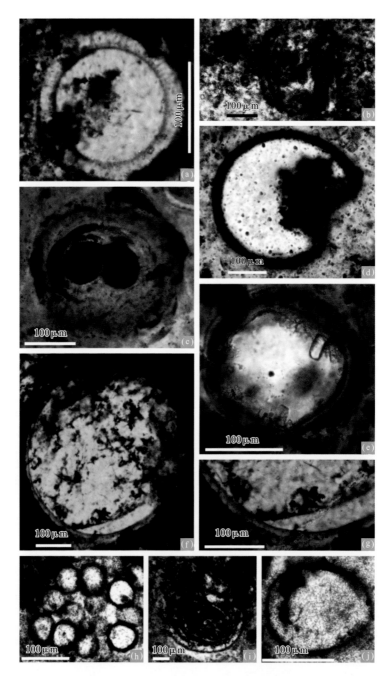

图 1-16　宜昌晓峰陡山沱组三段的微体化石

（a）*Meghystrichosphaeridium perfectum*，牛坪剖面，薄片号 PM079-9-2；（b）*Knollisphaeridium maximum*，晓峰河 A 剖面，薄片号 DSY-3-10；(c)Unnamed 1，牛坪剖面，薄片号 PM079-3-3；(d)Unnamed 2，牛坪剖面，薄片号 PM079-4-2；(e)Unnamed 3，牛坪剖面，薄片号 PM079-9-1；(f)，(g)Unnamed 4，(g)为 (f)的局部放大，牛坪剖面，薄片号 PM079-9-2；(h)Unnamed 5，晓峰河 A 剖面，薄片号 DSY-4-4；(i)Unnamed 6，牛坪剖面，薄片号 PM079-6-1；(j)Unnamed 7，牛坪剖面，薄片号 NP-9-2-10

（据分乡 1：50 000 地质调查和曾雄伟，2013）

庙河生物群与陡山沱组二段至三段所产的具刺疑源类化石组合不同,以产多门类宏体碳质压膜藻类化石群为特点,并出现少许可靠的宏体后生动物化石(图 1-13、图 1-17),它们集中产在陡山沱组四段下部黑色碳质、硅质泥页岩中。碳同位素($\delta^{13}C$)的研究表明,庙河生物群的出现与陡山沱组三段上部和四段气候转暖而随之发生的宏体藻类辐射以及和海水中因氧气增加而出现高负值区密切相关(图 1-13、图 1-14)。庙河生物群中不仅含有不分枝的带状藻体——棒形藻(*Baculiphyca*)、二歧分枝的丝状藻体——拟浒苔(*Enteromorphites*)、陡山沱藻(*Doushantuophyton*)等具固着构造的底栖多细胞藻类,同时还包括:*Anomalophyton*,*Beltanelliformis*,*Konlingiphyton*,*Glomulus*,*Liulingjitaenia*,*Miaohephyton*,*Longifuniculum*,*Jiuqunaoella*,*Protoconites*,*Sinocylindra*,*Calyptrina*,*Cucullus*,*Sinospongia*,*Siphonophycus* 等其他形态类别的宏体藻类(丁莲芳等,1996;Xiao et al.,2002)(图 1-17)。

此外,庙河生物群中还发现部分后生动物,如简单九曲脑虫(*Jiuqunaoella simplicis*),环纹杯状管(*Calyptrina striata*)、似僧帽管(*Cucullus fraudulentus*)、小型原锥虫(*Protoconites minor*)和标准震旦海绵(*Sinospongia typica*)等,还在贵州江口翁会新确定的八臂仙母虫(*Eoandromeda octobrachiata*),表明我国庙河生物群中所含的八臂仙母虫在层位与南澳大利亚石英砂岩中发现的印痕化石为同一生物种,二者层位大体相当(Zhu et al.,2007;唐烽等,1998;尹崇玉等,2015),它们暗示在新元古代"雪球"冰期之后和寒武纪早期后生动物大爆发前夕地球早期真核生物界曾发生过一次大规模进化辐射事件。

由于庙河生物群仍然属于早期的多细胞生命,形态原始、构造简单,加之多保存为压膜化石状态,因而对它们的系统分类和亲缘关系的讨论一直存在着不同的解释和相当大的争议。根据肖书海等(Xiao et al.,2002)对湖北三峡东部庙河生物群中的宏体碳质压膜化石的研究,认为其中的大部分可能与现生的三大高级藻类——红藻、绿藻和褐藻有关,属于多细胞的后生藻类;在生物群中所显示的动物属性,可能为原始的后生动物。

2. 庙河生物群的分布和对比

沿着长江两岸,西起云南,东至江苏、浙江,包括江西、安徽等距今 6.35 亿—5.41 亿年的埃迪卡拉纪(震旦纪)陡山沱期的地层中也先后发现了以多细胞生物化石为主的瓮安生物群和蓝田植物群(图 1-17)。瓮安生物群以微体化石的形式立体保存于陡山沱组磷块岩中,包含了众多底栖和浮游的真核生物类型,与三峡东部地区埃迪卡拉系陡山沱组下和中下部的钙质、泥质页岩所产的以大型具刺疑源类——天柱山具刺疑源类(*Tianzhushania*)为标志的下组合层位相当,共生的还有 *Chuaria* 和 *Tawuia* 等宏体化石以及带刺原始藻类或可能的后生动物休眠卵化石。其上至陡山沱组四段,才出现庙河生物群。这些生物群的出现,展现了新元古代大冰期之后寒武纪生命大爆发前,在温暖浅海中早期动物辐射前夕的多细胞生命景观,是地球早期生命从简单到复杂进化过程中的一个重要环节,是人类认识早期多细胞生命演化的新窗口。大型带刺的疑源类是该生物群中的浮游类型;底栖固着的多细胞藻类包括红藻、褐藻和绿藻;微管状刺细胞双胚层动物和动物胚胎可能代表了后生动物在该时期的较原始的演化水平(图 1-17、图 1-18);这些以多细胞藻类和后生动物为主体所构成的陡山沱期的浅海底栖生态系统取代了在地球上持续了近 30 亿年的,由原核生物形成的叠层石-微生物席生态系统,因而被认为是一次重要的真核生物早期进化辐射事件。

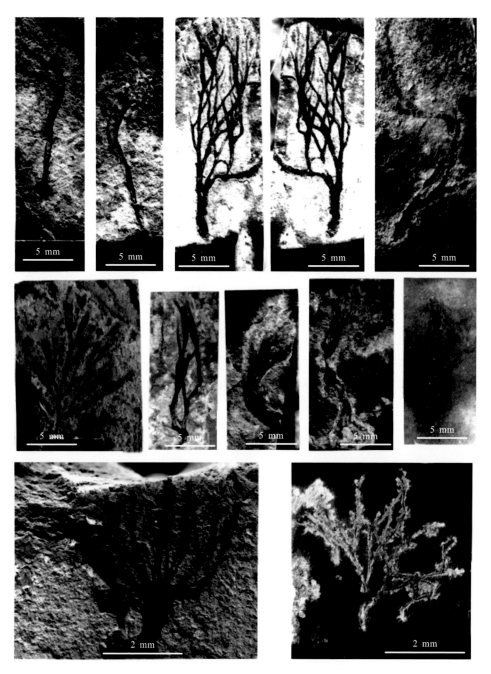

图 1-17　秭归庙河生物群中的宏体藻类化石

(丁莲芳等,1996)

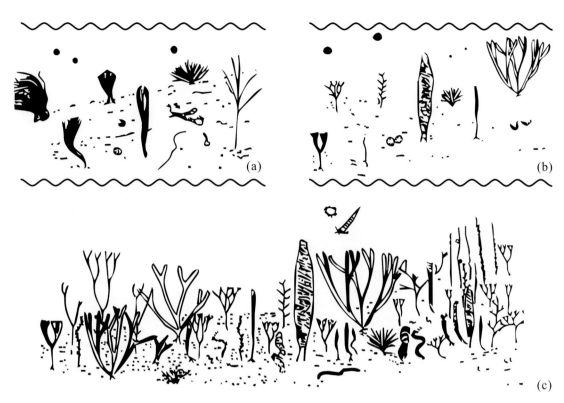

图 1-18　华南埃迪卡拉系陡山沱期宏体碳质压膜化石生态组合特征

(a)安徽蓝田化石群;(b)贵州江口陡山沱组化石群;(c)秭归庙河宏体化石群

(尹崇玉等,2015)

三、埃迪卡拉生物群

1. 埃迪卡拉纪和埃迪卡拉生物群的由来

2004 年国际地质科学联合会在全球国际地质年代表中正式批准建立一个新的纪一级的年代地层单位——埃迪卡拉纪。这也是第一个在一个多世纪内根据年代地层标准引进并得到国际上批准和认可的属于元古代末期的纪(系)级年代地层单位。根据国际地层委员会制定的程序,埃迪卡拉纪被限定在两个重要的地质事件之间,它的底部覆盖在马里诺冰期形成的大冰盖留下的混积岩之上,顶部限于寒武纪生物大辐射之下。前者的全球标准层型剖面和点位(GSSP, Global Stratotype Sections and Points,俗称"金钉子")位于南澳大利亚弗林德斯山脉努卡列纳组盖帽碳酸盐岩底部冰川混积岩之上;它的顶界位于根据 GSSP 定义的寒武纪底界之下,图 1-19 中地质工作者右脚站在冰川混杂岩顶部,左脚指示 GSSP 的界线层(Knoll et al.,2006)。

埃迪卡拉纪之所以能够从新元古代被划分出,并且成为新元古代最上部的一个年代地层

图 1-19　埃迪卡拉系底界"金钉子"

单位,其主要原因是该纪产有以埃迪卡拉(Ediacaran)命名生物群或动物群。实际上该生物群早在 1947 年就被斯普里格(Sprigg)在澳大利亚中南部埃迪卡拉地区前寒武纪晚期的庞德砂岩内发现并且命名。但由于人们最初对这个生物群的分布范围、在生物进化过程中的意义以及它们的确切时代缺乏足够认识和证据,直到后来,随着该生物群的分子在世界各大陆相继发现,才终于确定它们产于 6.7 亿年左右前寒武纪(Knoll et al.,2000,2006)。早在 20 世纪 80 年代,Cloud 和 Glaessner (1982)就提出过建立埃迪卡拉系的建议,此后又经历了 10 多年的研究和辩论,最终末元古代工作组于 2004 年经过投票决定,接受了 Cloud 和 Glaessner 的建议,在末元古代的最上部划分出并建立了埃迪卡拉纪这个新的年代地层单位。

埃迪卡拉生物群(或动物群)包含 3 个门,19 个属,24 种低等无脊椎动物。3 个门是腔肠动物门、环节动物门和节肢动物门。在世界各地所发现的近 2 000 件埃迪卡拉动物化石标本中,腔肠动物门占 67%,水母有 7 属 9 种,水螅纲有 3 属 3 种,海鳃目(珊瑚纲)有 3 属 3 种,钵水母 2 属 2 种;环节动物门占 25%,其中多毛类环虫 2 属 5 种;节肢动物门 2 属 2 种,分类位置未定,占 5%(Glaessner,1966)。

前已述及,生命在地球上已经延续了 35 亿年,但是这其中却有近 30 亿年是水生细菌和藻类的时代。尽管生命在不断地自我完善,几十亿年中,先后出现了真核生物并显现出多细胞个体的趋势,但这一时期的生命仍然是非常原始的。这一单调生命景观直到以庙河生物群为代表的多细胞藻类为主体的宏体藻类时代的出现,才发生了变化。这标志原始的生命形态在经过30亿年的准备之后,才有可能通过真核生物早期进化辐射事件以及所积累的生命能量和前进性的进化,从而揭开生命演化历史的全新篇章。在1974年召开的国际地质科学联合会巴黎会议上,与会者一致肯定埃迪卡拉动物群为前寒武纪晚期,是目前已发现的地球上最古老的后生动物化石群之一。尽管它们的形态、结构都很原始,且多保存为印痕化石,但却被认为是20世纪古生物学最重大的发现之一。这一发现使科学界摈弃了长期以来认为在寒武纪之前不可能出现后生动物化石的传统观念。

作为识别埃迪卡拉系最显著标志的埃迪卡拉生物群(Ediacare biota)或埃迪卡拉动物群(Ediacare fauna),是以出现全球最古老的软驱体后生动物化石组合(soft-body metazoan fossil assemblages)为特点(图1-20)。相对占据前寒武纪绝大部分生物演化历史的微显生物化石来讲,大型的、结构复杂的埃迪卡拉生物群在地球上的首次出现,构成了元古代生物圈演化历史上最显著的标志和地球生命演化历史上关键性的一幕。虽然对埃迪卡拉生物群的亲缘关系尚存不同的看法,但当前多数学者都倾向于埃迪卡拉型化石(Ediacare-type fossils)应属于后生动物(Nanbonne,2005;Hofmann et al.,2008)。埃迪卡拉型化石几乎在全球各个大陆和各种沉积物中均有报道,其中类型最为多样的地区,当属澳大利亚埃迪卡拉、纳米比亚、俄罗斯北部的白海以及纽芬兰(Hofmann et al.,2008)。从各大陆所发现的埃迪卡拉型化石组合来看,多样性的埃迪卡拉生物群主要产在新元古代最上部冰碛岩(tillite)或冰川混碛岩(glacial diamicitites)之上至寒武系底部之间,即距今635—542 Ma,尤其是距今580—542 Ma的地层中(Nanbonne,2005;Hofmann et al.,2008)(图1-20)。当前所发现的埃迪卡拉型化石,保存形状多样,有的呈圆盘状,同现代水母相似;有的呈柄状的印痕,与现代的海鳃相似;有的具有含糊不清的环节构造,与现代的环节动物相似;有的形状古怪,同现在已知的任何一种生物都不相似。据纳波(Narbonne,2005)报道,埃迪卡拉型化石大小变化很大,从几厘米到几十厘米,最长可达1 m以上。埃迪卡拉生物群的发现和研究,大大促进了前寒武纪古生物学的发展,也纠正了过去认为无脊椎动物在寒武纪初期才出现的观点。把原来以为只有5.4亿年左右的后生动物历史,大大向前推进了。有的学者推算,后生动物群很可能起源于9亿—10亿年前。腔肠动物类水母体化石主要是钟状外形,保存为印模者较多,口部及触手的外形还不清楚,一般只能据外形及表面不同装饰,如同心状、放射沟状、突出叶状物等来分类,有许多属可以区分出来,如 Ediacaria,Medusinites,Cyclomedusa 等常见的属。Medusinites 比较特殊,有单一同心状脊及盾状外形的物体,看来是一群体水螅漂浮室的支持物。Conomedusites 是一锥状化石,有4重对称及许多触手,应属于钵水母纲的原始锥石类。腔肠动物门的3个纲在埃迪卡拉动物群内都有代表,并可能有钙质骨针的痕迹。还有一些属钵水母纲及水螅纲,有可疑的几丁质的骨骼,但没有发现钙质珊瑚的痕迹。

环节类的蠕虫有两类,一类是体平及多节的狄更逊蠕虫,与现生的 Spinther 相似,过去曾称为狄更逊水母。另一类是更像蠕虫的斯普里格蠕虫,它有马蹄形的头部。

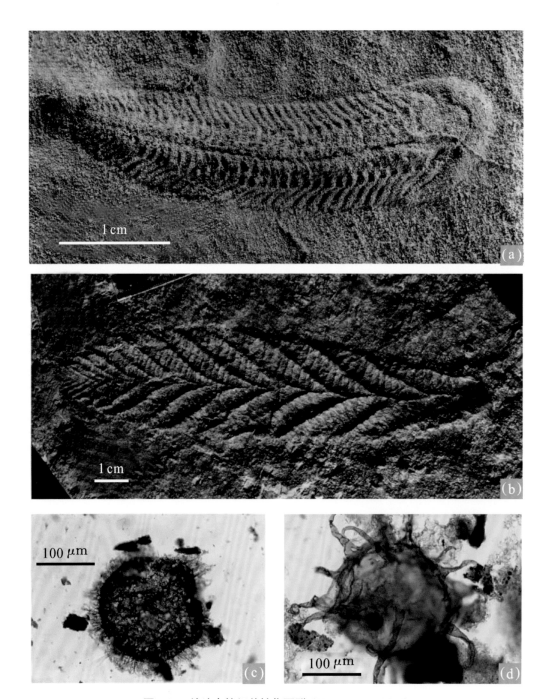

图 1-20 埃迪卡拉纪关键化石群（Knoll et al.，2006）

(a)，(b)埃迪卡拉纪宏体化石；(c)，(d)疑源类；(a)*Spriggina floundersi* Glaessner，1958，澳大利亚南部北埃迪卡拉山脉；(b)*Charnia masoni* Ford，1958，模式标本，英格兰；(c)*Appendisphaera barbata* Grey 2005，澳大利亚北部 Amadeus 盆地；(d)*Tanarium conoideum* Kolosova，1991，emend. Moczydlowska，Vidal & Rudavskaya 1993 修订，澳大利亚南部

Parvancorina 像是一个甲壳动物或三叶虫的生长的过大的幼虫,其他则与海鞘类被囊动物可以相比,它的亲缘关系还不清楚。*Tribrachidium* 似属棘皮动物中稀少的三辐射对称一类,没有现代的及寒武世早期的棘皮动物所具有的钙质板的痕迹。*Praecambridium* 个体小,它可以有几丁质的壳,附在分类位置不明的动物分节体上。

后生动物软体印模之所以能在澳大利亚的砂岩里保存下来,是由于该砂岩沉积时波浪及水流强度暂时减弱,动物软体与细泥沙混合在一起,软体正在腐烂时或腐烂之后被盖上另一层细沙,原来软体的印模即被保留。如软体长期不腐烂,则盖上去的细沙的下表面还可具有印痕。埃迪卡拉动物群的组成说明,它们生活于海洋环境;从保存化石的沉积物来看,系浅海环境,深度只有6～7 m,距海岸很近。在这样的环境下,蠕虫状动物可在海底沙里钻洞或在沙上觅食,海羽类可以扎根沙里。大多数水母是从开阔海洋漂浮而来的。一些狄更逊蠕虫体在它们被埋藏的地方显示了收缩与扩张的痕迹,还保存了许多不同生长阶段的大小不一的个体,这也说明它们生活的地方与埋藏的地方很近。除澳大利亚外,在非洲西南前寒武纪晚期至寒武世早期的 Nama 系中的 Kuibis 石英岩内有 *Rangea*,*Pteridinium* 等发现。它们与产于英格兰莱斯特郡的 *Charnia* 与 *Rangea* 非常相似,同位素年龄是 8.6 亿年前。与 *Charnia* 相似的化石还发现于西伯利亚北部奥列涅克高地,其同位素年龄为 6.75 亿年前。此外,在俄罗斯中部一钻孔中,与 *Spriggina* 相似的化石也有发现。

2. 三峡地区的埃迪卡拉动物群

在我国中部地区,尤其是湖北三峡东部地区,发育了较澳大利亚典型埃迪卡拉系更为完美的震旦纪地层(图 1-21～图 1-23),并早有埃迪卡拉生物群的分子海鳃类 *Paracharnia dengyingensis* 和可疑未定名枝状后生动物发现(Xiao et al.,2005;Sun,1986;湖北省地质局三峡地层研究组,1978),并有大量文德带藻(*Vendotaenides*)伴生。尽管在后来的调查研究中,尤其是 2008 年,笔者(汪啸风)和 B.D.Erdtmann 在雾河灯影组石板滩段中部发现直径 20～30 mm的 *Kullingia concentrica*,与埃迪卡拉系生物群分子密切相似,但更大可能属于微生物结构(图 1-21～图 1-25),但遗憾的是一直没有发现多样性埃迪卡拉型化石群。

直到 2014 年,中科院南京地质古生物研究所陈哲等(Chen et al.,2014)在前人工作基础上,尤其是近 40 年研究基础上(湖北省地质局三峡地层研究组,1978;Sun,1986;赵自强等,1998;Wang et al.,1998;汪啸风等,2002;Xiao et al.,2005),在宜昌市夷陵区雾河埃迪卡拉系(震旦系)灯影组石板滩段距今 5.8 亿年左右黑色碳质硅质岩地层中,首次发现多种类型的埃迪卡拉生物群的典型分子(图 1-24～图 1-29),从而进一步扩大了埃迪卡拉生物群在全球的分布范围,丰富了我国埃迪卡拉型化石群的内容,并为我国震旦系的全球精确对比增加了新的重要的依据。

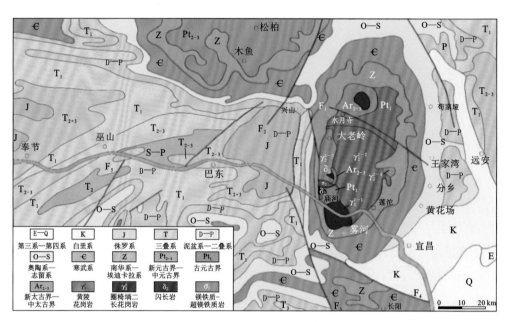

图1-21　长江三峡地区地质略图（埃迪卡拉系分布和雾河埃迪卡拉生物群产地）

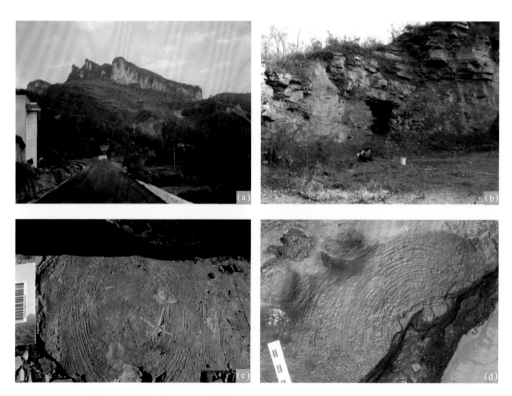

图1-22　宜昌三斗坪棺材崖采石场灯影组石板滩段所发现的似 *Kullingia concentrica* 化石

（a）宜昌三斗坪黄牛岩埃迪卡拉系剖面（沿公路出露）；（b）化石产地：雾河采石场；（c），（d）与 *Kullingia concentrica* 密切相关的埃迪卡拉生物群分子或构造

图 1-23 三峡东部埃迪卡拉纪层序界面

每个层序平均约 9 Ma(据武汉地质调查中心,2013)。所有图片,除图(b)外,均摄于秭归黄牛岩九龙湾—水桶崖,图(b)摄于泗溪剖面

3. 三峡地区埃迪卡拉生物群组合特征和保存形式

埃迪卡拉生物群(距今 6.35 亿—5.41 亿年)是"寒武纪大爆发"前夕、埃迪卡拉纪(即震旦纪)出现的最为独特的宏体化石生物群,它在地球早期宏体生物的演化过程中占有极为重要的位置。是划分和对比埃迪卡拉纪地层、进而讨论和确定该系内部统与阶界线的重要标志(图 1-24)。

图 1-24   宜昌雾河风景区——埃迪卡拉生物化石群集中产地(陈哲提供)

湖北省埃迪卡拉后生动物群主要见于宜昌市夷陵区雾河埃迪卡拉系(震旦系)灯影组石板滩段距今 5.8 亿年左右黑色碳质硅质岩地层中(图 1-23～图 1-29),出现多种类型的埃迪卡拉生物群的典型分子,据陈哲等(Chen et al.,2014)研究,计有灯影拟恰尼虫(*Paracharnia dengyingensis*)、雷噢默霍马洛水母(*Hiemalora pleiomorpha*)、卡罗来纳双羽蕨虫(相似种)(*Pteridinium* cf.*carolinaense*)、恰尼盘海笔(未定种)(*Charniodiscus* sp.)、闰哲虫(未定种)(*Rangea* sp.)、环形务河管(*Wutubus annularis*)等,分布面积达 1 000 m²,核心地区约 100 m²(图 1-21)。化石面貌可与纳米比亚、澳大利亚等世界其他地区的相比较,更值得注意的是三峡地区所发现的埃迪卡拉化石产自海相碳酸盐中,而已知的世界其他地区产出的埃迪卡拉化石多以印痕或铸模形式保存在碎屑岩中。因而新的发现不仅拓展了埃迪卡拉生物群分子的地理分布和地层分布,也使埃迪卡拉生物群的生存空间拓展到了整个海洋。同时也进一步表明它们是典型的海生宏体生物,从而否定了一些学者提出的埃迪卡拉生物群"陆生生物假说"。新的发现还为探索埃迪卡拉生物群的一系列重要问题,包括取食方式、生态空间和底质

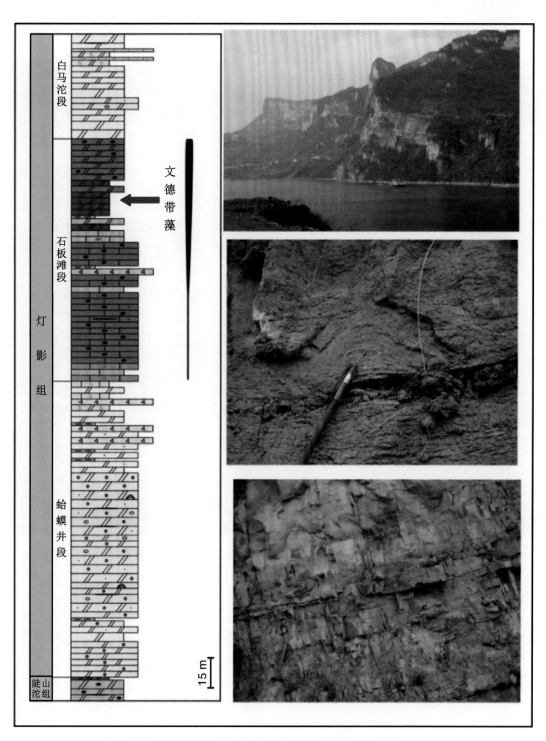

图 1-25 沿灯影峡李四光小道出露的灯影组剖面（据武汉地质调查中心，2013）

（箭头为埃迪卡拉化石群产出层位）

竞争等,打开了一扇新窗口。在覆于石板滩段之上的白马沱段下部还产管状动物化石,包括
Cloudina,*Saarian*,*Sinotubulites* 等(图 1-28)。

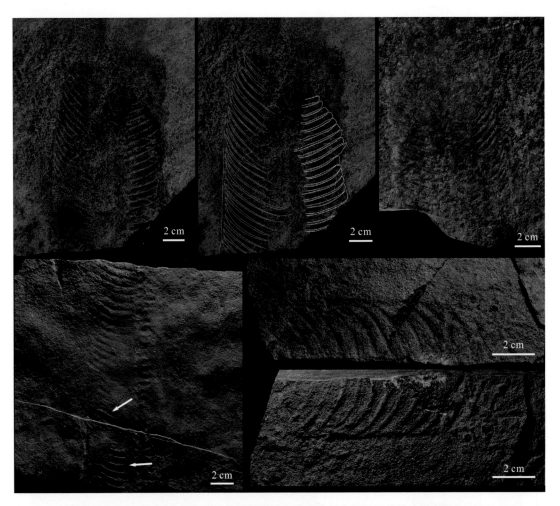

图 1-26   雾河埃迪卡拉系灯影组石板滩段发现的埃迪卡拉生物群中的具环节的动物印模化石(*Pteridinium*)

(Chen et al.,2014)

埃迪卡拉生物群在三峡地区震旦系命名地区的发现,是李四光等(Lee et al.,1924)创立
我国震旦系以来在生物地层研究方面最重要的发现之一。是继陡山沱组上部在秭归庙河发
现"庙河生物群"之后、"寒武纪大爆发"前夕(距今 5.80 亿—5.41 亿年),在埃迪卡拉纪所发现
的并成群出现的最为独特的宏体化石生物群(图 1-24~图 1-28),这一重要的生物演化事件,
大大充实了我国"埃迪卡拉生物群"的内容,在全球早期宏体生物的演化过程中占有极为重
要的位置。大量共生的遗迹化石表明,在"寒武纪大爆发"之前,已开始有不少动物生命出现。
故此,对新近发现的埃迪卡拉生物群化石的保护不仅为探索地球早期生命起源、演化和保存
形式提供了重要资料,而且也进一步确立了我国埃迪卡拉系(震旦系)在末前寒武系划分对比
中的重要意义。

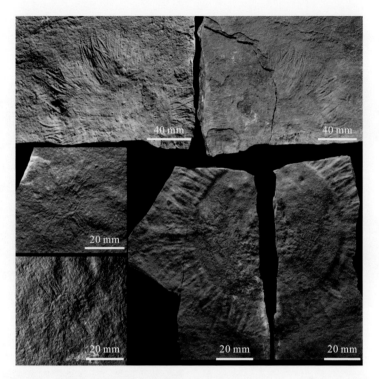

图 1-27　埃迪卡拉生物群中的圆盘状宏体化石（*Hiemalora pleiomorpha*）

（Chen et al.，2014）

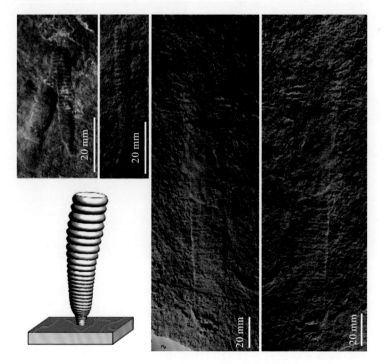

图 1-28　雾河灯影组发现的埃迪卡拉生物群的新类型——雾河管（*Wutubus annularis*）（Chen et al.，2014）

（黄色为实体化石，白色为该动生活方式的再造）

图 1-29　大量体积巨大、分类位置尚难确定痕迹化石

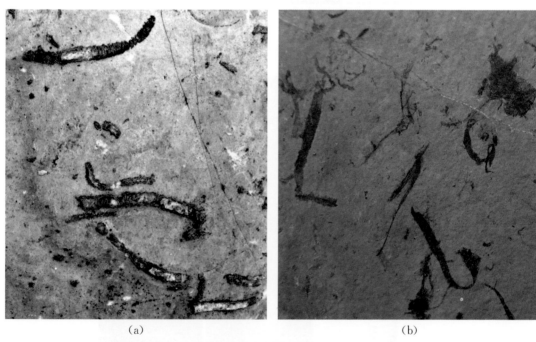

（a）　　　　　　　　　　　　　　　（b）

图 1-30　秭归三斗坪雾河灯影组石板滩段发现的与埃迪卡拉化石群共生的文德带藻化石（b）以及在其上部黄牛岩水桶垭灯影组白马沱段发现的管状化石（*Sinotubulites baimatuoensis*）（a）

参考文献

陈孟莪,萧宗正,1991.峡东地区上震旦统陡山沱组发现宏体化石[J].地质科学(4):317-324.

陈孟莪,萧宗正,1992.峡东震旦系陡山沱组宏体生物群[J].古生物学报,31(5):513-529.

陈孝红,李华芹,陈立德,等,2003,三峡地区震旦系碳酸盐岩碳氧同位素特征[J].地质论评,49(1):66-74.

陈孝红,汪啸风,2002.湘西震旦纪武陵山生物群的化石形态学特征和归属[J].地质通报,(10):39-46.

陈孝红,汪啸风,王传尚,等.1999.湘西震旦系留茶坡组炭质宏化石初步研究[J].华南地质与矿产(2):17-32.

丁莲芳,李勇,胡夏嵩,等.1996.震旦纪庙河生物群[M].北京:地质出版社:1-221.

国际地层委员会,2018.全球地质年代表[EB/OL].(2018-08-30)[2018-10-25].https://stratigraphy.org/ics-chart/ChronostratChart2018-08Chinese.pdf.

湖北省地质局三峡地层研究组,1978.峡东地区震旦系至二叠系地层古生物[M].北京:地质出版社:1-127.

刘鹏举,尹崇玉,陈寿铭,等,2012.华南峡东地区埃迪卡拉(震旦)纪年代地层划分初探[J].地质学报,86(6):849-866.

全国地层委员会,2002.中国区域年代地层(地质年代)表说明书[M].北京:地质出版社:1-72.

全国地层委员会,2018.中国地层表(2014)说明书[M].北京:地质出版社:47-69.

史晓颖,李一良,曹长群,等,2016.生命起源、早期演化阶段与海洋环境演变[J].地学前缘,23(122):128-139.

唐烽,高林志,1998.中国"震旦生物群"[J].地质学报,72(3):193-204.

唐烽,尹崇玉,刘鹏举,等,2002.华南埃迪卡拉纪"庙河生物群"的属性分析[J].地质学报,82(5):601-611.

汪啸风,陈孝红,张仁杰,等,2002.长江三峡地区珍贵地质遗迹保护和太古宙——中生代多重地层划分与海平面变化[M].北京:地质出版社:1-341.

武汉地质调查中心,2013.1:50 000三斗坪地质调查[R].武汉:中国地质调查局武汉地质调查中心.

尹崇玉,高林志,刘鹏举,等,2015.中国新元古代生物地层序列与年代地层划分[M].北京:科学出版社:1-281.

尹崇玉,柳永清,高林志,等,2007.震旦(伊迪卡拉)纪早期磷酸盐化生物群——瓮安生物群特征及其环境演化[M].北京:地质出版社:1-132.

袁训来,李军,陈孟莪,1995.晚前寒武纪后生植物的发展及其化石证据[J].古生物学报,34(1):90-102.

袁训来,肖书海,尹磊明,等,2002.陡山沱期生物群——早期动物辐射前夕的生命[M].合肥:中国科学技术出版社:1-171.

赵自强,邢裕盛,丁启秀,等,1988.湖北震旦系[M].武汉:中国地质大学出版社:1-205.

朱为庆,陈孟莪,1984.峡东区上震旦统宏体化石藻类的发现[J].植物学报,26(5):558-560.

曾雄伟,陈孝红,李志宏,等,2013.湖北峡东地区埃迪卡拉系陡山沱组微体化石的新材料[J].华南地质与矿产,29(3):192-198.

ALLWOOD A C,WALTER M R,KAMBER B S,et al.,2006,Stromatolite reef from the Early Archaean era of Australia[J].Nature,441(7094):714-718.

CHEN Z,ZHOU C M,Xiao S H,et al.,2014,New Ediacara fossils Preserved in marine limestone and their ecological implication[J].Scientific Reports,4:1-10.

CLOUD P E,GLAESSNER M F,1982,The Ediacarian Period and System:Metazoa inherit the Earth[J].Science,217,783-/792.

CONDON D,ZHU M Y,BOWRING S,et al.,2005.U-Pb ages from the Neoproterozoic Doushantuo Formation，China．Science 308，95-98．

GARWOOD，RUSSELL J，2012．Life as a palaeontologist：Palaeontology for dummies，Part 2［J］．Palaeontology Online．4（2）：1-135．

GLAESSNER M F，1966，Precambrian paleontology［J］．Earth-Science Reviews，1，29-50．

HOFMANN H J，O'BRIEN S J，KING A F，2008．Ediacaran biota on Bonavista Peninsula，Newfoundland，Canada［J］．Journal Paleontology，82：1-36．

KNOLL A H，2000，Learning to tell Neoproterozoic time［J］．Precambrian Research 100，3-20．

KNOLL A H，WALTER M R，NARBONNE G M，et al．，2006，The Ediacaran Period：a new addition to the geologic time scale［J］．Lethaia，39，（13-30）．

LEE J S，CHAO Y T，1924，Geology of the gorge district of the Yangtze（from Ichang to Tzekuei）with special reference to the development of the gorges［J］．Bulletin of the Geological Society of China，3：351-391．

LIU P J，YIN C Y，CHEN S M，et al．，2013．Biostratigraphic succession of Acanthomorphic acritarchs of the Ediacaran Doushantuo Formation，Yangtze Gorges area，South China，and correlation with Australia［J］．Precambrian Research，225：29-43．

NARBONNE G M，2005．The Ediacara Biota：Neoproterozoic origin of animals and their ecosystems［J］．Annual Review of Earth & Planetary Sciences，33：421-442．

SCHOPF J W，1993．Microfossils of the early Archean apex chert：new evidence of the antisquity of the life［J］．Science，260（5108）：640-646．

SCHOPF J W，KUDRYAVTSEV A B，2005．Three-dimensional raman imagery of precambrian microscopic organisms［J］．Geobiology，3（1）：1-12．

SUN W G，1986，Late Precambrian pennatulids（sea pens）from eastern Yangtze Gorge，China：Paracharnia gen．nov［J］．Precambrian Research，（6）：361-375．

WANG X F，ERDTMANN B D，CHEN X H，et al．，1998．Integrated sequence-，bio- and chemostratigraphy of the terminal Proterozoic to lowermost Cambrian 'black rock series' from Central-South China［J］．Episodes，21，178-189．

XIAO S H，SHEN B，ZHOU C M，et al．，2005．A uniquely preserved Ediacaran fossil with direct evidence for a quilted bodyplan［J］．PNAS，102（29）：10227-10232．

XIAO S H，KNOLL A H，YUAN X，et al．，2004．Phosphatized multicellular algae in the Neoproterozoic Doushantuo Formation，China，and the early evolution of florideophyte red algae［J］．American Journal of Botany，91，214-227．

XIAO S H，YUAN X L，STEINER M，et al．，2002．Macroscopic carbonaceous compressions in a terminal Proterozoic shale：a systemtic reasement to the Miaohe biota，South China［J］．Journal Paleontology，76（2）：345-374．

YE Q，TONG J N，AN Z H，et al．，2017．A systematic description of new macrofossil material from the upper Ediacaran Miaohe Member in South China［J］．Journal of systematic palaeontology，1-56．

ZHU M Y，ZHANG J，YANG A，2007．Integrated Ediacaran（Sinian）chronostratigraphy of South China［J］．Palaeogeogr Palaeoclimatol Palaeoecol．254，7-61．

第二章　宋洛生物群

摘要：随着近年来形态多样的新元古代宏体藻类化石在湖北省多处发现，本章在讨论宏体藻类化石的概念、主要类型和保存形式、时代组合特征和地理分布的基础上，描述了在神农架-黄陵周缘地区，包括神农架东区三里荒成冰纪南沱冰水碛混杂岩中所发现的宋洛生物群和秭归庙河、麻溪等地埃迪卡拉系陡山沱组庙河生物群中所采集14属18种宏体藻类化石，此外还描述了震旦纪海绵属中的一个种以及文德带藻属中的一个种。其中在神农架成冰纪距今6.6亿年左右南沱组冰水混杂岩中保存的宋洛生物群，是迄今为止在该时期地层中所发现的唯一一个宏体藻类化石群，研究宋洛生物群对于认识极端气候条件下生物面貌、环境特征以及与庙河生物群的关系具有重要意义。

关键词：新元古代，宏体藻类，宋洛生物群，庙河生物群，成冰纪，埃迪卡拉纪

生命起源与进化的研究是当今科学研究的制高点之一。目前关于生命起源的说法大体可归纳为以下三种：①生命可能是上帝一次或几次创造出来的；②生命来自外部空间，以菌类或孢子的形式通过辐射压力或附着在陨石上传入地球，然后逐步演化出来的；③生命是从无机到有机，又从有机变为单细胞，再从单细胞逐渐发展起来的，也就是说是自然产生的。事实上，第一种上帝特创论的说法早在100多年前已经被达尔文的进化论所否定。第二种可能性现在还不能证实，也许将来会取得一些进展。通过对岩石中所发现化石记录的研究以及科学实验已经为第三种设想提供了不少证据。

20世纪50年代以前，人们还以为在5.4亿年以前的前寒武纪地层中不含任何可信赖的化石记录，随着研究的深入，新技术、新方法、新学科的引进和高倍扫描电子显微镜的应用，使人类对生命历史的认识又向前推进了30亿年。

近50年来，古生物学家已在世界各地多个地方发现了大量的前寒武纪距今5.4亿年之前的多细胞生物，数量最多、最为闻名的是澳大利亚的埃迪卡拉生物群以及纳米比亚火山灰层中出现的大量的寒武纪之前的多细胞生物。在湖北省神农架较埃迪卡拉生物群还早1亿多年，距今6.6亿年左右属于成冰纪（距今7.2亿—6.3亿年）的南沱组冰水混杂沉积岩首次发现宏体藻类化石（图2-1）（Ye et al.，2015），值得进一步注意；此前在湖北秭归庙河陡山沱组四段所发现的庙河生物群被认为是湖北省已知最古老的宏体藻类化石；此外，在贵州瓮安生物群中以及湖北三峡东部秭归埃迪卡拉系陡山沱组下部（二段）还报道有多细胞藻类和后生动物胚胎结构的化石的存在。

一、宏体藻类的概念

宏体藻类(macroalgae)是指那些肉眼可见的、能进行光合作用的真核藻类,它们大部分应为底栖多细胞或者多核细胞生物,属化石藻类(fossil algae)。对于微体与宏体藻类的界线没有一个明确的划分标准,一般直径大于 0.2 mm 的炭质藻类或叶状体植物都可以划归为宏体藻类范畴。

二、前寒武纪主要宏体藻类及其形态特点

Hofmann (1992,1994)根据元古代宏体炭质压膜化石形态,将它们划分为 13 个科一级的分类单元,此后报道的宏体炭质压膜化石类型大多可以归入这些分类单元中(图 2-1)。现对这些化石介绍如下。

Chuariaceae:一类圆形至椭圆形的炭质压膜化石,炭质压膜中常见有同心环状皱纹结构,主要包括 *Chuaria*(直径为毫米级)和 *Beltanelliformis*(直径为厘米级)。由于可供分类的形态学及细胞组织结构较少,因此关于这些炭质圆盘状化石的属性解释一直存在原核生物、真核和多细胞藻类的不同意见。

Tawuiaceae:纵长直线形或香肠状弯曲的带状炭质压膜化石,侧缘平滑,两端呈闭合的半圆状,以 *Tawuia* 为代表。由于 *Tawuia* 常与 *Chuaria* 相伴共生,因此二者及其过渡类型常被认为具有亲缘关系。

Shouhsieniaceae(或 Ellipsophysaceae):主要包括来自华北新元古代拉伸纪地层中的 *Shouhsienia* 及其相关属种化石,是一类短长轴之比介于 0.4~0.7 的椭圆形或卵圆形的炭质压膜化石,是介于 *Chuaria* 与 *Tawuia* 之间的过渡类型化石。

Longfengshaniaceae:化石由叶状体和拟茎两部分组成,叶状体呈椭圆形、舌形,或叶状体中断侧缘向内强烈缩溢而呈葫芦形,拟茎则为直或弯曲保存的带状体,一些标本拟茎的基部可见假根或者圆形固着器,主要根据华北龙凤山生物群的化石标本建立,包括 *Longfengshania* 和 *Paralongfengshania*,是前寒武纪十分瞩目的一类宏体炭质压膜化石。目前认为这类具固着结构的圆形或椭圆形炭质压膜化石可能为宏体藻类属性。

Vendotaeniaceae:一类带状化石,最早由 Gnilovskaya (1971)在东欧地台文德系中发现并建立了两个属种,即 *Vendotaenia antique* 和 *Tyrasotaenia podolica*。这类化石表面常具有微弱的纵向条纹,甚至部分叶片边部保存了一种栅状构造,被解释为类似孢子囊群的残余,因而将其归属于褐藻门。然而大多数定义为 *Vendotaenia* 的带状化石却并未见上述孢子囊的微体结构。因此原先观察到的栅状构造可能是一种保存假象,不能排除它们是撕裂的微生物藻席碎片的可能。

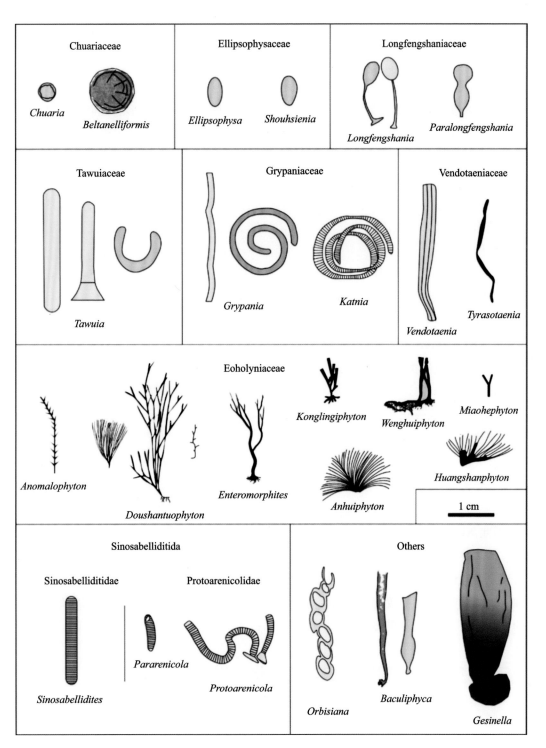

图 2-1　前寒武纪主要宏体藻类类型及其代表化石

（据 Hofmann，1994 及 Xiao and Dong，2006 修改和补充）

Eoholyniaceae：一类分枝类型化石，具有明显分枝和宏体外形，是真正的多细胞藻类化石。典型代表包括 *Anomalophyton*，*Doushantuophyton*，*Enteromorphites*，*Konglingiphyton*，*Miaohephyton*，*Wenghuiphyton*，*Anhuiphyton*，*Huangshanphyton* 等。

Grypaniaceae：一类带形螺旋管状宏体化石，以 *Grypania* 为代表，可能是目前地球上最古老的宏体藻类化石。该大类中还包括一类具有规则横纹结构的带形卷曲状化石 *Katnia*，仅报道于印度中部地区，常被解释为丝状颤藻类蓝细菌或宏体藻类。

Sinosabelliditidae 和 Protoarenicolidae：一类管状炭质压膜化石，如 *Sinosabellidites*，*Pararenicola* 和 *Protoarenicola*。这些化石通常具有环状结构，且在一端或两端保存有圆形、半圆形或似鼻状的结构，同时具有缩溢现象，因此认为其是蠕虫化石。但更多的学者认为这些似鼻状结构可能是藻类的固着部分，这些缩溢可能是藻体保持变形导致，因此这些更可能是管状的宏体藻类。

对于 Hofmann（1994）中提到的 Moraniaceae，Beltinaceae，Saarinidae 和 Sabelliditidae 来说，其宏体藻类的属性解释尚存在很多问题。如 Moraniaceae 和 Beltinaceae 多呈碎片状散布在沉积物表面，化石形态不稳定，因而被认为是微体生物集合体或者藻席的碎片；而 Saarinidae 和 Sabelliditidae 常被解释为须腕动物，它们所包含的一些环纹和微细结构，在现生藻类中很难找到具有类似特征的属种来进行对比。

Hofmann（1994）还创建了一类"Others"来包含那些保存不好或者难以归入目前分类的化石，其给出的代表性化石为 *Orbisiana*。这类串环状化石是由多个圆环或圆筒连续排列形成的长链状或不规则的集合体，多被认为是藻类的生物属性。同时在埃迪卡拉纪陡山沱组中还保存有大量具须根状或团块状固着器的棒状体化石，如 *Baculiphyca* 和 *Gesinella*，被认为是典型的底栖固着多细胞宏体藻类化石。此外，除了呈炭质压膜方式保存的大量宏体藻类化石外，在埃迪卡拉纪陡山沱组还发现了少量磷酸盐化和硅化藻类化石，它们的大小可达到毫米级，因此 Xiao 和 Dong（2006）为其建立一新的矿化宏体藻类类型。

综上所述，前寒武纪报道的可能的宏体藻类化石较多，形态类型也丰富多样，但由于这些化石通常以有机碳质压膜方式保存在细碎屑岩中，绝大部分可供分类的重要信息在生物的降解和成岩过程中丢失，导致它们的属性存在原核或真核、单细胞或多细胞藻类以及植物或动物的解释问题，需要找到更多具有重要特征的化石证据来解释。

三、前寒武纪不同时期宏体藻类化石组合特点

地球上最早的生物化石可追溯到 35 亿年前，但在漫长的地质时期中，一直是微体原核生物如蓝细菌占据统治地位。直到距今约 1 900 Ma 的古元古代，宏体藻类化石才开始出现，随后在距今 1 900—540 Ma 这段时间内，伴随着从古元古代圆盘状、带状的简单化石类型到埃迪卡拉纪具固着器和分枝特征的大型复杂藻类，不仅宏体藻类的形态复杂性越来越高，而且生态结构也趋于复杂。根据其形态特征以及藻类化石的丰度和分异度，可将其划分为三个演化

阶段。

第一阶段可称为原始演化阶段,包括古—中元古代(距今 1 900—1 000 Ma)一段漫长的时间,为宏体藻类的原始类型出现的时期。这个时期生物属种相对稀少,个体较小,多样性较低。化石形态以球状、椭球状、香肠状、圆柱状以及原始的丝状、带状为主,多为浮游藻类。化石类型包括 *Grypania*,*Tyrasotaenia* 和 *Chuaria*。这些化石在漫长的地质历史里,形态、个体及特征的变化都不大,反映了藻类生物的原始性、简单性和保守性。

第二阶段是初期分化发展阶段,主要指新元古代早期距今 1 000—700 Ma 的一段时间。宏体藻类化石组合仍以简单类型化石为主,如 *Chuaria*,*Shouhsienia* 和 *Tawuia*,但也有一些特殊类型化石开始出现并繁盛,如具类似"根、茎、叶"分化特征的 *Longfengshannia*,*Paralongfengshania* 以及具横纹和固着器的 *Sinnosabellidites* 等。这一时期宏体藻类数量增多,分布范围逐渐变得广泛,形态多样性也有所增加,组织器官已经有了初步的分化,生态上也由浮游类型逐渐演化为固着底栖类型。这些特征表明,此阶段生物既具有原始性,又已孕育着明显的演化,显示出向高级阶段逐步演化的迹象。

宏体藻类演化历程进入第三阶段(辐射演化阶段),即新元古代晚期成冰纪—埃迪卡拉纪(距今 654—541 Ma),是宏体藻类高度分异发展时期,藻类丰度和多样性显著增加。除了简单原始的圆盘状(如 *Chuaria*)和带状(如 *Vendotaenia*)外,还包括棒状体、二歧分枝丝带状体以及单轴分枝的藻体,还出现了特征的须根状固着器,与现生固着海藻所具有的"根"极其相似。总之这一阶段宏体藻类不仅具有稳定的形态和高的分异度和丰度,而且大部分化石也具有固着器和叶状体的分化,甚至还保存有完好的细胞和组织分化特征,它们是早期生命多细胞化、组织化和生物多样化的见证,是宏体藻类演化史上的一次大辐射事件。

四、前寒武纪宏体藻类的分布和保存

目前,宏体藻类几乎在全球各地的前寒武纪地层中均有记录(图 2-2),已发现的含宏体藻类的地层单元多达 32 个。其中我国在前寒武纪宏体藻类保存中占有重要地位,整个元古代时期均有重要藻类生物群发现,包括团山子生物群、桑树鞍生物群、下花园生物群、赵家山生物群、龙凤山生物群、淮南生物群、辽南生物群、海南生物群、宋洛生物群、蓝田生物群、瓮安生物群、庙河生物群等,是研究早期宏体藻类的重点地区。

随着近年工作的进展,宏体藻类在湖北省新元古代地层中有多处发现,主要分布在神农架-黄陵周缘地区,包括神农架东区保存的成冰纪宋洛生物群(图 2-3),三峡东部三斗坪地区陡山沱组第二段中产出的 *Chuarids* 类,三峡东部田家院子、王丰岗、牛坪、晓峰河、九龙湾和樟村坪地区等地陡山沱组硅质结核和磷块岩中保存的矿化多细胞藻类,以及神农架三里荒,宜昌庙河、麻溪、芝麻坪、廖家沟等地产出的埃迪卡拉纪晚期庙河生物群(图 2-4、图 2-5)。其中在神农架东区产出的成冰纪宋洛生物群,是该时期唯一一个宏体藻类群,对于认识极端气候条件下生物面貌、环境特征以及二者的关系具有重要意义。

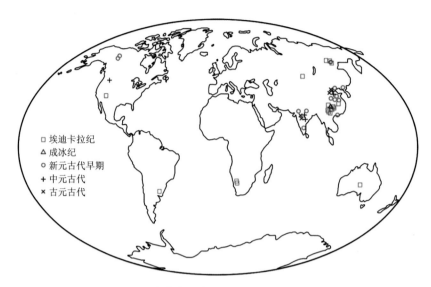

图 2-2　前寒武纪宏体藻类分布图（据 Hofmann，1994 修改和补充）

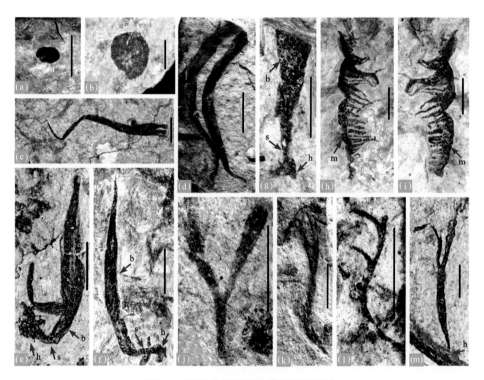

图 2-3　宋洛生物群宏体藻类化石代表

(a)，(b)*Chuaria* sp.；(c)，(d)带状化石 *Vendotaenia*；(e)，(f)具有可能的"固着器—叶柄—叶片"分化特征的带状化石；(g)*Baculiphyca*，具有须根状固着器，圆柱状叶柄和棒状叶片的分化特征；(h)，(i)似 *Parallelphyton* 的化石；(j)*Konglingiphyton erecta*；(k)*Enteromorphites siniansis*；(l)似 *Wenhuiphyton* 的一类单轴分枝状化石；(m)*Enteromorphites* sp.，固着器被氧化呈红褐色。h.固着器；s.叶柄；b.叶片；m.主轴。图中线段比例尺均为 3 mm。

图 2-4 黄陵地区麻溪庙河段宏体藻类组合

（a）线状陡山沱藻（*Doushantuophyton lineare*）；（b）帚状陡山沱藻（*Doushantuophyton cometa*）；（c）屈原陡山沱藻（*Doushantuophyton quyuani*）；（d）宽枝陡山沱藻（*Doushantuophyton laticladus*）；（e）中华拟浒苔（*Enteromorphites siniansis*）；（f）标准麻溪藻（*Maxiphyton stipitatum*）；（g）直立崆岭藻（*Konglingiphyton erecta*）；（h）不对称崆岭藻（*Konglingiphyton laterale*）；（i）侯氏宏螺旋藻（*Megaspirellus houi*）；（j）列散长索藻（*Longifuniculum dissolutum*）；（k）缠绕柳林碛带藻（*Liulingjitaenia alloplecta*）；（l）带状棒形藻（*Baculiphyca taeniata*）；（m）卷曲藻（*Grypania spiralis*）；（n）布兰色博尔特圆盘（*Beltanelliformis brunsae*）；（o）圆形丘尔藻（*Chuaria circularis*）；（p）小型原锥虫（*Protoconites minor*）；（q）云南中华细丝藻（*Sinocylindra yunnanensis*）；（r）陈均远震旦海绵（*Sinospongia chenjunyuani*）；（s）典型震旦海绵（*Sinospongia typica*）；（t）简单九曲脑虫（*Jiuqunaoella simplicis*）

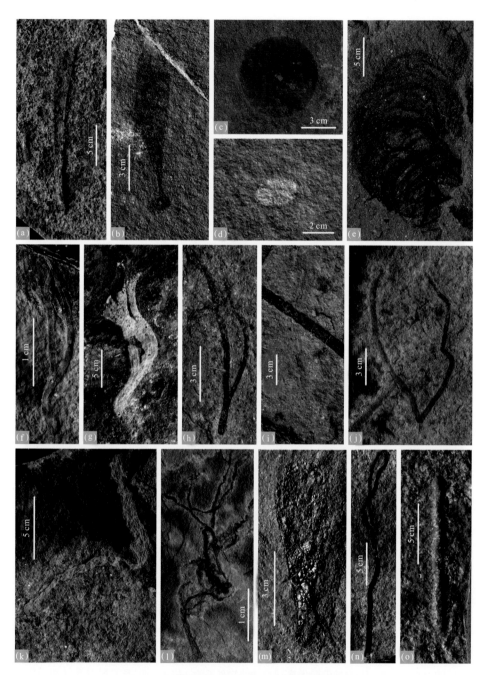

图 2-5　神农架地区三里荒庙河段宏体藻类组合

（a）带状棒形藻（*Baculiphyca taeniata*）；（b）短小棒状藻（*Baculiphyca brevistipitata*）；（c）布兰色博尔特圆盘（*Beltanelliformis brunsae*）；（d）圆形丘尔藻（*Chuariacircularis*）；（e）似僧帽管（*Cucullus fraudulentus*）；（f）宽枝拟浒苔（*Enteromorphites magnus*）；（h）中华拟浒苔（*Enteromorphitessiniansis*）；（i）线状陡山沱藻（*Doushantuophyton lineare*）；（j）文德带藻未定种（*Vendotaenia* sp.）；（k）丝状管球藻（*Glomulus filamentum*）；（l）列散长索藻（*Longifuniculum dissolutum*）；（m）小型原锥虫（*Protoconites minor*）；（n）云南中华细丝藻（*Sinocylindra yunnanensis*）；（o）笔直中华细丝藻（*Sinocylindra lineari*）

前寒武纪宏体藻类常产出在页岩中,并以炭质压膜方式保存。近年的研究表明在同一宏体藻类化石组合甚至同一化石标本上可见黄铁矿化、有机碳质压膜、铝硅酸盐矿物交代这三种方式的共同作用而促成化石特异埋藏,且不同程度化石类型的保存取决于埋藏过程中上述三种方式的相对作用强度。

湖北前寒武纪藻类以埃迪卡拉纪晚期庙河段分布较为广泛,且形态多样,保存精美,因此本章系统古生物学描述部分主要集中于庙河生物群,分类依据主要为化石形态。由于部分化石属性尚未解决,因此系统描述主要集中在属和种级水平上,同时化石描述按照首字母排序进行。详细化石描述和讨论参见相关文献(Xiao et al.,2002;Ye et al.,2017)。

五、前寒武纪宏体藻类系统描述

棒形藻属 Genus *Baculiphyca* Yuan et al.,1995,emend. Xiao et al.,2002

带状棒形藻 *Baculiphyca taeniata* Yuan et al.,1995,emend. Xiao et al.,2002

[图 2-4(l);图 2-5(a);图 2-6(a)、(b)、(c)]

　描述　纵长不分枝的棒状藻体,长 2.8~40.0 mm,宽 0.3~6.0 mm。化石可分为底部固着器和上部叶状体部分。固着器常呈圆形,有时其上发育有许多丝状拟根,其直径为 0.4~1.0 mm。叶状体下窄上宽,自下部向远端发散角为 2.0°~15.6°(大部分小于 12.0°)。叶状体又可分为两部分,下部常呈三维立体状保存,可见碳质团块,其应为圆柱状,宽 0.2~1.5 mm;向上逐渐变宽变薄,顶端薄如叶片,或呈圆形或呈截切状。常可见叶状体呈弯曲、折叠状保存,表明藻体具有一定的柔软性。

　比较　保存完整的 *B. taeniata* 下部可见各种形态的固着器,如简单圆形或须根状固着器,但部分标本未保存有固着器,这种差异可能与保存或生物个体发育时表型特征的变化有关。未保存有固着器的 *B. taeniata* 在形态上与 *Protoconites minor* 较为相似,但是前者具有较小的宽长比,同时发散角也明显小于 *P. minor*。

　产地层位　湖北神农架宋洛乡、松柏镇三里荒村,宜昌庙河、芝麻坪、麻溪村等地;成冰系南沱组以及埃迪卡拉系庙河段。

短小棒状藻 *Baculiphyca brevistipitata* Ye et al.,2017

[图 2-5(b);图 2-6(d)]

　描述　棒状体短小,长 8.1~11.1 mm,可清楚分为三部分:底部为圆状固着器,长 1.1 mm,宽 0.8 mm;向上为一个短小的圆柱状叶柄,长 1.6 mm,宽 0.3 mm;上部为薄片状保存的叶状体,叶状体两侧边缘清晰平行,宽 2.4 mm。叶状体远端呈圆弧状,叶柄-叶状体的发散角约为 26.4°。

　比较　*B. brevistipitata* 种与模式种 *B. taeniata* 的区别在于其较小的原植体、短小的圆柱状叶柄和具平行边缘的较宽的叶状体;与 *Protoconites minor* 的区别在于后者具有一个锥状形态同时不具有固着器。

产地层位　湖北神农架松柏镇三里荒村；埃迪卡拉系庙河段。

图 2-6　采自宜昌埃迪卡拉系庙河段和神农架成冰系南沱组的棒形藻属化石
（a），（b），（c）带状棒形藻（*Baculiphyca taeniata*）；（d）短小棒状藻（*Baculiphyca brevistipitata*）

伯尔特圆盘属 Genus *Beltanelliformis* Menner in Keller et al.,1974

布兰色博尔特圆盘 *Beltanelliformis brunsae* Menner in Keller et al.,1974

［图 2-4(n)；图 2-5(c)；图 2-7］

描述　化石呈圆形，边缘处常保存紧密排列的同心环状结构，同时还具有放射状结构，与同心环状结构共同形成网状结构。单个圆形体直径常为 8～40 mm。

比较　不同地区的 *B. brunsae* 具有不同的保存状态，如保存在俄罗斯、澳大利亚等的 *B. brunsae* 通常呈三维立体状态保存在砂岩中，而湖北地区保存的 *B. brunsae* 则多以二维圆形炭质压膜方式保存在泥页岩中。此外，除在三里荒和麻溪发现少量单个保存的标本外，*B. brunsae* 多呈群体产出，且相互不重叠，表明它们在生活时应该是固着生长的（Xiao et al.,2002；Ivantsov et al.,2014）。

产地层位　湖北神农架松柏镇三里荒村，宜昌庙河、麻溪村等地；埃迪卡拉系庙河段。

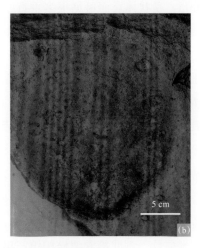

图 2-7 宜昌和神农架埃迪卡拉系庙河段伯尔特圆盘属化石

丘尔藻 Genus *Chuaria* Walcott,1899

圆形丘尔藻 *Chuaria circularis* Walcott,1899

〔图 2-4(o);图 2-5(d)〕

描述 保存在岩层表面的圆盘状炭质压膜、印痕或印模,轮廓清晰,边缘光滑。化石孤立状保存或少量个体保存在一起,未见重叠现象。有的化石在边缘处保存同心环状结构,有的则表面光滑,未见任何结构。单个圆形体直径变化范围为 1.0~2.7 mm。

比较 *Chuaria* 在前寒武纪地层中广泛存在 (Hofmann,1994;Steiner,1997;Dutta et al.,2006)。Walcott (1899)最先建立 *Chuaria circularis*,其主要特征为具同心皱纹结构的圆盘状化石,直径为 2~5 mm,表面具有一层薄的有机质。Hofmann (1977)将产自于 Uinta 群的一些不具有同心环状结构的圆盘状标本也归为 *C. circularis*,后来的研究将具有或者不具有同心结构的圆盘状化石都归为 *C. circularis* (如 Duan,1982;Sun,1987;Zang and Walter,1992;Kumar,2001;Yuan et al.,2001;Kumar and Srivastava,1997;Dutta et al.,2006),因为这些同心皱纹可能是压实过程形成 (Hofmann,1985;Vidal and Ford,1985;Sun,1987;Steiner,1997;Dutta et al.,2006),这里将大小相当的圆盘状标本都归为 *C. circularis*。*Chuaria* 是一个形态属,具有多源性解释。

产地层位 湖北神农架宋洛乡、三里荒村,宜昌芝麻坪、麻溪村等地;成冰系南沱组、埃迪卡拉系庙河段。

僧帽状管 Genus *Cucullus* Sokolov,1967

似僧帽管 *Cucullus fraudulentus* Steiner,1994

〔图 2-5(e)〕

描述 大型管状或长袋状囊状体化石,多为不完整的保存,长达 65.5 mm,宽为 4.1~

30.4 mm。囊状体表面可见很多垂直或近似垂直于化石轴向的不规则的弯曲细丝，这些弧形细丝相互交叉形成网状结构。一些标本表面端部还可见圆形或者椭圆形的同心结构。

比较   *C. fraudulentus* 最早报道于庙河剖面庙河段，是一类表面具有弯曲细丝的囊状炭质压膜化石体 (Steiner，1994)。随后，丁莲芳等 (1996)建立另一新种 *Doushantuospongia cylindrica*。通过比较，肖书海等(Xiao et al.，2002)认为 *D. cylindrica* 与 *C. fraudulentus* 的区别只在于前者具有更加明显清晰的表面褶皱结构，因而认为二者是同物异名，且二者之间的差异应该是埋藏所致。*Cucullus* 与 *Sinospongia* 形态相似，都具有管状或囊状结构，但后者通常较小，具有较厚的有机质壁，且表面具有规则分布的横纹或者网状结构 (Xiao et al.，2002)。*Cucullus* 被解释为可能的后生动物 (陈孟莪等，1994)、海绵 (Wang and Wang，2011；丁莲芳等，1996)，或者藻类生物 (Xiao et al.，2002；袁训来等，2002)。

产地层位   湖北神农架松柏镇三里荒村，宜昌庙河、芝麻坪村等地；埃迪卡拉系庙河段。

陡山沱藻属 Genus *Doushantuophyton* Steiner，1994
线状陡山沱藻 *Doushantuophyton lineare* Steiner，1994，emend. Ye et al.，2017
[图 2-4(a)；图 2-5(i)；图 2-8(a)、(b)]

描述   具规则二歧分枝的丝状藻体。大部分藻体保存不完整，未见固着器，分枝 4～5 次，残存高度为 1.2～27.3 mm；保存完整的化石体可见多达 12 次分枝，且保存有较好的圆盘状或者须根状固着器。藻枝多呈光滑直立状保存，极少量标本的藻枝呈现弯曲变形，表明藻体相对坚硬；藻枝粗细均匀一致，约 0.1 mm，或向远端有微弱变宽的现象。分枝角变化较大，6.8°～70.0°不等，其中只有少量标本分枝角可达到 60°以上。一些标本呈三维立体形态保存，且二歧分枝部位可见藻枝收缩现象。

比较   分枝状化石在湖北庙河生物群中非常常见。叶琴等(Ye et al.，2017)建议对庙河生物群中分枝藻类的鉴定特征包括：① 总体形态和分枝方式；② 分枝宽度；③ 藻体柔韧性；④ 分枝宽度随藻体长度的变化；⑤ 节间长度；⑥ 表面微体结构（表 2-1）。因此，*Doushantuophyton* 的属征为具有较细分枝宽度（一般为 0.04～0.2 mm）的规则二歧分枝或者假单轴分枝的化石，且分枝体较直或坚硬。其中，根据藻体形态和分枝体特征，该属可识别出 5 种，分别是 *D. lineare*，*D. quyuani*，*D. rigidulum*，*D. cometa* 和 *D. laticladus*。

D. lineare 与 *D. rigidulum* 的区别在于后者分枝稀疏且分枝角较小，与 *D. quyuani* 的区别在于后者为假单轴分枝方式，与 *D. cometa* 的区别在于后者分枝较密且多，并具有扇形特征。

产地层位   湖北神农架松柏镇三里荒村，宜昌庙河、麻溪村等地；埃迪卡拉系庙河段。

帚状陡山沱藻 *Doushantuophyton cometa* Yuan et al.，1999
[图 2-4(b)；图 2-8(c)]

描述   具紧密二歧分枝的扇状或者帚状藻体，由 10～15 根二歧分枝的藻丝体组成，藻丝体分枝次数为 3～5 次。藻枝弯曲,长 5.0～10.5 mm,最宽约 0.1 mm,未见固着器。

比较 当前化石标本与安徽蓝田生物群中报道的 *D. cometa* 模式标本（袁训来,1999）极为相似。*D. cometa*,*D. lineare*,*D. rigidulum* 的区别在于后二者藻体较直且分枝枝体较少（常少于 10 条藻枝体）。*D. cometa* 与同样产于蓝田生物群的 *Flabellophyton lantianensis* 相比,后者同样由很多紧密堆积的丝体组成扇状形态,但这些丝状体具似横隔板（陈孟莪等,1994）,且通常保存有明显的圆盘状固着器（袁训来等,2016）。

产地层位 湖北宜昌麻溪村;埃迪卡拉系庙河段。

屈原陡山沱藻 *Doushantuophyton quyuani* (Chen et al., 1994b) Xiao et al., 2002
[图 2-4(c);图 2-8(d)]

描述 具假单轴分枝特征的宏体炭质压膜化石,多呈不完整状态保存,未见固着器。主轴呈"Z"字形弯曲或保持直立,分枝次数可达 12 次,侧枝直立光滑,较主轴细,但向远端有变宽的特征,侧枝少见进一步的二歧分枝。藻体长为 2.5～25.6 mm,主轴宽为 0.03～0.2 mm,侧枝宽为 0.02～0.2 mm。藻体分枝角变化较大,通常小于 80°。

比较 当前化石较细的藻枝宽度（0.02～0.2 mm）表明其应归属于 *Doushantuophyton*。*D. quyuani* 能够与该属其他种化石进行区别的重要特征是其特殊的假单轴分枝模式。

产地层位 湖北宜昌庙河和麻溪村;埃迪卡拉系庙河段。

宽枝陡山沱藻 *Doushantuophyton laticladus* Ye et al., 2017
[图 2-4(d);图 2-8(e)]

描述 不完整保存的分枝化石,分枝模式为假单轴分枝,分枝次数 3 次。残存藻体长 6.2 mm。主轴呈"Z"字形弯曲,自下而上逐渐变宽,宽为 0.1～0.5 mm。节间宽度为 1.2～1.6 mm。侧枝光滑直立,向远端逐渐变宽但没有进一步的二歧分枝,长为 1.0～1.5 mm。分枝角为 29.2°～58.3°。

比较 当前标本具有 3 个重要特征,分别是假单轴分枝方式、藻枝向远端变宽以及较宽的藻枝体宽度,上述特征足以让其与 *Doushantuophyton* 属的任一种进行区分。不可否认,其较宽的分枝体宽度和向远端明显变宽的特点与 *Doushantuophyton* 的属征存在差别,后者的藻枝宽度非常细且其宽度保持一致或向远端略有增加。因此将当前标本暂时置于 *Doushantuophyton*。藻枝向远端变宽的特征也是另一分枝藻类 *Konglingiphyton erecta* 的重要特征,但 *K. erecta* 与 *D. laticladus* 的重要区别在于前者具有规则二歧分枝方式,且其藻枝体宽度（0.1～1.4 mm）明显大于后者。丁莲芳等（1996）报道了一类化石 *Tubulalga minuta*,与当前 *D. laticladus* 在形态上具有相似性,但前者藻枝较宽且长（宽 0.2～0.9 mm,长 1.7～7.0 mm）。

产地层位 湖北宜昌麻溪村;埃迪卡拉系庙河段。

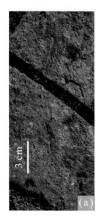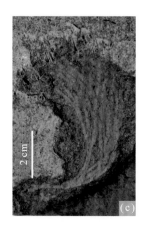

图 2-8 宜昌和神农架埃迪卡拉系庙河段陡山沱藻属化石

(a),(b)线状陡山沱藻（*Doushantuophyton lineare*）；(c)帚状陡山沱藻（*Doushantuophyton cometa*）；(d)屈原陡山沱藻（*Doushantuophyton quyuani*）；(e)宽枝陡山沱藻（*Doushantuophyton laticladus*）

拟浒苔属 Genus *Enteromorphites* Zhu and Chen,1984,emend.Ye et al.,2017

中华拟浒苔 *Enteromorphites siniansis* Zhu and Chen,1984,emend.Xiao et al.,2002

［图 2-4（e）；图 2-5（h）；图 2-9（a）,（b）］

描述   二歧分枝藻体,大多数为不完整保存,可见 2～3 次分枝,保存完整的藻体底部可见圆盘状或者须根状固着器,且保存有 4 次以上分枝。藻枝常弯曲折叠保存,导致枝体较短且藻体呈现不规则二歧分枝。最大藻体长度可达 50 mm,分枝角为 6.0°～60.0°,藻枝宽度为 0.2～0.8 mm,向远端宽度减小。节间长度为 1.8～4.2 mm。一些藻体标本中可见大量藻枝挤压到一起与固着器直接相连,一些固着器保存有炭质团块,其发散出的丝状拟根长 0.5～1.9 mm,宽为 0.08～0.2 mm。此外,一些标本保存为明显的三维立体状态,说明藻枝应为圆柱状,但常由于埋藏压实作用而呈现扁平片状或带状。

比较   叶琴等（Ye et al.,2017）将 *Enteromorphites* 属征进行了修订,修订后的属征为"二歧分枝的厘米级藻体,具圆盘状或须根状固着器。藻枝圆柱状,弯曲柔软,宽为 0.2～2.8 mm,向远端藻枝宽度略有变小",强调了藻枝宽度和藻体的柔韧性。*Enteromorphites* 与 *Doushantuophyton* 的区别在于其较宽且柔软的藻枝,与 *Konglingiphyton* 的区别在于其保持一致或向远端变细的藻枝宽度,与 *Miaohephyton* 的区别在于其较大的藻体、较宽的藻枝以及表面光滑无装饰的特点（表 2-1）。

表 2-1 庙河生物群分枝化石的主要鉴定特征

属名	鉴定特征					
	①总体形态和分枝方式	②分枝宽度	③柔韧性	④分枝宽度随藻体长度的变化	⑤节间长度	⑥表面微体结构
Doushantuophyton	标准二歧分枝或假单轴分枝	分枝宽度极细（一般宽 0.04～0.2 mm）	大多坚硬,可见柔软保存	藻枝宽度保持一致或向远端略有变宽	基本保存一致	分枝处具有收缩现象

续表

属名	鉴定特征					
	①总体形态和分枝方式	②分枝宽度	③柔韧性	④分枝宽度随藻体长度的变化	⑤节间长度	⑥表面微体结构
Enteromorphites	二歧分枝	宽0.2～3.1mm	非常柔软	藻枝宽度向远端变细可呈发丝状	随长度发生一定变化	
Konglingiphyton	二歧分枝	藻枝宽度不断变粗,从端部的0.1～0.6mm可达到最远端的1.4mm	坚硬,少见柔软保存	藻枝宽度向远端变宽	基本保存一致	分枝处具有收缩现象
Maxiphyton	二歧分枝	分枝前基部宽0.2～1.8mm,分枝后藻体宽度向上变宽,为0.05～0.4mm	大多坚硬,可见柔软保存,尤其是分枝前基部可见微弱弯曲状	藻枝宽度向远端略有变宽	基本保存一致	
Miaohephyton	规则二歧分枝	藻体宽度较细,一般<0.5mm	藻枝体少见柔软保存	藻枝宽度保持一致	基本保存一致	分枝体表面具压扁的圆形结构

该属模式种 *E.siniansis* 最早由朱为庆和陈孟莪(1984)根据产自庙河村剖面的标本而建立。肖书海(Xiao et al.,2002)对其进行了修订,并认为一系列二歧分枝化石 *Capilliphyca flexa*,*Enteromorphites compressus*,*E.epicharis*,*E.flexuosus*,*Gymnogongrusoides irregularis*,*G.regularis*,*Lanlingxiphyton formaosa*,*Palaeocodium yichangicum*,*Polycladalga ramispina*,*Yemaomianiphyton bifurcatum*,*Yichangella erecta*,*Zhongbaodaophyton crassa* 和 *Z.palmatum* 都是 *E.siniansis* 的晚出同一名。王约等(2007)和 Wang et al.(2015)认为 *Zhongbaodaophyton*(及其同物异名 *Gymnogongrusoides*)的主要特征为具有不规则二歧分枝方式和较好保存的固着器,与 *Enteromorphites* 属征不符。叶琴等(Ye et al.,2017)认为 *Zhongbaodaophyton* 及其三个种 *Z.crassa*,*Z.palmatum* 和 *Z.robustus* 具典型二歧分枝特征,藻枝宽度为0.2～1.2mm且具有向远端变细的特征,符合 *E.siniansis* 的特征,因此将上述化石均纳入 *E.siniansis*。

产地层位 湖北神农架宋洛乡、三里荒村,宜昌庙河、麻溪村;成冰纪南沱组、埃迪卡拉系庙河段。

宽枝拟浒苔 *Enteromorphites magnus* Ye et al.,2017

［图 2-5(f)；图 2-9(c)］

描述 具固着器的二歧分枝炭质压膜化石,可见的最大藻体长 48.2 mm。藻体分枝可达 3 次,藻枝可见直立状保存,但大部分藻体呈强烈弯曲状。藻枝宽度变化范围较大,为 0.8~3.1 mm,宽度均匀或向远端变细。节间长度为 5.4~16.4 mm,分枝角为 9.0°~48.0°。完整保存的化石体可见较好的圆盘状固着器,固着器直径约为 3.0 mm。大部分标本呈三维立体状态保存。

比较 *E. magnus* 主要特征为二歧分枝的藻体具柔软且较宽的藻枝,非常符合修订后的 *Enteromorphites* 属征。与模式种 *E. siniansis* 的区别在于其较宽的藻枝宽度(0.8~3.1 mm)。

产地层位 湖北神农架松柏镇三里荒村;埃迪卡拉系庙河段。

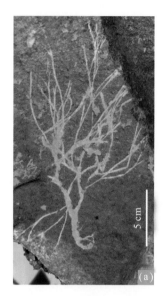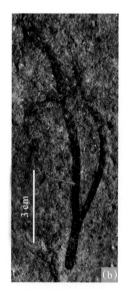

图 2-9 宜昌埃迪卡拉系庙河段和神农架成冰系南沱组的拟浒苔属化石

(a),(b)中华拟浒苔(*Enteromorphites siniansis*);(c)宽枝拟浒苔(*Enteromorphites magnus*)

管球藻属 Genus *Glomulus* Steiner,1994

丝状管球藻 *Glomulus filamentum* Steiner,1994

［图 2-5(k)］

描述 由很多不分枝的丝状体组成的束状炭质压膜化石。束状体常可见弯曲、折叠、扭曲或相互交叉汇聚形成网状结构。束状体长度小于 120 mm(10.0~50.0 mm),最大宽度小于 2.3 mm(0.3~1.3 mm)。组成束状体的丝状体直径为 5.0~16.0 μm。

比较 Steiner (1994)首先描述了采自庙河村的 *Glomulus filamentum*。随后由丁莲芳等(1996)建立的 *Longenema bella* 被认为是 *G. filamentum* 的同物异名 (Xiao et al.,2002)。*G. filamentum* 与 *Longifuniculum dissolutum* 在形态上具有一定的相似性,二者均由大量丝

状体聚集形成,但组成后者较大扇状结构的丝状体直径相对较宽(0.04~0.1 mm),且这些丝状体有时具有二歧分枝的特征。

产地层位 湖北神农架松柏镇三里荒村,宜昌庙河、麻溪村等地;埃迪卡拉系庙河段。

卷曲藻属 Genus *Grypania* Walter et al.,1976,emend.Walter et al.,1990

螺旋卷曲藻 *Grypania spiralis* (Walcott,1899) Walter et al.,1976,emend.Walter et al.,1990

［图 2-4(m)］

描述 带状化石,常呈不同程度的卷曲,常见蜿蜒状以及折叠状的不同保存状态。带状化石体常保存不完整,残存长度最大可达 380.0 mm,偶见圆弧形保持的远端。化石宽度随长度变化基本保持一致,有明显的外缘,且两侧边缘平行,宽度变化范围为 0.2~5.7 mm。大部分化石的旋卷圈数小于 6 圈,旋卷的直径为 3.1~46.6 mm。有时在化石表面可见分隔、环纹以及缩溢现象,但这些结构可能为埋藏原因所致。

比较 卷曲带状炭质压膜化石最先在美国西部 Belt 超群 Gryson 页岩中发现,并鉴定为遗迹化石,定名为 *Helminthoidichnites spiralis* 和 *H.meekii* (Walcott,1899)。Walter 等(1976)对该化石进行了重新研究与修正,认为其可能是具真核细胞的藻类实体化石,与现代三大藻类(褐藻或红藻及绿藻)有关,并将 *H.spiralis* 重新命名为 *Grypania spiralis*,并以此为模式种建立一个新属 *Grypania*。类似的化石在华北长城系高于庄组也有发现,并据此建立两个新种 *Sangshuania sangshuanensis*(卷曲带状体)和 *S.linearis*(近直立或弯曲状保存的带状体)(杜汝霖等,1986)。Walter 等(1990)通过对比研究美国西部蒙大拿州的 *Grypania* 化石和天津蓟县(今蓟州区)高于庄组的 *Sangshuania* 化石,认为二者形态相似,产出时代相当,因此将 *Sangshuania* 视为 *Grypania*。牛绍武 (1998)也认为从藻类形态、大小、宽度等看,*Sangshuania* 完全符合 *Grypania* 的含义,并根据带状体宽度和保存形态,将 *Grypania* 细分为 5 种。Sun 等(2006)支持上述分类意见。叶琴等(Ye et al.,2017)认为具有不同大小不同保存形态的过渡类型在 *Grypania* 中非常常见,它们可能只是代表了同一种化石不同的埋藏状态,因此支持 Walter 等(1990)和 Wang 等(2016)的观点,将具不同弯曲形态的螺旋管状标本归属于 *G.spiralis*。基于同样的认知,产于印度中元古代 Vindhyan 超群中旋卷管状化石 *Spiroichnus beerii* 虽然呈三维立体保存 (Sharma and Shukla,2009a),但可能也是 *G.spiralis* 的一种保存形式。

新元古代含有很多带状宏体化石,如 *Katnia singhii*,*Vendotaenia antiqua*,*Jiuqunaoella simplicis*,*Sinocylindra yunnanensis*,它们与 *G.spiralis* 的区别在于:*K.singhii* 中特征的横纹结构 (Tandon and Kumar,1977;Sharma and Shukla,2009b),*V.antiqua* 中的纵向条纹结构和可能的孢子囊微体结构 (Vidal and Ford,1985),*J.simplicis* 中不连续的横纹皱纹和缩溢结构 (Xiao et al.,2002),以及 *S.yunnanensis* 较窄的带状体宽度(通常小于 0.3 mm)(Chen and Erdtmann,1991)。

产地层位 湖北宜昌芝麻坪、麻溪村等地;埃迪卡拉系庙河段。

九曲脑虫属 Genus *Jiuqunaoella* Chen in Chen and Xiao，1991，
emended and validated Xiao et al.，2002
简单九曲脑虫 *Jiuqunaoella simplicis* Chen in Chen and Xiao，1991，
emended and validated Xiao et al.，2002
[图 2-4(t)]

描述　不分枝带状体，带状体或直，或弯曲，或扭曲，或呈缠绕状产出。带状体宽度较均匀，一般为 1.0～5.0 mm，不均匀的部分可能是由于扭曲或挤压所致。偶见不连续的横向皱纹结构和收缩现象。带状体最长可达 300.0 mm。

比较　陈孟莪和萧宗正（1994）最早根据三峡地区庙河村剖面的标本建立该种，但是并未给出标准化石的存放地。肖书海等（Xiao et al.，2002）对此进行了详细说明并将其特征进行修订，新修订后的特征包括缠绕状的带状体，因而陈孟莪等（1994）和丁莲芳等（1996）报道的 *Jiuqunaoella* 都应归属于 *Jiuqunaoella simplicis*，*J.simplicis* 同时在东欧台地 Lyamtsa 组（Grazhdankin et al.，2007）和西伯利亚 Khatyspyt 组（Grazhdankin et al.，2008）都有发现。

产地层位　湖北宜昌庙河村、麻溪村等地；埃迪卡拉系庙河段。

崆岭藻属 Genus *Konglingiphyton* Chen and Xiao，1992，emend.Xiao et al.，2002
直立崆岭藻 *Konglingiphyton erecta* Chen and Xiao，1992，emend.Ye et al.，2017
[图 2-3(j)；图 2-4(g)；图 2-10(a)]

描述　二歧分枝藻体，藻体长度可达 37.0 mm，最多可见 6 次分枝。藻枝光滑且直，极少数保存呈弯曲或折叠状。藻枝向远端逐渐变宽，基部藻枝宽为 0.1～0.7 mm，至远端其宽度能达到 1.4 mm。一些标本分枝基部可见缩溢现象。分枝角变化较大，为 10.0°～70.0°。一些标本基部保存了较好的须根状固着器，长 1.5 mm，宽 0.07～0.2 mm。

比较　陈孟莪和萧宗正（1994）最早依据庙河村埃迪卡拉纪庙河段的标本建立了 *Konglingiphyton erecta*。肖书海等（Xiao et al.，2002）根据化石基部具有缩溢现象对其进行了修订。当前标本特征非常符合陈孟莪和萧宗正（1994）对 *K.erecta* 的原始定义，同时藻体分枝基部还表现有缩溢现象。叶琴等（Ye et al.，2017）发现一些标本保存有非常好的须根状固着器，这在此类化石中属首次报道，据此对该种进行了修订。

产地层位　神农架宋洛乡，宜昌庙河、麻溪村等地；成冰系南沱组、埃迪卡拉系庙河段。

不对称崆岭藻 *Konglingiphyton laterale* Ye et al.，2017
[图 2-4(h)；图 2-10(b)]

描述　不对称分枝藻体，稀疏分布的侧枝以大角度从主轴向一侧生长。主轴保存呈弯

曲状,侧枝较直且不分枝。主轴向远端变宽,为 0.1～0.8 mm。同样侧枝也具有向远端变宽的特征,侧枝基部宽为 0.1～0.3 mm,远端宽可达 1.0 mm。分枝基部见收缩现象。藻体长为 5.2～13.5 mm,侧枝长为 2.2～5.0 mm,主轴节间长度为 1.0～3.0 mm,藻体分枝角为 60.0°～75.0°。未见固着器。

比较 叶琴等(Ye et al.,2017)依据在麻溪剖面观察到的标本建立该种,认为其单向不对称分枝方式可以区别与 *K. erecta* 和埃迪卡拉纪其他的二歧分枝化石,如 *D. lineare*,*D. quyuani* 和 *E. siniansis*,*Konglingiphyton laterale* 与寒武纪凯里生物群中的 *Parallelphyton tipica* 都具有侧向分枝的总体特征,但后者由"匍匐生长的棒状主轴与由其侧方近于直立生长的 10 多条藻丝束组成,且藻丝束的末端具叉状分枝"(Wu et al.,2011)。此外,贵州瓮会生物群中的 *Wenghuiphyton erecta* 也具有匍匐状主轴和直立生长的侧枝,但其主轴实由匍匐生长的根状茎及根状茎之下复杂的拟根系统和菌根组成,且其侧枝可进一步等二歧分枝(王约等,2007)。叶琴等(Ye et al.,2015)在成冰纪南沱组中展示的一个不对称分枝化石,与当前标本在形态上具有一定的相似性,但前者主轴和侧枝宽度向远端均没有加大的现象,侧枝还呈减小的趋势。

产地层位 湖北神农架宋洛乡、宜昌麻溪村;成冰系南沱组、埃迪卡拉系庙河段。

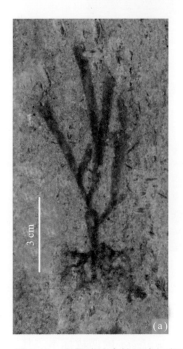 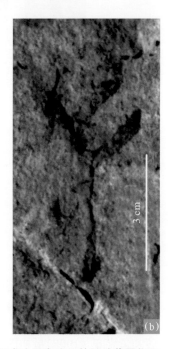

图 2-10 宜昌埃迪卡拉系庙河段和神农架成冰系南沱组的崆岭藻属化石

(a)直立崆岭藻(*Konglingiphyton erecta*);(b)不对称崆岭藻(*Konglingiphyton laterale*)

柳林碛带藻属 Genus *Liulingjitaenia* Chen and Xiao,1992

缠绕柳林碛带藻 *Liulingjitaenia alloplecta* Chen and Xiao,1992

[图 2-4(k),图 2-11]

描述 纵长形带状不分枝化石,由大量藻丝集合成束,藻丝螺旋状缠绕形成如绳索一般的螺纹结构。化石保存不完整,因而端部特征不清,残留长度为 2.1～180.0 mm。单个带状体宽度均一,不同标本宽度不一,变化范围为 0.3～6.7 mm,组成带状体的藻丝体宽度为 0.07～0.1 mm。

比较 陈孟莪和萧宗正（1994）最早建立 *L.alloplecta* 并认为其为由大量缠绕丝状体组成的藻类化石。随后 *L.alloplecta* 被认为是一个较硬的管状体,表面具有螺旋状的褶皱（Steiner,1994;Xiao et al.,2002;袁训来等,2002）。叶琴等（Ye et al.,2017）通过大量标本的观察,支持陈孟莪和萧宗正（1994）最初的意见,认为 *L.alloplecta* 是由大量螺旋状排列的丝状体集合成束状。

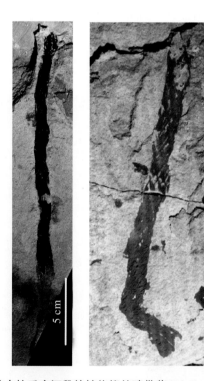

图 2-11 宜昌埃迪卡拉系庙河段的缠绕柳林碛带藻（*Liulingjitaenia alloplecta*）化石

此外,陈孟莪和萧宗正（1992）最初图示了 *L.alloplecta* 的两枚标本。其中一枚丝状体排列较为疏松,被定义为模式种,另一枚丝状体相对紧密结合的束状化石则为副模标本。丁莲芳等（1996）认为上述两枚标本分别代表了绿藻门（Ulotrichaceae）和褐藻门（Scytosiphonaceae）的不同属种,并据此建立两个新种丝状体稀疏排列（*Eoulothrix fibrillate*）和丝状体紧密排列（*Eoscytosiphon longitubulosum*）。但上述稀疏或紧密保存的化石体可能只是同一化石形态的过渡类型或者由于保存所致,因此二者都应归属于 *L.alloplecta* (Xiao et al.,2002)。

产地层位　湖北宜昌庙河、麻溪村;埃迪卡拉系庙河段。

长索藻属 Genus *Longifuniculum* Steiner et al.,1992
列散长索藻 *Longifuniculum dissolutum* Steiner et al.,1992
［图 2-4(j);图 2-5(l)］

描述　大量细丝体组成的长绳状、扇状或者哑铃状的化石体。细丝体常缠绕呈束并向一端或者两端散开,或在束状体中部散开,在散开部位常可见明显的细丝体,但未见清晰的二歧分枝现象。细丝体宽度小于 0.06 mm(通常为 0.02~0.05 mm),束状体宽为 0.4~1.5 mm,束状体最大可见长度为 10.0~32.0 mm。

比较　Steiner 等(1992)依据华南武陵山地区留茶坡组的化石建立 *Longifuniculum dissolutum*,强调化石由很多较长的细丝体组成的束状体。基于此,肖书海等(Xiao et al.,2002)将 *Guimenguania umbrellulatum* 和 *Sectoralga* 的所有种 (丁莲芳等,1996)归属于 *L.dissolutum*。王约等 (2007)虽然同意部分 *Sectoralga* 化石归属为 *L.dissolutum* 无疑,如 *S.supervoluta* Hu in Ding et al.,1996,*S.specialis* Hu in Ding et al.,1996,*S.umbrellulata* Hu in Ding et al.,1996(=*Guimenguania umbrellulatum*)和 *Sectoralga* sp.(丁莲芳等,1996),但 *Sectoralga* 的模式种 *S.typica* 与 *L.dissolutum* 具有明显差别,表现为前者具有三部分:固着器、固着器上面的细丝成束部分,以及最上部的丝状体发散形成的膨大部分,同细丝成束部分较短,不足整个化石的 1/2。这一观点还需验证。叶琴等(Ye et al.,2017)认为扇状的 *L.dissolutum* 保存不完整,但束状部分长度大于扇状部分,同时其他标本均未见固着器但保存了较长的束状藻丝,因此支持王约等 (2007)有关 *S.typica* 的建议,认为其与 *L.dissolutum* 存在不同,但其保存的可能的固着器还需更多材料来证实。

产地层位　湖北神农架松柏镇三里荒村,宜昌庙河、麻溪村;埃迪卡拉系庙河段。

麻溪藻 Genus *Maxiphyton* Ye et al.,2017
标准麻溪藻 *Maxiphyton stipitatum* Ye et al.,2017
［图 2-4(f)］

描述　二歧分枝藻体,完整保存的藻体包括底部的固着器、下部的宽大主枝和上部的分枝藻体,整个藻体长度为 5.0~31.4 mm。底部的固着器直径为 0.3~2.0 mm,表现为球状块茎上长出很多丝状拟根。藻体分枝前基部藻枝(主枝)较为宽大,其长为 0.7~11.5 mm,宽为 0.1~1.8 mm。上部的藻体呈规则二歧分枝,分枝次数最多可见 4 次,分枝后藻体宽度明显小于分枝前主枝宽度,且向远端分枝宽度略有加宽。分枝基部宽度为 0.05~0.2 mm,分枝远端宽度可达 0.05~0.5 mm。藻体节间长度和最末一节分枝藻体长度为 1.0~3.0 mm。分枝角度小于 64.0°。藻枝保存呈弯曲柔软状。一些标本的分枝基部可见收缩现象。同时藻体可被压扁,但一些标本保存为精细的三维立体状态,可重建藻体原始状态为圆柱状。化石均保存为强烈的铁锈色,与黄铁矿氧化有关。

比较　叶琴等(Ye et al.,2017)根据在湖北宜昌麻溪剖面发现的大量化石,建立新属 *Maxiphyton*。*Maxiphyton* 明显的三部分结构可将其与庙河生物群中其他的分枝化石进行区别。值得一提的是,一些 *Enteromorphites* 标本(尤其是瓮会生物群中的原定为 *Zhongbaodaophyton* 属的标本)与 *Maxiphyton* 在形态上非常相似,但前者顶部藻丝逐渐收小,呈刺状。

产地层位　湖北宜昌麻溪村;埃迪卡拉系庙河段。

原锥虫属 Genus *Protoconites* Chen et al.,1994b,emend.Xiao et al.,2002
小型原锥虫 *Protoconites minor* Chen et al.,1994b,emend.Xiao et al.,2002
〔图 2-4(p);图 2-5(m)〕

描述　小型锥状体,锥体一端尖,另一端扩散,边缘平直。锥体直,尖端易发生轻微弯曲。锥体外壁光滑,表面少见纵向条纹,但保存有一些横纹和褶皱结构,可能与压实作用有关。锥体长为 1.7~26.8 mm,尖端宽为 0.1~0.4 mm,至发散最远端宽度可达 6.4 mm,通常为 1.0~4.0 mm。锥体发散角为 7.5°~28.3°。未见任何固着器结构。

比较　陈孟莪等(1994)建立该属时认为锥状体表面具横纹结构,经过仔细观察,肖书海等(Xiao et al.,2002)认为 *Protoconites* 不具有上述结构,据此对属征进行了修订。叶琴等(Ye et al.,2017)也观察到类似横纹结构,但认为此结构不稳定,可能是埋藏所致。

产地层位　湖北神农架松柏镇三里荒村,宜昌庙河、芝麻坪、麻溪村;埃迪卡拉系庙河段。

中华细丝藻属 Genus *Sinocylindra* Chen and Erdtmann,1991,emend.Ye et al.,2017
云南中华细丝藻 *Sinocylindra yunnanensis* Chen and Erdtmann,1991,emend.Ye et al.,2017
〔图 2-4(q);图 2-5(n);图 2-12(a)、(b)〕

描述　不分枝的柔软带状体,常呈弯曲状、折叠状或者不规则交叉在一起。带状体宽度随长度变化基本保存一致,宽为 0.2~2.2 mm,带状体长为 4.6~73.6 mm。带状体的两端呈平直状或者圆弧状。未见任何横向结构和固着器。近一半的标本呈三维立体状保存,反映化石体原本为圆柱状生物。

比较　叶琴等(Ye et al.,2017)对 *Sinocylindra* 进行了两方面的修订,其一是有关带状体的保存状态,除柔软弯曲的 *S.yunnanensis* 外,还包括大量笔直或近笔直保存的化石体 *S. linearis*;其二是扩大了该属带状体的宽度,为 0.2~2.2 mm。同时叶琴等(Ye et al.,2017)对 *S.yunnanensis* 的特征进行了修订以包含这些具有较大宽度的标本。

产地层位　湖北神农架松柏镇三里荒村,宜昌庙河、麻溪村;埃迪卡拉系庙河段。

笔直中华细丝藻 *Sinocylindra linearis* Ye et al.,2017
〔图 2-5(o);图 2-12(c)〕

描述　带状体保存呈笔直状,较少弯曲保存,可能代表其具有一定的坚硬强度。带状体宽度变化范围为 0.3～1.9 mm，单个带状体宽度随长度变化基本保存均匀。带状体长度为 5.9～49.7 mm。保存较好的标本可见圆形或者截切状的端部特征。带状体表面光滑，未见任何横纹，也未见固着器结构。一些带状体保存呈扁平状，但大量标本呈三维立体状态保存，反映其实际为圆柱体。

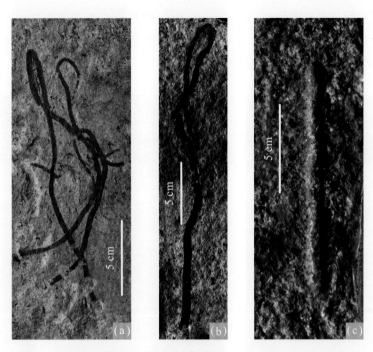

图 2-12　采自神农架和宜昌埃迪卡拉系庙河段的 Sinocylindra 属化石

（a），（b）云南中华细丝藻（*Sinocylindra yunnanensis*）；（c）笔直中华细丝藻（*Sinocylindra linearis*）

　　比较　*S.linearis* 与模式种 *S.yunnanensis* 的区别在于后者通常保存为弯曲、折叠状，表明 *S.linearis* 比 *S.yunnanensis* 生长状态更为强硬。

　　产地层位　湖北神农架松柏镇三里荒村；埃迪卡拉系庙河段。

震旦海绵属 Genus *Sinospongia* Chen in Chen and Xiao，1992，emend.Xiao et al.，2002

　　陈均远震旦海绵 *Sinospongia chenjunyuani* Chen in Chen and Xiao，1992，emend.Xiao et al.，2002

〔**图 2-4（r）；图 2-13（a）**〕

　　描述　不完整保存的管状化石，宽为 4.2～20.7 mm，长为 8.0～40.2 mm。化石表面具有不规则排列的横向皱起或凹槽，且横向结构长度不一，宽度小于 0.1 mm，多交叉形成大小约为 1.0 mm×2.0 mm 的网状结构。

　　比较　当前标本表面具有不规则的横向结构并进一步形成网状结构，应属于 *S.chenjunyuani*。

　　产地层位　湖北宜昌庙河、芝麻坪、麻溪村；埃迪卡拉系庙河段。

典型震旦海绵 *Sinospongia typica*（Li in Ding et al.,1996）Xiao et al.,2002

［图 2-4(s)；图 2-13(b),(c)］

描述　管状或锥管状化石,多保存不完整,残存长度为 2.9～40.6 mm,宽度为 1.4～8.1 mm。化石表面具有紧密均匀、平行排列的平直横纹,横纹本身宽为 0.02～0.2 mm,长为 1.8～7.8 mm,横纹间距为 0.02～0.1 mm。有的标本可见平直截切的端部特征。其中一个保存相对完整的标本似乎具有一个圆盘状固着器。

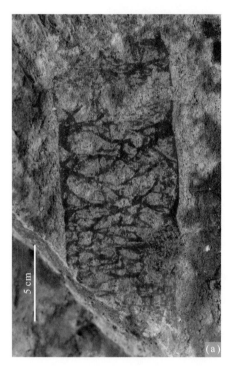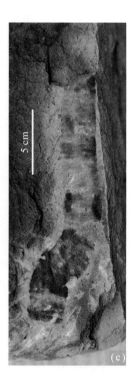

图 2-13　采自宜昌埃迪卡拉系庙河段的 *Sinospongia* 属化石

(a)陈均远震旦海绵(*Sinospongia chenjunyuani*);(b),(c)典型震旦海绵(*Sinospongia typica*)

比较　*S.typica* 具有规则平行排列的横向结构,而 *S.chenjunyuani* 则具有由不规则分布的横纹形成的网状结构。因此,在白海地区埃迪卡拉系 Lyamtsa 组中报道的两枚标本(Grazhdankin et al.,2007)具有规则的横纹皱纹结构,更应归属为 *S.typica*。

产地层位　湖北宜昌庙河、芝麻坪、麻溪村;埃迪卡拉系庙河段。

文德带藻属 Genus *Vendotaenia* Gnilovskaya,1971

文德带藻未定种 *Vendotaenia* sp.

［图 2-5(j)］

描述　带状压膜或者压痕。带状体直、或弯曲、或扭曲、或折叠,向一端或者两端变尖。带状体宽度为 0.4～1.3 mm,长度为 12.8～38.5 mm。带状体表面光滑无装饰。一些标本呈微弱的立体状态保存，且表面还残留有炭质团块或薄膜。

　　比较　　当前标本表面未保存纵向条纹结构，将其暂定文德带藻未定种。

　　产地层位　　湖北神农架宋洛乡、三里荒村；成冰系南沱组、埃迪卡拉系庙河段。

参考文献

陈孟莪,萧宗正,1994.晚震旦世的特种生物群落——庙河生物群新知[J].古生物学报,33(4):391-403.

丁莲芳,李勇,胡夏嵩,等.1996.震旦纪庙河生物群[M].北京:地质出版社:1-221.

杜汝霖,田立富,1986.中国晚前寒武纪地质研究成果之十二——燕山地区青白口纪宏观藻类[M].石家庄:河北科学技术出版社:1-124.

牛绍武,1998.卷曲藻 Grypania 属在蓟县高于庄组中的确认及其意义[J].前寒武纪研究进展,21(4):36-46.

王约,王训练,黄禹铭,2007.黔东北伊迪卡拉纪陡山沱组的宏体藻类[J].地球科学:中国地质大学学报,(06):106-122.

袁训来,1999.新元古代陡山沱期瓮安生物群研究概况[J].微体古生物学报,16(3):281-286.

袁训来,李军,陈孟莪,1995.晚前寒武纪后生植物的发展及其化石证据[J].古生物学报,90-102.

袁训来,陈哲,2016.多细胞生物起源和早期演化研究报告[J].科技资讯,014(034):247.袁训来,肖书海,尹磊明,等,2002.陡山沱期生物群——早期动物辐射前夕的生命[M].合肥:中国科学技术出版社:1-171.

朱为庆,陈孟莪,1984.峡东区上震旦统宏体化石藻类的发现[J].植物学报,26(5):558-560.

CAI Y, SCHIFFBAUER J D, HUA H, et al., 2012. Preservational modes in the Ediacaran Gaojiashan Lagerstätte: Pyritization, aluminosilicification, and carbonaceous compression[J].Palaeogeography Palaeoclimatology Palaeoecology,326-328,109-117.

CHEN J Y, ERDTMANN B D, 1991. lower cambrain lagerstatte from Chengjiang, Yunnan, china: insights for reconstructing early metazoan life[M]//SIMONETTA A M, MORRIS C S, Early Evolution of Metazoa and the Significance of Problematic Taxa.Cambridge:Cambridge University Press:57-76.

DU R, WANG Q, TIAN L, 1995.Catalogue of algal megafossils from the Proterozoic of China[J].Precambrian Research 73,291-298.

DUAN C H, 1982.Late Precambrian algal megafossils Chuaria and Tawuia in some areas of eastern China[J].Alchering,6:57-68.

DUTTA S, GREENWOOD P F, BROCKE R, et al.,2006. New insights into the relationship betweenTasmanites and tricyclic terpenoids[J].Organic Geochemistry,37:117-127.

GNILOVSKAYA M B, 1971.Drevnejshie vodnye rasteniya venda Russkoj platformy(The oldest Vendian aquatic plants on the Russian platform)[J],Palaeontologicheskij Zhurnal:(3),101-107.

GRAZHDANKIN D V, BALTHASAR U, NAGOVITSIN K E, et al.,2008.Carbonate-hosted Avalon-type fossils in arctic Siberia[J]. Geology,36:803-806.

GRAZHDANKIN D V, NAGOVITSIN K E, MASLOV A V,2007.Late Vendian Miaohe-type Ecological Assemblage of the East European Platform[J].Doklady Earth Sciences,417:1183-1187.

HOFMANN H J, 1977. The problematic fossil Chuaria from the Late Precambrian Uinta mountain Group, Utah[J].Precambrian Research,4(1):1-11.

HOFMANN H J, 1985.Precambrian carbonaceous megafossils[M]// Toomey D F, Nitecki M H.Paleoalgology: Comtemporary Research and Applications.Berlin: Springer:20-33.

HOFMANN H J,1992.Proterozoic and selected Cambrian megascopic carbonaceous films[M]// Schopf J W, Klein C.The Proterozoic Biosphere,A Multidisciplinary Study.Cambridge：Cambridge University Press：957-998.

HOFMANN H J,1994.Proterozoic carbonaceous compressions （"metaphytes" and "worms"）[M]// Bengtson S.Early Life on Earth.New York：Columbia University Press；342-357.

IVANTSOV A Y,GRITSENKO V P,KONSTANTINENKO L I, et al.,2014.Revision of the Problematic Vendian Macrofossil Beltanelliformis（＝Beltanelloides， Nemiana）[J].Paleontological Journal,48（13）：1423-1448.

KUMAR S,2001.Mesoproterozoic megafossil Chuaria－Tawuia association may represent parts of a multicellular plant，Vindhyan Supergroup，Central India[J].Precamb. Res.,106：187-211.

KUMAR S,SRIVASTAVA P,1997.A note on the carbonaceous megafossils from the Neoproterozoic Bhander Group，Maihar area，Madhya Pradesh[J].J. Pal. Soc. India,42：141-146.

SHARMA M,SHUKLA Y,2009a.Taxonomy and affinity of Early Mesoproterozoic megascopic helically coiled and related fossils from the Rohtas Formation，the Vindhyan Supergroup，India[J].Precambrian Research,173：105-122.

SHARMA M,SHUKLA Y,2009b.Mesoproterozoic coiled megascopicfossil Grypania spiralis from the Rohtas Formation， Semri Group,Bihar， India[J].Current Science,96：1636-1640.

STEINER M,ERDTMANN B D,CHEN J,1992.Preliminary assessment of new Late Sinian(Late Proterozoic) large siphonous and filamentous "megaalgae" from eastern Wulingshan, North-Central Hunan, China[J]. Berlinger Geowissenschaftliche Abhandlungen(E)， 3；305-319.

STEINER M,1994.Die neoproterozoischen Megaalgen Südchinas[J].Berl Geowiss Abh （E）,15： 1-146.

STEINER M,1997.Chuaria circularis WALCOTT 1899－"Megasphaeromorph Acritarch" or Prokaryotic Colony? [J].C. I. M. P. Acritarch in Praha （eds） Fatka O and Servais T；Acta Univ.Carolinae Geol.,40：645-665.

SUN S,2006.Microfossils in the Meso-Neoproterozoic Jixian Section,China[M].Beijing：Geological Publishing House；84.

SUN W G,1987.Palaeontology and biostratigraphy of Late Precambrian macroscopic colonial algae：Chuaria and Tawuia Hofmann[J].Palaeontographica Abt. B,203：109-134.

TANDON K K,KUMAR S,1977.Discovery of annelid and arthropod remains from Lower Vindhyan Rocks (Precambrian) of central India[J].Geophytology,7(1)：126-129.

VIDAL G，FORD T D,1985.Microbiotas from the Late Proterozoic Chuar Group （Northern Arizona） and Unita Mountain Group （Utah） and their chronostratigraphic implications[J]. Precambrian Res.，28：349-389.

WALCOTT C D,1899.Precambrian fossiliferous formations[J].GSA Bulletin,19：199-244.

WALTER M R，Horodyski R J,1990.Coiled carbonaceous megafossils from the Middle Proterozoic of Jixian (Tianjin) and Montana[J].Am.J.Sci.,290A：133-148.

WALTER M R,OEHLER J H,OEHLER D Z,1976.Megascopic algae 1300 million years old from the Belt Supergroup, Montana：a reinterpretation of Walcott's Helminthoidischniter[J].Paleontol,50：872-881.

WANG Y, WANG Y,DU W,2016.The long-ranging macroalga Grypania spiralis from the Ediacaran Doushantuo Formation,Guizhou，South China[J].Alcheringa：An Australasian Journal of Palaeontology,46（2）：

303-312.

WANG Y,WANG X,2011.New observations on Cucullus Steiner from the Neoproterozoic Doushantuo Formation of Guizhou, South China[J].Lethaia, 44:275 - 286.

WANG Y, WANG Y, DU W, et al., 2015. The Ediacaran macroalga Zhongbaodaophyton Chen et al. from South China[J].Alcheringa An Australasian Journal of Palaeontology,39(3):377-387.

WU M Y,ZHAO Y L,TONG J N,et al.,2011.New macroalgal fossils of the Kaili Biota in Guizhou Province, China[J].Science China Earth Sciences,54:93-100.

XIAO S H,DONG L,2006.On the morphological and ecological history of Proterozoic macroalgae[M]//Xiao S,Kaufman A J.Neoproterozoic Geobiology and Paleobiology.Dordrech: Springer:57-90.

XIAO S H,YUAN X L,STEINER M,et al.,2002.Macroscopic carbonaceous compressions in a terminal Proterozoic shale: A systematic reassessment of the Miaohe biota,South China[J].Journal of Paleontology,76: 347-376.

YE Q,TONG J N,AN Z H,et al.,2017.A systematic description of new macrofossil material from the upper Ediacaran Miaohe Member in South China[J].Journal of Systematic Palaeontology:1-56.

YE Q,TONG J N,XIAO S H,et al.,2015.The survival of benthic macroscopic phototrophs on a Neoproterozoic snowball Earth[J].Geology,43:507-510.

YUAN X L, XIAO S H, LI J,et al.,2001.Pyritized chuaridis with excystment structures from the late Neoproterozoic Lantian formation in Anhui, South China[J].Precamb. Res.,107:253-263.

ZHANG R J, FENG S N,XU G H, et al.,1990.Discovery of Chuaria－Tawuia assemblage in Shilu Group, Hainan Island and its significance[J].Science in China (Series B),33:211-222.

ZANG W, WALTER M R, 1992. Late Proterozoic and Early Cambrian microfossils and biostratigraphy, Amadeus Basin, central Australia[J].Association of Australasian Palaentologists,12:1-132.

第三章　清江生物群

摘要：最近在中国宜昌长阳津洋口清江与丹江河交汇处寒武纪水井沱组二段中上部所发现的距今5.18亿年软躯体化石特异埋藏库——清江生物群,这是继加拿大布尔吉斯页岩型化石库(生物群)和我国云南澄江化石库(生物群)之后,在世界上新近发现的反映陆棚远岸较深水环境中形成的又一早寒武世特异埋藏化石库,从而为探索地球早期生命大爆发和解读软躯体生物起源和生命早期辐射进化打开了一个新的窗口。

距今10亿—8亿年的前寒武纪晋宁造山事件,以及雪球事件后全球气候变暖所引起大气和水中有机质、氧及二氧化碳含量的急剧变化,尤其是大气和海水中氧气产量的增加,为我国扬子海盆寒武纪大爆发提供了必要的前提;伴随气候变暖和海底热流所引发的大规模磷酸岩化作用以及藻类有机质产率的增加,也为动物的繁衍和骨骼化创造了极好的生存条件,但只有那些生活在相对较深,表层充氧而底层缺氧、古地理位置处于扬子碳酸盐岩台地陆棚凹陷或陆棚边缘或台缘斜坡或凹陷盆地中的岩家河、澄江、牛蹄塘、清江、凯里等生物群,才有可能在相对安静和缺氧的海底被保存下来,并形成深色和黑色页岩或泥岩特异埋藏群或化石库。

关键词：寒武纪大爆发,澄江生物群,凯里生物群,牛蹄塘生物群,清江生物群,埋藏群

继我国扬子地块或扬子海盆,包括现今云南、贵州、湖南和湖北等地的寒武纪地层中相继发现了以岩家河生物群、澄江生物群、凯里生物群等为代表的特异埋藏化石群之后,最近傅东静等人(Fu et al.,2019)又在宜昌长阳津洋口清江与丹江河交汇处寒武纪水井沱组二段中上部发现了距今5.18亿年左右的软躯体动物化石特异埋藏库,并命名为清江生物群。这是继查理斯·沃科特1909年在加拿大首次发现寒武纪第三统,即苗岭统鼓山阶,距今5.04亿年左右的布尔吉斯生物群(Cloud,1948,1968;Gould,1989;朱茂炎,2009,2010,2011)在世界上新近发现的反映陆棚远岸较深水环境中形成的又一早寒武世特异埋藏化石库,从而为探索地球早期动物大爆发和解读软躯体生物起源和生命早期辐射进化打开了一个新的窗口。是中国古生物学家在丰富和完善达尔文进化论,揭示动物起源和寒武纪生命大爆发以及生物快速辐射进化奥秘方面,所做出的令全球科技界高度关注和振奋的杰出贡献(图3-1)。

一、长阳地区的寒武系

通过近一个世纪的研究表明,我国得天独厚的客观自然条件,为全球地质古生物学家提供了一个完美的寒武纪年代地层划分和揭示寒武纪大爆发奥秘以及创新达尔文进化论的天

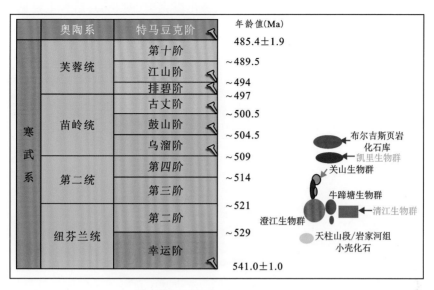

图 3-1　指示寒武纪大爆发的珍稀古生物（化石）群

然平台。在全球寒武纪内部拟建立的 10 个年代地层界线对比标准（即"金钉子"）中已经有 4 个在我国落户（图 3-1）；并且自 20 世纪 80 年代初在我国云南澄江县帽天山发现澄江生物群以来（朱茂炎，2009），相继又发现和研究了与其相关联的关山生物群、凯里生物群（朱茂炎，2010，2011；赵元龙等，1999；赵元龙等，2011）和最近在长阳发现的清江生物群（Fu et al.，2019）（图 3-1），以及此前在宜昌岩家河发现的岩家河生物群（Guo et al.，2008），在王家坪寒武纪石牌组中发现的石牌生物群（Zhang et al.，2005；Zhang et al.，2008）和在京山寒武纪石龙洞组发现的京山生物群等（刘琦等，2010），均为破解动物起源、寒武纪大爆发和辐射进化以及不同相区和层位动物门类之间的保存和系统发生关系提供了宝贵的资料。

　　湖北长阳清江国家地质公园风景优美，素有"六百里清江美如画，三百里画廊在长阳"之美誉（图 3-2、图 3-4）。在长阳的埃迪拉系至三叠系发育完美（图 3-3），在成冰系中可见两套冰川混杂岩地层，而且是古城组（冰川）的命名剖面所在地。这里的寒武系地层与三峡东部黄陵背斜东南翼相似，但由于靠近江南陆棚和斜坡，因而寒武纪的碎屑岩沉积有所增加，自下而上分别介绍如下。

　　（1）水井沱组（40～235 m）

　　自下而上可分为三个岩性段，底部（下段）为灰黑色薄层状炭质泥岩夹含磷硅质岩；中段为灰黑色页片状炭质泥岩夹深灰色、黑色大小不等的泥晶灰岩透镜体（即所谓锅底状灰岩），以泥岩沉积为主，产三叶虫：遵义盘虫（*Tsunyidiscus acutus*），长阳中华盘虫（*Sinodiscus changyangensis*）和古始莱得利基虫（*Eoredlichia intermedia*）等；上段以灰色薄层-中厚层状泥晶灰岩、含炭泥晶灰岩、含炭白云质灰岩为主，夹炭质泥页岩，产三叶虫 *Redlichia* 等。本组在长阳一带与下伏灯影组顶部含小壳化石的天柱山段白云质灰岩或岩家河黑色薄层-中层硅质灰岩呈平行不整合接触。前者在王子石公路旁出露完美（图3-5）；后者主要见于岩家河组命名剖面所在地以及秭归茅坪至链子崖公路旁的九曲脑。

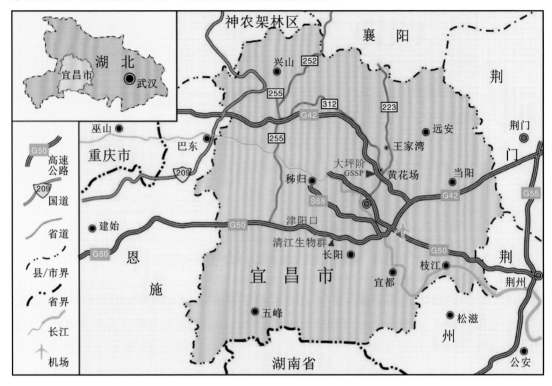

图 3-2　长阳交通位置及清江生物群产地

（2）石牌组（295 m）

下部为灰-灰绿色粉砂质页岩、黏土质粉砂岩、泥质粉砂岩，波痕发育；上部为灰色薄层粉砂岩、细砂岩，夹鲕粒亮晶灰岩、微晶生物屑灰岩、灰绿色泥岩，产三叶虫 *Palaeoplenus*、*Ichangia* 等。与下伏水井沱组整合接触。

（3）天河板组（126～380 m）

下部为深灰色厚层-块状泥质条带白云质砂屑灰岩夹薄层-中层白云质条带灰岩及鲕、豆状灰岩，发育帐篷构造、大型板状斜层理、双向交错层理、沙纹层理；上部为灰-深灰色中薄层状泥晶灰岩、粉晶白云质条带灰岩夹豆状灰岩、亮晶灰岩及含燧石条带白云岩，产三叶虫 *Megapalaeolenus*，和古杯类化石 *Archaeocyathus*。

（4）石龙洞组（46 m）

浅灰、灰色中厚层状至块状含残余砂砾屑白云岩夹灰岩及古喀斯特岩溶角砾岩，顶部的白云岩具雪花状、鸟眼状构造。具不明显的低角度双向交错层理岩溶角砾岩，单层厚达数米，横向分布极不稳定，属局限台地相沉积。与下伏天河板组呈整合接触。

（5）覃家庙组（191 m）

下部为灰色薄层状、页片状泥晶白云岩，偶夹浅灰色中层状砂屑砾屑白云岩，见少量黑色

图 3-3　由寒武纪灰岩形成的峡谷地貌

图 3-4　湖北长阳清江国家地质公园揭碑仪式

图 3-5　长阳王子石公路旁水井沱组与下伏天柱山段假整合接触，后者呈透镜状分布在灯影组顶部喀斯特
风化溶蚀面之上

硅质条带形成的波状叠层石；上部为灰白色中层状泥晶白云岩夹薄层状泥晶白云岩、硅质条带粉屑灰岩、泥晶灰岩。与下伏石龙洞组呈整合接触。

（6）三游洞群（478 m）

底部为灰、深灰色中厚层状砂屑泥晶灰质白云岩夹中薄层状泥晶灰质白云岩；其上为深灰、灰白色中厚层状含灰质泥晶白云岩、粉晶白云岩与波状-水平状叠层石白云质灰岩、（砾）亮晶砂屑灰岩、亮晶鲕粒砂屑灰岩不等厚互层；上部浅灰、深灰色中厚层状砂砾屑泥晶白云岩、泥晶砂砾屑灰质白云岩、泥晶白云岩与细晶-粉晶白云岩不等厚互层；顶部夹灰质角砾岩透镜体和燧石条带（或结核）以及叠层石灰岩，发育水平、波状、沙纹层理及缓倾角交错层理、小型板状斜层理、平行层理、鱼骨状层理，具特征的白色亮晶方解石充填。

二、清江生物群——展示寒武纪大爆发奥秘的窗口

傅东静等人（Fu et al.，2019）最近在中国宜昌长阳津洋口清江与丹江河交汇处的寒武纪水井沱组二段中上部发现了距今 5.18 亿年左右、主要由软躯体化石组成的特异埋藏群，并命名为清江生物群（图 3-6，图 3-7）。

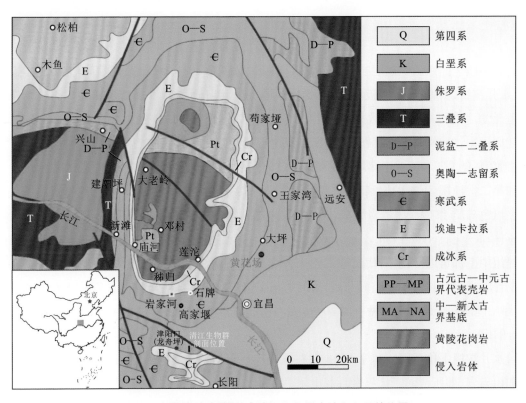

图 3-6 宜昌地区地质图（含清江生物群产地和剖面的位置）

图例：

Q	第四系
K	白垩系
J	侏罗系
T	三叠系
D—P	泥盆—二叠系
O—S	奥陶—志留系
Є	寒武系
E	埃迪卡拉系
Cr	成冰系
PP—MP	古元古—中元古界代表壳岩
MA—NA	中—新太古界基底
	黄陵花岗岩
	侵入岩体

0 10 20km

图 3-7 西北大学师生在长阳丹水河退水时暴露的河床上采集清江生物群化石（张兴亮提供）

1. 清江生物群产出层位和时代

长阳地区的寒武纪地层与宜昌黄陵穹窿东南翼接近,早—中寒武纪自下而上分为岩家河组、水井沱组、石牌组、天河板组和石龙洞组(图3-8),其下部的岩家河组和水井沱组与黔东南凯里-台江一带牛蹄塘组大致相当,但由于寒武纪幸运统—第二统地处扬子碳酸盐台地西南内陆棚远岸,处于与江南斜坡带之间所形成的台缘凹陷之中,因而在宜昌三斗坪计家坡、长阳县岩家河-合子凹和城关至津洋口一带埃迪卡拉系之上发育了厚度100 m左右的寒武纪幸运世和第二世地层,下部的岩家河组(汪啸风等,1987)系由一套厚度39m的黑色薄层硅质白云岩夹黑色硅质-细砂泥质页岩组成,含丰富宏体藻类、微古植物和小壳化石,以及宏体管状和软躯体动物化石(Guo et al.,2008;郭俊峰等,2010),层位与三峡地区天柱山段大致相当,与梅树村组中上部可以对比,时代属寒武纪未命名的第二期,暗示寒武纪大爆发的序幕在寒武纪初期伴随带壳动物出现已经揭开;岩家河组与下伏灯影组上部白马沱段含管状化石的灰白色中-厚层硅质白云岩之间可见一层10 cm左右的硅质角砾状白云岩,二者之间有似属假整合接触(图3-9)。

水井沱组下段系由一套厚26 m左右黑色碳质页岩组成,一般不含透镜状含磷白云质灰岩和白云岩(即所谓锅底状灰岩);其上水井沱组二段以含锅底状灰岩黑色泥质、硅质页岩为标志,清江生物群即产在二段中下部,距二段与三段界线之下14 m的浅灰色薄层泥质灰页岩中[图3-10(a)、(b)、(c)]。该地层在长阳背斜两翼,如长阳岩家河、合子凹公路旁以及古城等地均有分布。值得提出的是,在宜昌王家坪水井沱组之上的石牌组灰色灰绿和黄绿色页岩中还曾报道发现了石牌生物群(Zhang et al.,2005,2008),该生物群除常见的三叶虫和腕足类外,还有软躯体的蠕虫类、古虫类和非矿化的管状化石出现。另外在扬子碳酸岩台地北缘、靠近江北斜坡的京山惠亭山寒武系未命名的第二统第四阶石龙洞组顶部页岩夹层中也曾报道有似凯里和布尔吉斯生物群——京山生物群的发现(刘琦等,2010),该生物群中,除大量常见的三叶虫、腕足类、软舌螺等外,还有少许在澄江生物群和凯里生物群中常见的鳃曳动物、非三叶虫节肢动物和原始的棘皮动物等,层位与云南关山生物群(胡世学等,2010)大致相当,值得进一步注意(图3-8)。目前在长阳津洋口一带新发现的清江生物群正是产在寒武纪第二世水井沱组中段黑灰色纹层状页岩含 *Tsunyidiscus-Hupeidiscus orientalis* 带三叶虫范围之中[图3-10(d)、(e)、(f)],整合于下部黑灰色页岩夹锅底灰岩(下段)之上,与云南晋宁筇竹寺阶所产澄江生物群的层位大致相当,距今5.18亿年左右。这与Okada等(2014)在三峡雾河一带水井沱组底部所测的同位素年龄为(526±5.4)Ma大致可以匹配,与贵州遵义松林一带寒武纪所发现牛蹄塘生物群上部组合可以对比;牛蹄塘生物群中下部所产的锐虾和海绵富集层(杨兴莲等,2005;崔滔等2010)可能与长阳一带岩家河组上部至水井沱组下段相当(图3-8)。

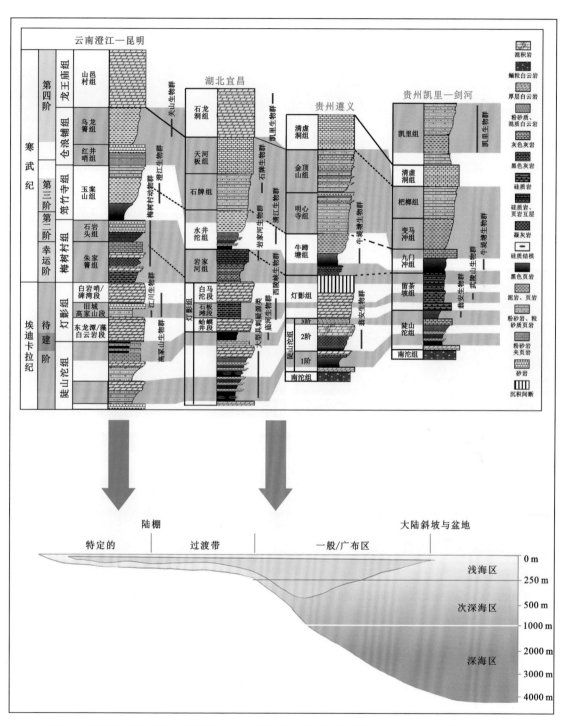

图 3-8 扬子地块寒武纪古地理模式和含生物群剖面对比（朱茂炎，2010，汪啸风、姚华舟，2019）

图 3-9　长阳地区寒武纪幸运期地层

(a)长阳津洋口灯影组与岩家河组界线；(b)长阳津洋口岩家河组与水井沱组底部黑色泥页岩界线

图 3-10　清江生物群产地

(a)清江与丹水河交汇处寒武纪水井沱组二段与三段分界(红点指示二者的界线)；(b)化石产在二与三段界线之下 14m 处河床下灰色泥灰岩之(箭头所指)；(c)丹河河床上出露的水井沱组二段底部锅底状灰岩(下部箭头所指)，远处箭头所指灰岩陡坎为(a)所示水井沱组三段；(d)~(f)在津洋口剖面水井沱组二段所发现的三叶虫化石；(d)遵义盘虫(*Tsunyidiscus acutus*)；(e)长阳中华盘虫(*Sinodiscus changyangensis*)；(f)始莱得利基虫(*Eoredlichia intermedia*)(Fu et al.，2019)

2. 清江生物群的组合特征

根据傅东静等人的研究和报道(Fu et al.,2019),在所采集的属于清江生物群的 4 351 件化石标本中,已发现 109 个后生动物属,其中新发现属种占 53%,尤其值得注意的是该生物群中软躯体生物种类比例高,既有原口动物,也有后口动物,85% 不具有矿化骨骼,绝大多数为水母、海葵等无骨骼动物(图 3-11~图 3-14)。这是继加拿大寒武纪布尔吉斯生物群、云南澄江生物群、贵州凯里生物群、湖北石牌生物群、湖北京山生物群之后又一重大发现,为进一步揭示寒武纪大爆发和生命早期辐射进化过程打开了一个新的窗口。根据清江生物群与其他相关生物群对比,清江生物群的特色和优势主要体现在五个方面:①新属种比例最高;②后生动物相对多样性最大;③软躯体生物类群最多;④化石形态保真度最优;⑤原生有机质的埋藏保存最好。此外,清江生物群的化石保存在海水相对较深的灰色纹层状黏土岩中,未经强烈的成岩作用和风化作用改造,并且以有机碳质薄膜的形式保存下来,是开展埋藏学、地球化学和古环境学研究的理想素材。正如瑞士洛桑大学古生物学家艾莉森·戴利发表评论文章中所说:"这是一个'令人震惊'的发现,清江生物群的宝藏为探索寒武纪生命大爆发时期古生物环境条件如何影响生态结构及演化驱动因子提供了令人兴奋的机会。"

图 3-11 清江生物群生态环境再造(示生物群中特征的生物类型)(Fu et al.,2019)

图 3-12　张兴亮教授介绍清江生物群中新发现的水母类新类型

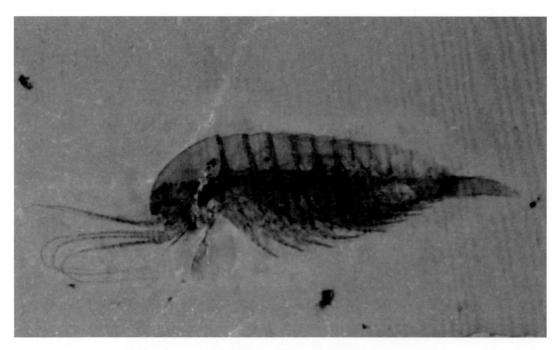

图 3-13　清江生物群中的原口动物——林乔利虫（Fu et al., 2019）

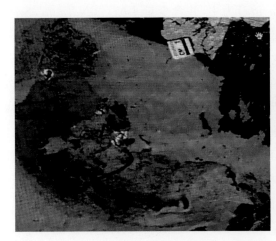

图 3-14　清江生物群中目前发现的后口动物（Fu et al.，2019）

3. 与相关生物群的比较

（1）澄江生物群

20 世纪 80 年代，我国古生物学家（张文堂等，1985；陈均远等，1996，2004；罗惠麟等，1999，苏德干，2009）在云南澄江帽天山寒武纪第二世筇竹寺组中发现的澄江生物群被认为是 20 世纪古生物学界最重大发现之一。澄江生物群的发现和研究，彻底改变了达尔文有关"甲壳动物"长期起源和化石记录不完备性的论断，推动了对"寒武纪大爆发"和对寒武纪生物多样性的认识。清江生物群和澄江生物群都产于寒武纪第二世中晚期，距今 5.20 亿—5.18 亿年，是继揭示寒武纪梅树村组或岩家河组生物大爆发事件序幕——两侧对称动物和具有矿化骨骼带壳动物大量出现之后，在寒武纪第二世发生的各种动物门类爆发式出现的辐射进化事件，从而揭开了寒武纪大爆发的主幕，但由于各自当时所处的古地理位置不同，与澄江生物群所处的陆棚相对浅水环境相比，清江生物群生活在扬子碳酸盐岩台地边缘，埋藏于台缘与陆棚斜坡上所形成的较深水凹陷环境，因而出现了时代与澄江生物群大致相当，但生态环境不同的全新生物群落，这一点从其超过半数以上的新属种可以佐证。

（2）牛蹄塘生物群

牛蹄塘生物群，曾被称为"遵义动物群"或"松林生物群"（杨兴莲等，2005；朱茂炎，2010；崔滔等，2010），也是继小壳化石动物群之后在我国发现的最早的寒武纪动物群。该化石群产于遵义松林黑沙坡剖面牛蹄塘组黑色页岩之中，不仅层位上与澄江动物群可以对比，而且其上部还含有澄江动物群化石组合色彩（赵元龙等，1999）。据杨兴莲等（2005）逐层连续采样和分类与鉴定，他们将牛蹄塘生物群重新划为三个化石组合：①底部的锐虾组合；②中下部的海绵动物组合；③中上部的类澄江生物群型生物组合。后者不仅层位上与澄江动物群可以对比，而且还含有澄江动物群的化石组合的成员，主要以三叶虫（*Tsunyidiscus*）、楔叶形虫

($Sphenothallus$)、疑似杆壁虫($Rhabdopleurids$)为主,并含少量 $Isoxys$,$Naraoia$,$Scenella$ 和高肌虫等。尽管牛蹄塘生物群在形成时代上与澄江生物群、清江生物群可以大致对比,但出现的时代略早一些,可能还包括了水井沱组下段及其下伏的岩家河组的沉积。牛蹄塘生物群可能形成于或埋藏于当时黔中水下隆起的边缘凹陷之中,因而在产三叶虫遵义盘虫($Tsu-nyidiscus$)的页岩之下,由于寒武纪初期牛蹄塘组中下部海水相对较浅,故而发育了与岩家河组层位大致相当锐虾和富集海绵的沉积;随着海侵的扩大,在其上部则出现了似布尔吉斯页岩型的软躯体化石;此外,牛蹄塘生物群中下部以产大量海绵动物化石为特色,其中类似的分子在湖南省张家界市三岔和贵州丹寨过渡相地层的牛蹄塘组中上部深水页岩和硅质岩中也发现。前者有可能是伴随寒武纪初期海侵在黔中水下隆起边缘相对弱水动力作用下形成的生物群;后者位于江南陆棚斜坡远岸,根据含化石母岩多为硅质岩的特点,推测这些海绵动物的出现则可能与当时海底热水所引起的充氧作用有关(杨兴莲等,2010)。因此,无论与澄江生物群还是清江生物群或牛蹄塘生物群对比,都说明寒武纪生命大爆发在我国扬子碳酸盐台地至陆棚斜坡地带是普遍存在的,由于具体的古地理位置和生态环境的不同,以至在生物群的组合方面显示出差异,应该是生物环境对寒武纪生命大爆发和随之而来的生物的多样性辐射进化的响应。

(3) 凯里生物群

凯里生物群发现于贵州剑河县八郎村后曾家崖村凯里组中部(图 3-15)灰绿色和黄色粉砂质泥岩中,自 1982 年发现以来,结合寒武系第二统和第三统,即现在的苗岭统和乌溜阶全球界线层型剖面的研究(赵元龙,2011),现已发现的化石有 10 个门类,大约 120 个属,包括大量软躯体动物化石,其中尤以棘皮动物和三叶虫化石保存的格外完美。其中三叶虫($Orycto-cephalus$ $indicus$)的首现已成为确定寒武系苗岭统和溜阶界线的生物标志。凯里生物群中的软躯体动物化石兼具澄江生物群和布尔吉斯化石库的分子,但其时代较后者早 0.3～0.4 亿年,因而从一个侧面集中地展示出寒武纪大爆发主幕之后,后生动物多样性辐射演化的特征、途径和组合面貌。

综上所述,与前寒武纪末期出现的仅有两个胚胎的低等多细胞动物及相关类别,如水母类、海绵类等相比,寒武纪大爆发则展示了包括占动物界 90% 以上具有三胚胎层动物爆发式出现的辐射进化过程。大规模两侧对称动物门类的出现和多门类后生动物骨骼化则构成这一重大事件的最主要特征。如果澄江生物群可称为 20 世纪古生物学界最惊人的发现之一,那么清江生物群则是进一步揭开寒武纪爆发奥秘的又一宝库;凯里生物群从产生的时代上正处于从澄江生物群、清江生物群到布尔吉斯生物群的过渡阶段,因而被卢衍豪院士和殷鸿福院士分别视为"亚洲科学史上的一大光荣"和"古生物学的一件瑰宝"。他们在展示寒武纪大爆发和继之发生辐射进化方面具有承前启后的重要意义。

图 3-15 　凯里生物群产地和寒武系苗岭统和乌溜阶——金钉子剖面（赵元龙等，2011）

三、寒武纪大爆发的启示及其对进化论的贡献

　　根据对上述罕见特异埋藏群产出时代和层位分析（汪啸风、姚华舟，2019），我国的澄江生物群、牛蹄塘生物群和清江生物群均产于寒武纪早期，其中牛蹄塘生物群是继我国寒武纪初期以小壳动物群为代表的带壳动物大爆发后，在距今 5.21 亿年左右伴随寒武纪初期海侵，在江南台缘局限凹陷弱水动力条件下所形成和保存的由海绵动物、腔肠动物、节肢动物、软体动物、藻类等化石组成的生物群；继之出现的以泛节肢动物和后生动物为主要角色的澄江生物群和清江生物群则揭开了寒武纪大爆发的主幕，后二者产生的时代大致相当，均出现于距今 5.20 亿—5.18 亿年，但生活和埋藏环境不同，从而能够从不同生存和埋藏环境中更全面地揭示寒武纪大爆发所产生的生物多样性和多门类生物大爆发的景观。凯里生物群产于寒武系第三统，即苗岭统乌溜阶界线之上，距今 5.08 亿年左右的凯里组中下部，较加拿大布尔吉斯页岩化石库（距今 5.05 亿年）时代要早 3 Ma 左右。这二者集中展示了寒武纪初期生命大爆发后，至寒武纪苗岭世时所发生的阶段性的生物多样性事件；如果联系在寒武纪第二世中晚期石牌组和石龙洞组以及相关生物群中发现的某些澄江生物群和布尔吉斯生物群中的代表，说明寒武纪初期动物大爆发后，为适应环境变化而发生多样性的辐射进化一直没有停止，但

只有少许幸存者能够保存下来,到了环境适宜的寒武纪苗岭世,这些泛节肢动物和后生动物再次发生爆发性的多样性的发展,并且在环境适宜的凯里页岩和布尔吉斯页岩中被保存下来。

问题是为什么这些显示寒武纪生物大爆发和辐射进化的类群会集中在寒武纪初期出现,又为什么能够在我国扬子碳酸盐台地,从云贵到鄂西早—中寒武纪台地边缘到陆棚斜坡地带保存下来,目前还众说纷纭,莫衷一是,但有一点是无可非议的,那就是这些展示寒武纪大爆发的一系列生物群,包括梅树村生物群、岩家河生物群、牛蹄塘生物群、澄江生物群、清江生物群和凯里生物群等能够在我国扬子地块或扬子海盆出现,除了这些早期生物内在的因素外,显然与我国扬子海盆当时独特古地理位置和环境有关。

从再造的全球寒武纪初期古地理图(图 3-16)中可见,在寒武纪初期,我国华南地块古地理上处于冈瓦纳大陆边缘的赤道附近,由于罗迪尼亚超大陆裂解与聚合所引发的并波及我国南方的距今 10 亿—8 亿年晋宁造山事件,导致华南海盆在涌出多种不同类型侵入岩的同时,伴随地壳增生,海水温度和有机物质含量也会迅速增加、循环加快;加之埃迪卡拉纪(震旦纪)雪球事件后因气候变暖使大气和水中氧和二氧化碳含量发生急剧变化,尤其是大气和海水中氧气产量的增加,从而为寒武纪大爆发和生物多样性辐射进化提供了必要的前提。最近何天辰、朱茂炎等(He et al.,2019)通过对西伯利亚寒武纪早期碳酸盐岩地层碳氧同位素的研究进一步证明,大气和海洋中氧气的含量控制着寒武纪大爆发的过程。此外海底热流所引发的大规模磷酸岩化作用以及藻类和各种有机质产率的增加,也为我国寒武纪扬子海盆食物链结构的优化、生物的繁衍和骨骼化创造了极好的生存条件,但生活在扬子海盆碳酸盐岩台地内陆棚地带的各门类生物因海水较浅,除了生活在海水相对较深的澄江生物群外,一般不易保存下来;只有那些生活在海水较深,表层充氧而底层缺氧、古地理位置处于陆棚远岸或陆棚边缘和台缘斜坡或凹陷地带的岩家河生物群、牛蹄塘生物群、清江生物群、凯里生物群等,死后才有可能在缺氧的海底被保存下来,并形成黑色或暗色页岩或泥岩特异埋藏群或化石库。

上述岩家河、澄江、牛蹄塘、凯里、清江等特异埋藏群以及石牌和京山化石产地在我国中上扬子地块不同时代和构造古地理位置的发现(图 3-8),不仅真实反映了寒武纪大爆发和继之而来的多样性辐射进化的客观存在,而且更加全面地展示出寒武纪初期至中晚期生物大爆发的进程和在不同古地理和生态环境背景下的生物的多样性和辐射进化的过程和组合特征,从而弥补了达尔文进化理论中有关进化模式和途径方面的局限,说明生物进化并非都是沿着一种渐进性的,通过生存竞争和自然选择的轨迹、从低级向高级发展;从岩家河、澄江、清江和牛蹄塘生物群在寒武纪初期爆发式的出现,到凯里和布尔吉斯页岩化石库中大量泛节肢动物和软躯体动物的再次出现和多样性辐射的事实,说明只要环境许可,生物在相对短暂时间内,不经过自然选择和生存竞争,而采用一种爆发式和多样性辐射进化的模式,也可以在较短时间内出现大量门一级生物,而且这种客观存在进化模式在生物进化的历程中具有划时代的重要意义。

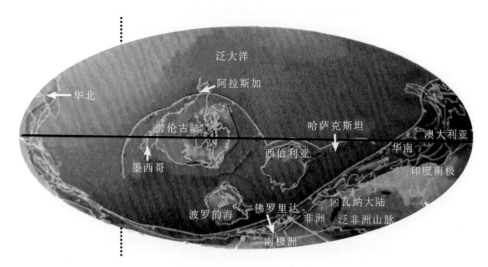

图 3-16 寒武纪初期古地理图（冯伟民等，2010）

参考文献

陈均远，2004.动物界的黎明[M].南京：江苏科学技术出版社：1-366.

陈均远，周桂琴，朱茂炎，等，1999.澄江生物群——寒武纪大爆发的见证[M].台北：自然科学博物馆：1-222.

崔滔，杨兴莲，赵元龙，2010.贵州遵义松林寒武纪早期牛蹄塘生物群埋藏学特征初探[J].古生物学报，49
　　（2）：210-219.

郭俊峰，李勇，舒德干，2010.湖北三峡地区纽芬兰统岩家河组的宏体藻类化石[J].古生物学报 49（3）：
　　336-342.

胡世学，李锡康，谭筱虹，等，2010.火炬虫 *Phlogites* 在寒武纪关山动物群中的发现及意义[J].古生物学报，49
　　（3）：360-364.

刘琦，胡世学，张泽，等，2010.湖北中部寒武纪早期石龙洞组布尔吉斯页岩型生物群的发现[J].古生物学报，
　　49（3）：389-397.

罗惠麟，胡世学，陈良忠，等，1999.昆明地区早寒武世澄江动物群[M].昆明：云南科技出版社：90-92.

舒德干，2009.达尔文革命与人类的由来——澄江化石库的重大贡献[M]// 沙庆庚.世纪飞跃——辉煌的中
　　国古生物学.北京：科学出版社：53-67.

汪啸风，陈孝红，张仁杰，等，2002.长江三峡地区珍贵地质遗迹保护和太古宇—中生代多重地层划分与海平
　　面升降变化[M].北京：地质出版社：1-341.

汪啸风，项礼文，倪世钊，等，1987.长江三峡地区生物地层学（2）：早古生代分册[M].北京：地质出版社，1-714.

汪啸风，姚华舟，2019.中国扬子海盆——世界上罕见的寒武纪生命大爆发和辐射进化的化石库[J].华中师
　　范大学学报（自然科学版），53（6）：522-533.

杨兴莲，赵元龙，朱茂炎，等，2010.贵州丹寨寒武系牛蹄塘组海绵动物化石及其环境背景[J].古生物学报，49
　　（3）：348-359.

杨兴莲，朱茂炎，赵元龙，等，2005.贵州寒武纪海绵动物化石组合特征[J].古生物学报，22（3）：295-303.

张文堂,候先光,1985.*Naraoia* 在亚洲大陆的发现[J].古生物学报,24(6):591-595.

赵元龙,2011.凯里生物群——5.08 亿年前的海洋生物.贵阳:贵州科技出版社:1-251.

赵元龙,STEINER M,杨瑞东,等,1999.贵州遵义下寒武统牛蹄塘组早期后生生物群的发现及重要意义[J].古生物学报,38(12):269-287.

赵元龙,袁金良,彭进,等,2011.凯里生物群——揭示寒武纪海洋生物多样性的特异化石库[M].//沙庆庚.世纪飞跃——辉煌的中国古生物学.北京:科学出版社:68-79.

朱茂炎,2009.揭秘动物起源和寒武纪大爆发的历史过程以及地球环境背景[M]//沙金庚.世纪飞跃——辉煌的中国古生物学.北京:科学出版社:81-94.

朱茂炎,2010.动物起源和寒武纪大爆发:来自中国的化石证据[J].古生物学报,49(3):269-287.

朱茂炎,2011.动物起源及寒武纪大爆发[M]//赵元龙.凯里生物群——5.08 亿年前的海洋生物.贵阳:贵州科技出版社:1-12.

CLOUD P E,1948.Some problems and pattern of evolution exemplified by fossil invertebrates[J].Evolution,2:322-350.

CLOUD P E,1968.Pre-metazoan evolution and the origin of metazoan[M]//Drake E.Evolution and environments.New Haven:Yale University Press:1-72.

FU D J,TONG G H,DAI T,et al.,2019.The Qingjiang biota—A Burgess Shale-type fossil Lagerstätte from the early Cambrian of South China[J].Science,2019.363:1338-1342.

GOULD S J,1989.Wonderful life:the Burgess Shale and the nature of history[C].Norton,New York:1-137.

GUO J F,LI Y,HAN J,et al.,2008.Fossil association from the Lower Cambrian Yajiahe Formation in the Yangtze Gorges area,Hubei,South China [J].Acta geologica sinica,82(6):1121-1132.

HE T C,ZHU M Y,MILLS B J W,et al.,2019.Possible links between extreme oxygen perturbations and the Cambrian radiation of animals[J].Nature Geoscience.12:468-474.OKADA Y,SAWAKI Y,KOMIYA T,et al.,2014.New chronological constraints for Cryogenian to Cambrian rocks in the Three Gorges,Weng'an and Chengjiang areas,South China.Gondwana Research,25:1027-1044.

OKADA Y,SAWAKI Y,KOMIYA T,2014.New chronological constraints for Cryogenian to Cambrian rocks in the Three Gorges,Weng'an and Chengjiang areas,South China[J].Gondwana Research,25:1027-1044.

SCOTESE S R.Paleogeographic Atlas,1999.PALEPMAP progress report [R].PALEOMAP project,Univesity of Texas at Arlington.

ZHANG X L,HONG H,2005.Soft-bodied fossils from the Shipai Formation,Lower Cambrian of the Yangtze Gorges area,South China [J].Geological Magazine,142:255-262.

ZHANG X L,LIU W,ZHANG Y L,2008.Cambrian Burgess Shale—type Lagerst ?? tten in South China:distribution and significance[J].Gondwana Research,14:255-262.

第四章 南漳-远安动物群

摘要：湖北省南漳县和远安县交界地区发现的南漳-远安海生爬行动物化石群正处在早三叠世生物复苏和中三叠世生物辐射的关键节点，是全球最早的海生爬行动物群落之一。它不仅证实了早三叠世晚期生物多样性的恢复，而且暗示了海洋生态系统已经改善，是地球演化史上海洋生态系统完成古中生代生态类群转变的重要时期，为研究早三叠世生物复苏和生态系统重建找到新的突破口，南漳-远安动物群的发现，开启了远安和南漳等地区研究海生爬行动物的新篇章。本章在介绍该动物群产出的地质地理位置、大地构造背景和详细剖面描述的基础上，讨论了该动物群产出的地层时代、分布范围、组合特征、动物群的丰度和多样性以及该动物群在科学研究、普及科学知识和推动地方科技旅游事业方面的意义。目前南漳-远安动物群（化石群）已成为"全国首批国家级重点古生物化石保护集中产地"。在南漳县巡检镇松树沟村化石产地，发现了近30个较完整的海生爬行动物标本及大量的骨骼碎片。在远安县河口乡落星村开展古生物化石保护工作，并成功保护了10多个珍贵完好的海生爬行动物化石，使之成为古生物化石为依托的"中国化石第一村"。

关键词：南漳-远安动物群，南漳龙，湖北鳄，汉江蜥

一、概述

湖北省南漳县和远安县交界地区地处荆山山脉南端，与三峡大坝相距不到80 km（图4-1）。该地区为北亚热带季风气候，冬暖夏凉，气候宜人，年平均气温11～15℃，年平均降水量1 100 mm左右，无霜期200 d左右。均属低山地貌区，其中古井阴坡最高海拔1 042 m（大宝寨），最低海拔990 m（潮水），平均海拔1 000 m；松树沟最高海拔745 m，最低海拔476 m；李家湾最高海拔660 m，最低海拔630 m，平均海拔635 m。境内森林覆盖率均在70%以上，青山绵绵，山川秀美，树木以松树、柿树和栗子树等为主，同时还有一些珍贵植物品种，比如银杏、红豆杉等。

该地区几乎一半以上面积分布着下三叠统嘉陵江组灰岩、白云岩，还有一部分地区分布着中三叠统巴东组粉砂质页岩、粉砂岩和粉砂质泥岩等，土壤不是很发育，耕地有限。此外因地处石灰岩分布区，保水力差，水资源相对缺乏，部分村民生活用水主要靠中三叠统巴东组中的裂隙水供给，因村民不多，生活用水充足。

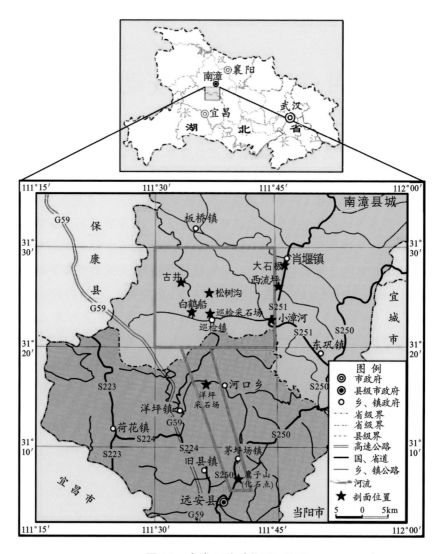

图 4-1　南漳-远安动物群区位图

南漳-远安动物群产于湖北省南漳县板桥镇古井至远安县城一带下三叠统嘉陵江组二段纹层状泥晶灰岩中，由北向南呈带状分布。该处在早三叠世构造上归属于中扬子陆块北缘，后经大巴山弧形褶皱带和大别山弧形褶皱带的改造，位于大巴山弧形褶皱带的最前沿，属于大巴山弧形褶皱带的锋带和外带。西侧受到喜马拉雅构造运动期控制，位于远安断裂东侧（图 4-2）。最近的研究表明，南漳-远安动物群中的海生爬行动物主要为湖北鳄类、鳍龙类和鱼龙类。其中湖北鳄类最为丰富。已经发现并报道的湖北鳄类主要有 5 属 5 种，分别为孙氏南漳龙（*Nanchangosaurus suni*）（王恭睦，1959；Chen et al.，2014a）、南漳湖北鳄（*Hupehsuchus nanchangensis*）（杨钟健等，1972）、细长似湖北鳄（*Parahupehsuchus longus*）（Chen et al.，2014b）、短颈始湖北鳄（*Eohupehsuchus brevicollis*）（Chen et al.，2014c）和卡洛董氏扇桨龙（*Eretmorhipis carrolldongi*）（Chen et al，.2015）。发现并报道的鳍龙类主要有 3

属3种,分别是远安贵州龙(*Keichousaurus yuananensis*)(杨钟健,1965)、湖北汉江蜥(*Hanosaurus hupehensis*)(杨钟健,1965)和三峡欧龙(*Lariosaurus sanxiaensis*)(程龙等,2015)。鱼龙类只有1属种,为张家湾巢湖龙(*Chaohusaurus zhangjiawanensis*)(Chen et al.,2013)。与这些海生爬行动物共生的其他化石除了少量牙形动物和藻类外,极为稀少。

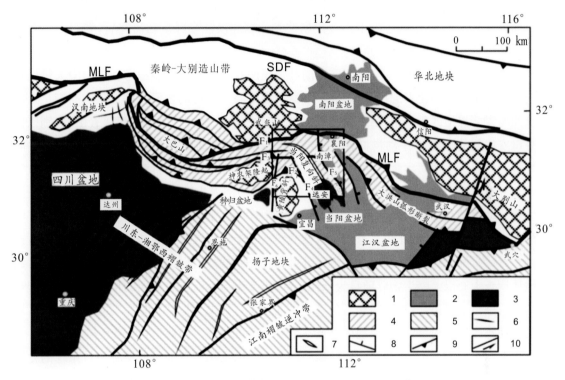

图 4-2 南漳-远安动物群分布及构造古地理关系(据王凯等,2015)

1. 变质基地;2. 裂谷盆地(K—N);3. 前陆盆地(T₃—J);4. 扬子板块北缘前陆褶皱逆冲带;5. 江南褶皱逆冲带;6. 背斜;7. 向斜;8. 正断层;9. 逆冲断层;10. 走滑断层;SDF. 商丹古缝合带;MLF. 勉略古缝合带;F₁. 青峰断裂,为勉略古缝合带地表露头的一段;F₂. 马良断裂;F₃. 阳日断裂;F₄. 通城河断裂;F₅. 南漳-荆门断裂;F₆. 新华断裂。

二、研究简史

南漳-远安动物群中的第一件海生爬行动物化石最早是在1959年发现的,并命名为孙氏南漳龙。自此,南漳-远安动物群研究才逐渐展开。南漳-远安动物群的研究可以大致分为四个阶段。

第一阶段为1959—1972年。在这期间先后发现了孙氏南漳龙、远安贵州龙和湖北汉江蜥。这些化石的发现初步揭示了南漳-远安动物群的初始组合特征,但是由于研究基础不够,所以这些海生爬行动物与其他海生爬行动物之间的关系较为混乱,比如孙氏南漳龙划归为鳍龙类、南漳湖北鳄划归为槽齿类、湖北汉江蜥划归为海龙类。另外,由于上述化石的层位和时代不清,还未形成南漳-远安动物群的概念。

第二个阶段为1990—2000年。南漳与远安交界地区的早三叠世海生爬行动物引起了国际学者的注意,先后对孙氏南漳龙、南漳湖北鳄和湖北汉江蜥进行了重新研究,将孙氏南漳龙和南漳湖北鳄划归为新建立的湖北鳄目(Carroll et al.,1991),另外还提及湖北鳄目尚存在第三个属种,即为后文将要描述的卡洛董氏扇桨龙。湖北汉江蜥经重新研究后,划归为鳍龙类的肿肋龙科(Rieppel,1998)。

第三个阶段为2001—2010年。在云南和贵州两省交界地区三叠纪海相地层中大量保存完整的海生爬行动物化石的出现,掀起了全球三叠纪海生爬行动物研究的又一次高潮。云南和贵州两省交界地区的海生爬行动物主要分布在中三叠统至上三叠统海相灰岩中,分别以中三叠世安尼期的盘县-罗平动物群、中三叠世拉丁期的兴义动物群和晚三叠世卡尼期的关岭生物群为代表。上述海生爬行动物群的发现,为研究三叠纪海生爬行动物的演化提供了重要线索。分布在南漳与远安交界地区的下三叠统地层中的海生爬行动物对进一步揭示三叠纪海生爬行动物的起源和演化显得尤为重要。保存于上海自然博物馆的一件化石标本具有明显的多指现象,暗示了湖北鳄具有较为原始的特征。李锦玲等(2002)通过对南漳地区化石产地调查,认为孙氏南漳龙产自于大冶组上部,而南漳湖北鳄产自于嘉陵江组中。在这期间,武汉地质调查中心以关岭生物群项目为依托,持续对南漳与远安交界地区的早三叠世海生爬行动物化石进行了采集,并对这些化石的产出层位进行了调查,发现了南漳与远安交界地区海生爬行动物产出规律,证实了该地区存在一个早三叠世以海生爬行动物为特色的动物群落。

第四个阶段为2011年至今。武汉地质调查中心以及湖北省地质科学院通过系统的化石发掘和地质调查,首次提出了"南漳-远安动物群"(程龙等,2015),并指出该动物群产自于下三叠统嘉陵江组二段顶部纹层状泥晶灰岩中。近年来,通过系统科学的化石发掘和修理,发现了大量保存完整的海生爬行动物化石,包括上述的细长似湖北鳄、短颈始湖北鳄、卡洛董氏扇桨龙和三峡欧龙。

三、化石产地的地质背景

(一)大地构造背景

南漳地区属于扬子地块北缘,仅东北角跨及襄阳-广济断裂以北的秦岭-大别造山带。区内物质出露齐全,从太古代陆核物质、古元古代表壳沉积物、中元古代裂槽型建造、新元古代花岗岩的侵位和岛弧火山岩系的沉积及早古生代—中新生代物质均有出露。构造变形主要形成于晋宁期、印支-燕山期和喜马拉雅构造运动期。根据不同时代的物质组合和现今所展现的主要构造样式及变形变质作用特点,可划分为基底构造区、沉积盖层构造区和盆地构造区。结合区域地质资料,将本区的构造变形期次大致归纳为三期:即中—新太古代大别构造期,中一晚元古代晋宁构造期,中生代印支-燕山构造期,共五次构造变形。其中南漳水生爬行动物化石产地主要受中生代印支-燕山构造期构造运动影响。

华南板块在泥盆纪时期从冈瓦纳大陆的东北缘裂离向北漂移,在二叠纪时期,漂过东特提斯海至赤道附近,中三叠世初期达到北纬12°附近,并在晚三叠世时期与华北板块拼接。关岭生物群的化石产地主要分布在华南板块扬子地台的周缘。其中,中一晚三叠世的绝大部分海生爬行动物化石群主要分布于华南-华北对接带相背离的华南板块的南部边缘,包括贵州关岭、兴义、盘州和云南富源、罗平等地,该地区北邻扬子陆块,西与康滇古陆相望,东与右江盆地相邻,为扬子陆块的被动大陆边缘。而早三叠世南漳水生爬行动物化石群的产地湖北南漳-远安一带位于华南-华北对接带靠近上扬子陆块的北缘(图4-3)。

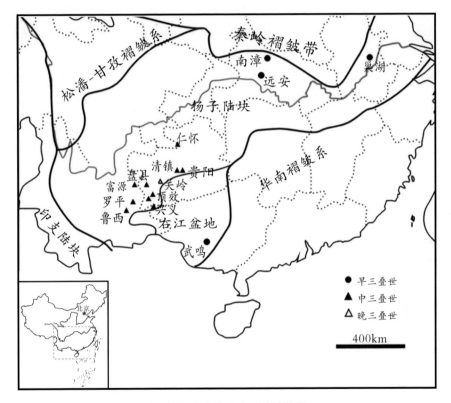

图 4-3 华南地区大地构造简图

现将该区古生代和中生代的区域构造演化史简介如下。

1. 古生代

震旦纪末,区内为统一陆台环境,总体显示稳定的沉积环境和构造环境。早古生代,区内总体表现为一次大规模的海侵过程,发生不同程度海平面的升降振荡,从而导致沉积相有规律的变化。震旦纪末至寒武纪初,东部地壳短暂抬升,宜城至京山一带,台地曾一度上升并暴露于海面,形成大洪山古陆,接受风化剥蚀,形成了灯影组与刘家坡组之间的沉积间断面。随后,海侵自西向东扩展,水体北深南浅、西深东浅,西部形成牛蹄塘组及石牌组浅海盆地相炭质-硅质岩系及碳酸盐岩-碎屑岩岩系,以炭质、硅质、泥质、粉砂质为主,碳酸盐岩次之;东部为浅海陆棚环境,牛蹄塘组相变为一套含碎屑的碳酸盐岩,石牌组为碎屑岩夹碳酸盐岩。寒武纪第二世中晚期,海水退却,转变为潮下-局限台地相环境,沉积天河板组、石龙洞组碳酸盐岩建造。寒武纪第三世早期至早奥陶世早期,再次发生海侵-海退过程,但规模较小,形成覃家庙组、娄山关组浅海台地相沉积。奥陶系的发育和古地理轮廓与寒武系没有重大的差别。海侵作用的加强,一改寒武纪的咸化海的性质。早奥陶世早期发生区域性的海侵,为开阔台地相,随海侵的发展,转变为浅海盆地,沉积南津关组,之后,海水退却,沉积红花园组下部地层。早奥陶世中期至晚期及早奥陶世晚期至晚奥陶世,又经历了两次海侵-海退的过程,先后沉积了红花园组上部浅海相沉积、大湾组浅海盆地相沉积、牯牛潭组浅海台地相沉积、庙坡组浅海盆地相沉积及宝塔组下部台地相沉积。晚奥陶世晚期,地壳振荡频繁,碳酸盐软泥露出地表,形成泥裂构造及宝塔组上、下部间的结构转换面。晚奥陶世末期,海侵再次发生,形成宝塔组上部瘤状灰岩。志留纪继承了晚奥陶世末期的海侵,至志留纪兰多弗里世早期,海侵规模达到最大,志留纪兰多弗里世中期至志留纪普里多利世,海水退却,古地理环境由深海盆地过渡为滨岸环境。志留纪普里多利世晚期,地壳上升并出露地表,形成纱帽组顶部的不整合面。至此,区内志留纪沉积结束,为一完整的海侵-海退过程。志留纪普里多利世晚期至早石炭世,区内总体处于暴露环境,遭受风化剥蚀。晚石炭世早期,海侵开始,区内转变为浅海台地相环境。晚石炭世晚期,地壳再次抬升,并露出地表。至早二叠世晚期,区内发生大规模海侵,转变为浅海陆棚-台地-浅海盆地环境。中二叠世末,海水渐退,地壳抬升遭受短暂暴露剥蚀。晚二叠世早期,海水再次入侵,区内又从滨岸环境转变为浅海台地,至二叠纪末,形成浅海盆地。

2. 中生代

该区北侧经历了十分复杂的陆-陆碰撞造山过程(双侧造山),这一演化过程延续到早白垩世晚期。在沉积建造上表现为,早三叠世早期至中三叠世早期,海水全面退却,区内由半深海盆地转变为局限台地,沉积了大冶组及嘉陵江组,大冶组下部以页岩为主,向上页岩减少,灰岩增多,单层厚度变大,中下部局部地段有介壳丘沉积,中上部豆粒、鲕粒灰岩,自下而上具盆地-斜坡-潮下低能带-潮下高能带。嘉陵江组中段以灰岩为主,下段及上段以白云岩为主,上部夹岩溶角砾岩,顶部发育帐篷构造,层间常见大量层状方解石晶体,发育齿状缝合线构造,反映海水咸化,频繁震荡,具局限台地-浅海台地-局限台地的沉积特征。中三叠世中晚期,区内处于震荡时期,并伴随小规模的海侵及海退,形成巴东组海陆交互相紫红色碎屑岩夹碳酸盐岩沉积。晚三叠世区内主体抬升成陆,风化剥蚀,但局部仍处于水下,接受连续沉积,形成巴东组与九里岗组之间的整合-平行不整合面,侏罗纪继晚三叠世海陆交互相沉积之后,古地理和古构造面貌并未发生改变,只是由于构造变动因素,导致盆地的抬升并完全转变为内陆河湖相环境,沉积九里岗组及王龙滩组内陆河流-滨浅湖相含煤碎屑岩建造。

（二）地层特征

保护区周边主要发育大冶组、嘉陵江组和巴东组的地层。

1. 大冶组

由谢家荣创建的"大冶石灰岩"演变而来，创名地点在湖北省大冶县（今大冶市）城北铁山附近。

与二叠纪大隆组相伴出现，据其岩性组合特征，可划分为四个岩性段：

（1）大冶组一段（T_1d^1）

为灰、深灰色页岩夹灰色薄层灰泥岩。发育致密水平层理，属浅海陆棚-半深海盆地相沉积环境。页岩中采获 *Claraia* sp.生物化石。基本层序为页岩、薄层灰泥岩，向上页岩层所占比例减少，最终缺失，泥岩层增加，其组合具进积型结构特点。

（2）大冶组二段（T_1d^2）

岩性组合为灰色薄层灰泥岩夹中厚层灰泥岩、粒泥灰岩、生物扰动斑点状灰岩，偶夹有中厚层砾屑砾岩。发育水平层理、块状层理、生物扰动层理等，属浅海陆棚相沉积环境。

（3）大冶组三段（T_1d^3）

岩性组合为灰色薄层状灰泥岩、泥质条带灰泥岩夹薄-中厚层蠕虫状灰泥岩、藻迹灰泥岩、生物屑藻迹砂屑灰岩，层间常见紫红色钙质泥质薄膜。发育致密的水平层理，属浅海陆棚-陆棚边缘盆地相沉积环境。产菊石 *Kashmirites* sp.。

（4）大冶组四段（T_1d^4）

岩性组合以灰、浅灰色中厚层灰泥岩为主，向上逐渐夹颗粒灰岩、白云质灰泥岩，顶部常夹同生角砾岩和层状方解石晶体。发育块状层理及大量的齿状、箱状缝合线构造，属浅海陆棚-台地相沉积环境。

综上所述，该组岩性总体上底部以页岩为主、向上以薄-中厚层灰泥岩为主，在横向上岩性较为稳定。产双壳类、菊石、腕足类等。与下伏大隆组整合接触。

2. 嘉陵江组

系赵亚曾、黄汲清（1931）创名的"嘉陵江灰岩"演变而来，创名地点在四川省广元县（今广元市）城北15 km的嘉陵江沿岸。由赵金科等（1962）、罗志立等（1957）引用于湖北西部，称嘉陵江群（或组），后广泛应用。

据其岩性组合可划分为三个岩性段：

（1）嘉陵江组一段（$T_{1-2}j^1$）

主体岩性为灰色薄-厚层微晶白云岩、砂屑微晶白云岩，层间常见大量层状方解石晶体。以块状层理为主，发育齿状缝合线构造，顶部发育帐篷构造，属局限台地相沉积环境。

（2）嘉陵江组二段（$T_{1-2}j^2$）

为灰色薄-中层蠕虫状灰岩夹薄层灰泥岩、盐溶角砾岩以及纹层状灰岩等。发育水平层理，属台地相沉积环境。

（3）嘉陵江组三段（$T_{1-2}j^3$）

底部见火山凝灰岩和黄绿色泥岩，下部为纹层状白云岩，上部为浅灰色厚层状岩溶角砾岩。

综上所述，区内嘉陵江组横向上岩性稳定，上部及下部以白云岩为主，中部以泥晶灰岩为主。在二段和四段中发育层状溶崩角砾岩、层状方解石晶洞、帐篷构造等。与下伏大冶组呈整合接触。

3. 巴东组

系李希霍芬于1921年所创建的"巴东层"（Patung-Schichten）演变而来，创名地点在巴东县长江沿岸。

与嘉陵江组相伴出露。据其岩性组合可分为三个岩性段：

（1）巴东组一段（T_2b^1）

主要岩性为紫红色厚层泥质粉砂岩、钙质粉砂岩、细砂岩、页岩夹薄层状泥灰岩等，其中细砂岩一般呈透镜状顺层分布，粉砂岩中常见大量钙质结核，小漳河一带夹黏土质白云岩、微晶白云岩。以水平层理为主，亦可见脉状层理、透镜状层理、小型斜层理等潮汐层理构造，属潮坪相沉积环境。

（2）巴东组二段（T_2b^2）

为灰色薄-厚层状灰泥岩、钙质泥质粉砂岩、白云岩，局部夹鲕粒灰岩、黏土质钙质页岩。水平层理极为发育，白云岩中发育微斜层理。属浅海陆棚相沉积环境。

（3）巴东组三段（T_2b^3）

主要岩性为紫红色厚层泥质粉砂岩、钙质粉砂岩夹粉砂质泥岩，向上部逐渐夹有浅灰-紫红色厚层或透镜状细砂岩，粉砂岩中常含钙质结核，北部小漳河一带夹微晶白云岩。发育水平层理、透镜体层理、斜层理，局部见大量的虫管构造，属潮坪相沉积环境。

总体上看，巴东组岩性为紫红色-灰色粉砂岩、页岩、细砂岩夹灰色薄-厚层灰泥岩、白云岩。横向上岩性变化明显，由南向北泥砂质含量减少，钙质含量增多，表现为南部灰岩夹层较少，中部灰泥岩或泥灰岩夹层明显增多，北部则出现大套的白云岩。产双壳类、植物化石等。与下伏嘉陵江组呈整合接触。

（三）剖面描述

为进一步查明南漳水生爬行动物化石群的地层分布和化石组合特点，本次研究先后多次对板桥镇古井阴坡、巡检镇松树沟和李家湾等海生爬行动物密集分布区域进行了化石的挖掘和含化石地层的考察工作，并对地层发育相对完整的古井阴坡（孙氏南漳龙的首次发现地）和松树沟（湖北汉江蜥的首次发现地）剖面进行了剖面实测（图4-4）。现分别介绍如下。

1. 南漳县板桥镇凉泉古井阴坡剖面

该剖面位于板桥镇焦家湾村村委会旁，剖面出露良好，展布的地层主要为下三叠统嘉陵江组的二至四段。描述如下：

总厚度：179.07 m

（1）嘉陵江三段（$T_{1-2}j^3$）   4.6 m

㉓浅红色薄层状粉晶白云岩，水平状纹层极发育。   3 m

㉒灰色薄层状泥质灰岩，纹层发育，底部为灰白色的白云质灰岩。   0.75 m

㉑极薄层灰绿色的白云质泥岩。   0.85 m

（2）嘉陵江组二段（$T_{1-2}j^2$）   171.47 m

⑥⓪纹层状灰岩，山坡上局部可见灰白色硅质结核。村委会旁（距底 4 m 处可见至少 4 层藻类化石）   11 m

⑤⑨灰色纹层状灰岩，距底 2 m 往上纹层发育不如下方。   4.4 m

⑤⑨灰色纹层状灰岩，在底部滚石中可见藻席构造；顶部层面上可见 3 cm×3 cm～6 cm×7 cm 大小的灰岩结核。   7.3 m

⑤⑦露头出露不好，岩性主要为灰色夹少量红色的纹层状灰岩。   0.7 m

⑤⑥灰色纹层状灰岩，在风化面上往往呈中层状展布。   2.4 m

⑤⑤灰色纹层状泥晶灰岩，风化面上往往呈薄板状。   1.05 m

⑤④灰色纹层状泥晶灰岩，距底 0.3 m 可见藻席构造，底部薄层灰岩中偶夹红色灰岩。   1.7 m

⑤③底部可见 25 cm＋20 cm 两层中层灰岩，顶部见 30 cm 中层白云质灰岩。中下部主体为灰色中层灰岩与纹层状灰岩互层（其中部分纹层状灰岩被覆盖）。   1.7 m

⑤②灰色纹层状泥晶灰岩。   0.5 m

⑤①浅灰-灰黄色极薄层状灰岩，与上覆纹层状灰岩的接触界线未见。   1.0 m

⑤⓪灰黄色极薄层状灰岩。   4.3 m

④⑨灰白色薄层状灰岩，纹层极发育，由纹层卷曲而显示出滑塌构造的特征；本层与下层之间接触面波状起伏较大，可能是由于褶皱形成的。   5.9 m

④⑧灰白色岩溶角砾岩，局部见较多的石膏溶洞溶解后留下的空洞，角砾发育，棱角状，成分多为白云岩。   6.7 m

④⑦灰白色薄层状泥晶灰岩，纹层极发育，风化后呈薄板状。   8.0 m

④⑥灰黄色厚层状灰岩，局部见一层藻纹层发育。   3.8 m

④⑤灰色中层泥晶灰岩，中层厚度在 30～40 cm。   3.6 m

④④灰白-灰色薄-中层灰岩。底部白云质含量略高，向上为中层泥晶灰岩，其中在该层顶和底部各有一层 20 cm 厚的薄层状泥晶灰岩。   1.6 m

④③浅灰色-浅肉红色泥晶灰岩。   0.7 m

④②灰白色白云质灰岩。   0.4 m

④①底部 0.2 m 为浅灰色中层白云质灰岩，向上为灰色中层（风化后呈厚层）泥晶灰岩，偶夹 2 mm 厚的生屑条带层。   4.5 m

㊵灰色中层状含少量蠕虫状泥晶灰岩。 2.6 m

㊴灰色巨厚层状(裂开呈中层状)泥晶灰岩,顶部见稀少的蠕虫颗粒。 3.1 m

㊳灰色中层状泥晶灰岩。 2.05 m

㊲灰色中层状蠕虫状灰岩(粒状为主)。 2.4 m

㊱灰色厚层状泥晶灰岩。 1.8 m

㉟灰色中层状(20 cm左右)泥晶灰岩,夹生屑层。 2.0 m

㉞灰色厚层状泥晶灰岩,夹生屑层(生物较多,风化后更易观察)。 2.8 m

㉝底部0.2 m为粒状蠕虫状灰岩,与下伏的冲刷面相接触;中部为呈纹层状的蠕虫灰岩,顶部0.4 m为生物碎屑灰岩(在其中还含有少量砾石,磨圆度高,大小为3 cm×6 cm～6 cm×8 cm)。 2.0 m

㉝底部为角砾灰岩,角砾大小为0.5 cm×0.5 cm～5 cm×10 cm,边缘充填方解石;再往上为灰色-肉红色灰岩,顶部为一冲刷面,使岩层呈楔状。 0.8 m

㉛灰色薄层(显示为中层状)含生屑条带的泥晶灰岩,偶夹薄层蠕虫状灰岩(水平连续状)。 3.3 m

㉚灰色薄-中层状蠕虫灰岩。 6.6 m

㉙灰色薄-中层状蠕虫灰岩,一般厚20 cm,蠕虫以粒状为主,顶部可见水平断续状,夹少量生屑层(2～10 mm为主)。 3.7 m

㉘灰色偶夹肉红色中层状(10～15 cm)生屑条带泥晶灰岩,风化后显示纹层发育。 15.5 m

㉗覆盖。 2.0 m

㉖灰色夹肉红色薄-中层状含生屑泥晶灰岩。纹层发育,纹层有生屑条带显示(一般厚为1～4 cm),下部为薄层状,向上为中层状(单层10 cm左右)。 5.4 m

㉕灰色薄-中层(5～20 cm)泥晶灰岩,生屑条带层由下而上增厚(0.4～2 cm),且条带增多,据顶30 cm处见一层20 cm厚的蠕虫状灰岩(粒状)。 5.2 m

㉔灰色中层(10～25 cm)泥晶灰岩,纹层不发育。 3.4 m

㉓灰色薄层状蠕虫灰岩。 0.2 m

㉒肉红色夹灰色中层状泥晶灰岩,含大量2 cm左右厚的生屑层。 0.8 m

㉑灰色薄层状泥晶灰岩,含大量生屑层(单层一般厚4～20 mm),断面上水平纹理极发育,个别层面上见丰富的水平遗迹化石。 1.7 m

⑳灰色中层状泥晶灰岩,水平纹理较发育。 2.0 m

⑲灰色薄-中层泥晶灰岩。 0.8 m

⑱灰色薄-中层(8～12 cm为主)泥晶灰岩,上部1 m覆盖。 3.2 m

⑰下部为浅灰色中层泥晶灰岩,上部为肉红色泥晶灰岩。 1.1 m

⑯灰色中层(10～20 cm)泥晶灰岩,间夹少量(5～10 mm厚)的砂屑(生屑)灰岩条带。

3.5 m

⑮灰白色薄层白云岩,纹层极发育。 2.1 m

⑭灰白色薄-极薄层灰岩,夹透镜状角砾岩(角砾大小 2 cm×3 mm～4 cm×6 cm,呈棱角状)。 3.6 m

⑬灰白色中-薄层状白云岩,晶洞极发育。 1.2 m

⑫浅灰色中层泥晶灰岩。 0.3 m

⑪肉红色薄层(3～7 cm)泥晶灰岩。 1.2 m

⑩灰色薄层夹中层(15 cm 左右)蠕虫状泥晶灰岩夹砂屑灰岩,以粒状为主,不连续。在该层发育丰富的水平状硅质(或白云质)条带。 2.6 m

⑨灰色与肉红色交替的中-薄层(6～30 cm)灰岩与白云质灰岩互层,单层向上变薄,顶部见一层 6 cm 的砂屑灰岩。岩层中发育较多平行层面的晶洞。 1.15 m

⑧灰色薄-中层状蠕虫灰岩,形态以平行密集的粒状为主,风化后形似水平纹层。 1.3 m

⑦露头出露不好,局部可见厚层状云质灰岩。 2.8 m

⑥浅红色中层状钙质白云岩,水平纹层发育。 3.6 m

⑤浅灰色厚层状泥晶灰岩。 0.8 m

④浅红色薄-中层(9～15 cm)泥晶白云岩,水平纹层发育。 1.1 m

③浅灰色-灰白色薄层状白云质灰岩。 0.12 m

②浅红色中层泥晶白云岩(总计两层,每层厚 20 cm)。 0.4 m

(3)嘉陵江组一段($T_{1-2}j^1$) 3 m

①浅灰色块状角砾岩。 3 m

2. 南漳县巡检镇松树沟剖面

该剖面位于松树沟村五组旁的乡间公路的三岔口上,在巡检镇北向直线距离 5 km,全程大约 8 km(有水泥公路和乡村公路通往巡检镇)的位置。剖面部分层位被覆盖,但大部分露头出露良好,地层主要为下三叠统嘉陵江组的三至四段及上部的巴东组。这里仅介绍下三叠统嘉陵江组的相关地层。

总厚度:35.38 m

(1)嘉陵江组三段($T_{1-2}j^3$) 6.9 m

①岩溶角砾白云岩,角砾成分有灰岩和白云岩等。 1.4 m

②浅红色到浅灰色纹层状灰岩。 1.3 m

③覆盖。 1.8 m

④灰白色纹层状白云岩。 1.3 m

⑤灰黄色极薄层含白云质泥岩,风化后呈凹进去的负形地貌。 0.4 m

⑥覆盖。 0.7 m

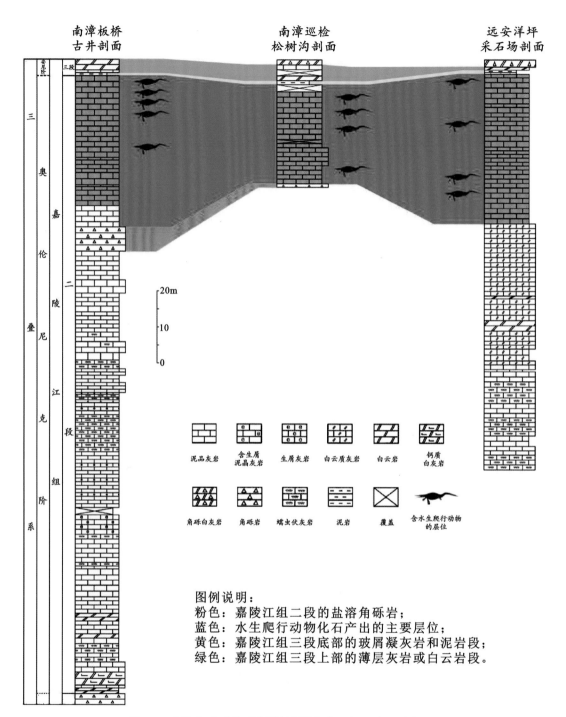

图4-4　南漳-远安动物群典型剖面及与邻区剖面地层对比图

（2）嘉陵江组二段（$T_{1-2}j^2$）　　　　　　　　　　　　　　　　　　　　　28.48 m

⑦覆盖。　　　　　　　　　　　　　　　　　　　　　　　　　　　　　　　约2 m

⑧灰色纹层状泥晶灰岩。　　　　　　　　　　　　　　　　　　　　　　　　0.6 m

⑨灰色纹层状泥晶灰岩，下部 0.56 m 纹层极发育，上部 0.5 m 纹层弱发育。　　1.06 m

⑩灰色纹层状泥晶灰岩，下部 0.65 m 纹层极发育，上部 0.65 m 纹层发育相对较弱。

　　　　　　　　　　　　　　　　　　　　　　　　　　　　　　　　　1.3 m

⑪灰色纹层弱发育的泥晶灰岩，单层由下部的 3 cm 增厚至上部的 12 cm。　　0.34 m

⑫灰色纹层极发育的泥晶灰岩。　　　　　　　　　　　　　　　　　　　1.70 m

⑬灰色纹层弱发育的泥晶灰岩。　　　　　　　　　　　　　　　　　　　0.85 m

⑭灰色纹层极发育的泥晶灰岩。　　　　　　　　　　　　　　　　　　　1.93 m

⑮灰色纹层状泥晶灰岩，距顶 1 m 处可见类似滑塌构造的现象。　　　　　4 m

⑯浅灰色纹层状泥晶灰岩。距底 0.4 m 的位置可见 1 cm 的薄层，在其顶底各发育 2～

　　3 mm、0.5 mm 厚的藻席。　　　　　　　　　　　　　　　　　　　0.6 m

⑰浅灰色纹层状泥晶灰岩。　　　　　　　　　　　　　　　　　　　　　0.8 m

⑱浅灰色纹层发育的白云质灰岩，顶部 1.2 m 被覆盖。　　　　　　　　　2.3 m

⑲灰色块状粉晶灰岩。　　　　　　　　　　　　　　　　　　　　　　　5.0 m

⑳灰色中层状粉晶灰岩，纹层极发育。　　　　　　　　　　　　　　　　5.0 m

㉑浅灰-灰白色厚层角砾岩。此处为背斜核部位置，仅出露大约 1.0 m 厚的岩层。

　　　　　　　　　　　　　　　　　　　　　　　　　　　　　　　　　1.0 m

四、南漳-远安动物群分布及产出层位

南漳-远安动物群产于嘉陵江组中，现根据区内具体情况，将嘉陵江组分为三段，而不是周边地区四段的划分方案。

（一）嘉陵江组一段（$T_{1-2}j^1$）

与下伏大冶组整合接触。上覆与嘉陵江组二段深灰色厚层灰岩整合接触。嘉陵江组一段以白云岩为主。底部为灰黄色薄层泥质白云岩，向上为灰白色薄层白云质灰岩、灰质白云岩，夹少许极薄层泥质白云岩和紫红色中层状白云岩。下部为灰白色厚层状白云岩、粉晶白云岩。中部为青灰色薄层至中层状含砂屑含云质灰岩，砂屑可能为灰质，向上为薄层灰质白云岩，夹砂屑含云质灰岩。灰色中层状夹厚层粉晶，细晶含云质灰岩，灰质白云岩，夹少许含砂屑白云质灰岩。灰色中层夹薄层状粉晶白云岩，夹灰色厚层状砂屑白云质灰岩。上部为灰色薄层夹中层状微晶白云岩，向上以浅灰薄层微晶白云岩、含灰质白云岩为主。灰色厚-中层状微晶-粉晶白云岩。向上以中层、厚层白云岩、微晶、粉晶白云岩为主。向上为灰白色薄层-极薄层状泥晶白云岩，可见鸟眼构造直径（2～3 mm）。厚度 196 m。

（二）嘉陵江组二段（$T_{1-2}j^2$）

嘉陵江组二段岩性以灰岩为主，夹少量白云岩。下部深灰色中-厚层蠕虫状灰岩、泥晶、微晶灰岩。中部灰白色、浅肉红色中层云质灰岩、泥质白云岩。上部薄层-中层状纹层状灰岩。产南漳-远安动物群化石。发育水平层理，属浅海陆棚-台地相沉积环境（图4-5）。厚130～150 m。

图 4-5　嘉陵江组二段岩性特征

（a）下部蠕虫状灰岩；（b）中部白云岩；（c）滑塌构造；（d）南漳-远安动物群产出层位

嘉陵江组二段下部：青灰色中层状夹薄层微晶灰岩，青灰中层含生屑、粉屑、砂屑微晶灰岩、泥晶灰岩。夹条带状微晶灰岩。向上 1.5 m 为可能的风暴沉积序列，图4-6(a)中，A 为扁平砾石层（粒序层滞留砾石），厚 2～3 cm。砾石扁平状、椭球状。均为灰质。B 为含生屑、砂屑粉屑灰岩，厚 2.5～8 cm。呈丘状或不规则条带状分布。C 为泥晶灰岩，发育水平层理。向上为灰色中层状微晶灰岩，层状、似层状蠕虫灰岩。灰白色中层（10～40 cm）夹薄层（4～7 cm）泥晶-微晶灰岩，间夹极薄层泥晶白云岩，垂直层面上见方解石脉3～4 mm 宽。

向上浅肉红色薄层泥质白云岩夹极薄层泥质白云岩，局部层段褶曲发育。层面微波状、水平纹层发育。偶见溶蚀孔洞，直径 1～1.5 cm，后期方解石充填。浅肉红色中-中厚层夹少量薄层泥质白云岩，局部层段水平层理发育。鸟眼构造偶见。紫红、浅肉红色薄层-极薄层微晶白云岩，泥质白云岩，局部层段溶孔溶洞发育。向上浅肉红色薄层泥晶白云岩，水平层理发育。厚 32 m。

嘉陵江组二段中下部：灰色薄层微晶灰岩夹砂屑、粉屑灰岩条带或夹层，厚 2～3 cm。砂屑、粉屑分选及磨圆较好，泥晶、微晶结构。向上灰岩中见扁平砾石和蠕虫体，呈椭圆形，零星分布。偶见长条形、半圆形蠕虫体。微晶灰岩中偶夹 1～2 cm 厚泥灰岩条带。缝合线构造发育。水平层理发育。顶部为灰色含砂屑、粉屑灰岩与泥晶灰岩互层，发育低角度板状斜层理。

向上为灰色中层微晶灰岩夹 3～5 cm 厚条带状或透镜状含生屑、粉屑、砂屑灰岩。偶见极薄层扁平砾石层。向上为灰色薄-中层状泥晶-微晶灰岩。灰色中层泥晶灰岩夹薄层厚扁平砾石层、砂屑、粉屑灰岩夹泥晶灰岩，或呈不等厚互层状。自下而上砂屑粉屑灰岩层数增加，局部层段见板状斜层理。中部为灰色中层夹薄层蠕虫灰岩、泥晶灰岩和砂屑粉屑灰岩，呈不等厚互层叠置。其中蠕虫灰岩蠕体可划分为似层状、杂乱排列层。灰色中层条带状泥晶灰岩夹蠕虫灰岩和砂屑粉屑灰岩，灰色中层泥晶灰岩、蠕虫灰岩夹极薄层生屑灰岩，其中蠕虫灰岩的蠕体杂乱分布。生屑灰岩中以棘皮为主。水平层理发育。向上为灰色中层蠕虫灰岩，水平纹层灰岩、生屑砂屑灰岩，不等厚互层叠置。缝合线构造发育。

灰色中层状泥晶灰岩夹中层蠕虫灰岩，蠕体杂乱分布，数量相对减少。2 m 间隔内，自下而上为蠕虫灰岩-泥晶灰岩-生屑砂屑灰岩-条带状灰岩组成不等厚互层叠置。缝合线构造发育。向上蠕虫灰岩夹层减少，以灰色中层状泥晶灰岩、微晶灰岩为主。夹少量薄层生屑灰岩。灰色中层状含生屑（棘皮）泥晶灰岩夹生屑砂屑灰岩，向上灰色中层状含生屑泥晶、微晶灰岩夹含生屑粉屑灰岩。冲刷构造明显。中下部灰色厚层夹中层泥晶-微晶灰岩夹蠕虫灰岩。上部 2.5 m，灰色厚层-中层泥晶灰岩、蠕虫灰岩。大部分蠕体杂乱分布，少数呈条带状。

灰黄色中层-薄层微晶云质灰岩，灰质白云岩，自下而上云质增加。偶见棘皮化石碎片。局部层段溶孔溶洞发育。顶部见低角度板状斜层理，古流向为 265°。向上云质灰岩中蠕体减少至消失。向上由向上变浅沉积序列组成 A、B；其中 A 为灰色-深灰色中层条带状泥晶灰岩组成，厚度为 30～40 cm；B 为 25 cm 厚蠕虫灰岩，蠕体在 2～4 mm 大小，杂乱排列。底界面由缝合线构造控制。自下而上计有 3 个序列组成。向上蠕虫灰岩层厚度增大，蠕体也随之增大。直径在 1～1.2 cm。上部为灰-浅灰色中层泥晶-微晶灰岩，夹 20～30 cm 厚蠕虫灰岩，蠕体较大，杂乱排列［图 4-6(a)］。厚 110 m。

嘉陵江组二段中上部：深褐色薄层灰质云岩夹紫红色薄层泥岩，偶夹黄绿色极薄层泥岩。浅灰色中层夹薄层微晶灰岩，局部层段发育水平层理。向上浅灰-灰白色厚层块状岩溶角砾岩，砾石大小混杂。成分主要是微晶灰岩、白云岩，大小在 4～7 cm、10～20 cm，次棱角状。基质为浅肉红色微晶灰岩，浅灰色粉晶、泥晶灰岩。溶蚀孔洞发育。向上为灰色中层夹薄层粉晶-亮晶灰岩，溶孔溶洞发育。

其上为灰黄-浅灰色薄层（5～7 cm）夹中层（20 cm）含云质灰岩，波状层理发育。向上浅灰厚层块状粉晶灰岩，发育溶孔溶洞构造。局部层段为岩溶角砾岩，砾石大小 2～3 cm，5～7 cm，以微晶灰岩、灰质白云岩为主，局部砾石大小 0.8～1.5 cm，5～7 mm，含量在 45％左右。

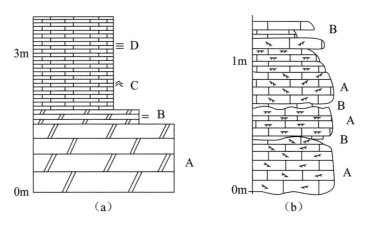

图 4-6　嘉陵江组二段基本层序

(a)中下部基本层序；(b)中上部基本层序

再向上以中层、纹层状粉晶灰岩为主。褶曲构造发育。

　　灰黄-浅灰色厚层块状粉晶灰岩，纹层状构造发育。风化面溶孔溶洞发育。土黄色中层夹薄层纹层状灰岩，呈不等厚互层状，其中下部灰岩中，垂直层面裂隙发育。向上以纹层状灰岩偶夹中层(20 cm)粉晶灰岩。向上为灰黑色中层状灰质白云岩，底界面为明显的侵蚀面，呈起伏不平状。深灰-灰薄层夹中层泥晶白云岩、灰质白云岩。基本层序见图 4-6(b)。厚 80 m。

　　嘉陵江组二段上部：土黄-浅灰薄层状微晶灰岩，纹层构造发育。向上以纹层状灰岩为主。上部掩盖多，零星露头为灰黄中层状纹层灰岩、微晶、粉晶灰岩为主。浅灰色中层状夹薄层粉晶灰岩，粉晶-细晶灰岩，纹层状，条带状构造发育。水平层理和微波状层理发育。

　　灰色中层状夹薄层粉晶灰岩，纹层状构造发育。青灰色中层状微晶灰岩为主，夹薄层-极薄层微晶灰岩，偶夹 2～3 cm 肉红色薄层泥岩，水平层理发育。向上为灰色中层状微晶灰岩为主。水平纹层发育。厚 55 m。

　　区内嘉陵江组二段上部相变很快。在肖堰镇班竹坪向西至板桥镇任家庄子一带嘉陵江组二段蠕虫状灰岩带与三段岩溶角砾岩直接接触，缺失了南漳-远安动物群化石层位和嘉陵江组三段下部薄层泥质白云岩等[图 4-7(a)]。肖堰镇西流坪至巡检镇庞家垭一带，嘉陵江组二段顶部南漳-远安动物群化石层与嘉陵江组三段岩溶角砾岩直接接触，缺失了二段顶部硅质岩层和三段底部的泥质白云岩层[图 4-7(b)]。巡检镇松树沟至板桥镇古井村一带，在动物群化石层与嘉陵江组三段之间出现了一层火山凝灰岩层，古井村不仅是孙氏南漳龙首现地，而且是南漳-远安动物群首次发现的地方。巡检镇马家沟至远安县洋坪一带，不仅嘉陵江组三段底部的火山凝灰岩层增厚，而且在动物群产出层位也保存有两层火山凝灰岩[图 4-7(c)、(d)]。这些证据说明南漳-远安动物群产出层位由东北向西南水深逐渐加深的过程。班竹坪至任家庄子一带为动物群的北缘。区内嘉陵江组二段含动物群层位中脊椎动物化石较为丰富，以骨骼碎片居多，也有大量保存完整的海生爬行动物化石(图 4-8)。

图4-7　嘉陵江组二段与三段接触关系

(a)班竹坪；(b)西流坪；(c)马家沟；(d)洋坪

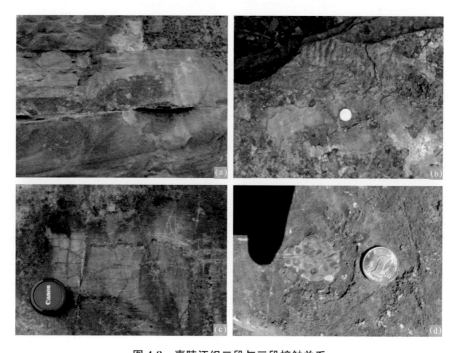

图4-8　嘉陵江组二段与三段接触关系

(a)马家沟岩层中的化石；(b)完整的湖北鳄；(c)松树沟岩层中的化石；(d)骨骼碎片

(三)嘉陵江组三段(T$_{1-2}j^3$)

下部灰、灰黄色中-厚层砂屑、藻纹层微晶白云岩夹灰黄色钙质页岩,厚层块状岩溶角砾岩、溶蚀孔洞发育。中部深灰色至灰黑色中层状至厚层状粉晶灰岩夹薄层状粉晶灰岩、灰质白云岩等。上部浅灰、灰色至土黄色中层、薄层砂屑、粉屑灰岩、灰质白云岩、厚层块状角砾岩夹云质泥岩等。顶部灰黄色薄层、极薄层钙质泥岩、含钙质泥岩夹青灰色纹层状泥晶、微晶灰岩;间夹青灰色少量中层至厚层状岩溶角砾岩。发育溶孔溶洞构造,砾石大小不一,次棱角状。局部层段黑色、灰黑色含炭质泥岩。嘉陵江组三段基本层序见图4-9。局限台地相-开阔台地沉积环境。偶见双壳类等。与下伏嘉陵江组二段呈整合接触。厚209～320 m。

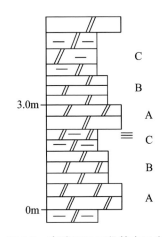

图4-9　嘉陵江组三段基本层序

五、南漳-远安动物群生物组合特征及时代特征

(一)南漳-远安动物群的海生爬行动物组合特征

南漳与远安交界地区下三叠统嘉陵江组二段顶部纹层状灰岩中海生爬行动物丰富,在约700 m^{2}的范围内发掘出30余件保存完整的海生爬行动物化石以及大量脊椎动物骨骼碎片化石。南漳-远安动物群中的海生爬行动物主要为湖北鳄类、鳍龙类及鱼龙类。迄今为止,其中湖北鳄类共5个属种,分别为孙氏南漳龙、南漳湖北鳄、细长似湖北鳄、短颈始湖北鳄及卡洛董氏扇桨龙;鳍龙类共3个属种,分别为远安贵州龙、湖北汉江蜥及三峡欧龙。其中鱼龙类仅1个属种,为张家湾巢湖龙。

1. 孙氏南漳龙

孙氏南漳龙(*Nanchangosaurus suni*)是发现于湖北省南漳县的第一个海生爬行动物,

1956 年发现于南漳县雷坪乡古井村。由于标本是原地质部地质所孙云铸贡献的标本,所以王恭睦在 1959 年发表时命名为孙氏南漳龙。孙氏南漳龙体型较小,全长不超过 0.5 m,属于体型最小的湖北鳄类,神经棘低矮,背部仅一层骨板,四肢弱发育(图 4-10)。

图 4-10 孙氏南漳龙

2. 南漳湖北鳄

南漳湖北鳄(*Hupehsuchus nanchangensis*)是 1965 年发现的,由杨钟健先生于 1972 年研究并命名。其身体结构较为特殊,身长 1 m 左右,由于神经棘高,而且在背部中间位置达到最高,使得身体呈侧扁的纺锤状,吻部细长而无牙,背部神经棘顶端发育三层骨板,四肢呈鳍状(图 4-11)。1991 年 Carroll 和董枝明对这一奇怪的动物进行了系统的研究,认为孙氏南漳龙和南漳湖北鳄两个属种与其他类型的海生爬行动物存在巨大的差别,建立了一个单独的湖北鳄目。湖北鳄目包括了上述两个属种以及 Carroll 认为还可能存在的一个新属。对神秘的湖北鳄目的研究在此时也戛然而止,湖北鳄作为一个目一级的海生爬行动物应该还有其他类型。近年随着化石产出层位的不断发掘,不仅确定了南漳-远安动物群的产出层位,而且证实了湖北鳄目的确还存在其他新的属种。近年发现的湖北鳄新属种包括了细长似湖北鳄、短颈始湖北鳄和卡洛董氏扇桨龙。

图 4-11 南漳湖北鳄

3. 细长似湖北鳄

细长似湖北鳄(*Parahupehsuchus longus*)是根据该动物的体型而命名。该化石发现于远安县河口乡落星村旁的采石场,层位与南漳-远安动物群中的其他海生爬行动物一样均产自于下三叠统嘉陵江组二段顶部。该动物身体细长,全长近2 m,而且脊椎数远多于南漳湖北鳄,神经棘低矮,背部神经棘几乎等高,前一胸肋叠覆在后一胸肋的前缘,四肢短小(图 4-12)。

图 4-12　细长似湖北鳄

4. 卡洛董氏扇桨龙

Carroll 和董枝明 1991 年在系统研究南漳湖北鳄时,在文中提及除了南漳湖北鳄和孙氏南漳龙外可能存在另一新属种,但是由于化石标本较差,未对该化石标本命名。最近陈孝红等通过对一件采自远安县河口乡落星村旁采石场的标本进行详细研究后,认为与 Carroll 等描述的特征一致。为了纪念 Carroll 和董枝明在湖北鳄研究中做出的贡献,以 Carroll 和董枝明的姓氏作为该动物的种名。由于该动物的前后脚呈宽扇形桨状,所以属名为扇桨龙。卡洛董氏扇桨龙(*Eretmorhipis carrolldongi*)背部神经棘几乎等高,与长形似湖北鳄相似。该动物的背部骨板分为三层,最顶部的骨板明显增大,相互间隔两个神经棘的宽度(图 4-13)。

图 4-13　卡洛董氏扇桨龙

5. 短颈始湖北鳄

短颈始湖北鳄（*Eohupehsuchus brevichollis*）与南漳湖北鳄骨骼结构较为相似，但是相对于湖北鳄目中其他类型，该动物仅有 6 节颈椎，所以被命名为短颈始湖北鳄。短颈始湖北鳄体型较小，与孙氏南漳龙几乎等大，神经棘低矮，背部骨板薄而短。该动物正型标本发现于远安县河口乡落星村旁的采石场，与细长似湖北鳄产出于同一层位。近年来，该类型在与远安地区相邻的南漳县巡检镇也有发现（图 4-14）。

图 4-14　短颈始湖北鳄

6. 远安贵州龙

远安贵州龙（*Keichousaurus yuananensis*）是杨钟健先生 1965 年依据采自远安县望城岗的一块化石进行了详细研究之后定名的，这也是首块以远安命名的海生爬行动物。与胡氏贵州龙极为相似。小脑袋、长脖子，很像后来出现的蛇颈龙。四肢仍保留趾爪，能像鳄鱼一样匍匐前行。宽大的脚掌及细长的尾巴很适于在水中游泳，喜欢吃鱼及小型水生动物。

7. 湖北汉江蜥

湖北汉江蜥（*Hanosaurus hupehensis*）和远安贵州龙是最早的始鳍龙类，湖北汉江蜥的个体略大于远安贵州龙，但二者身长均小于 0.5 m，属于小型始鳍龙类。具有较强的游泳能力，但由于体型弱小，数量稀少，只能捕食其他脊椎动物幼年个体或尸体腐肉（图 4-15）。

8. 三峡欧龙

杨钟健在 1972 年描述了一产自于相同层位的化石标本,并命名为湖北汉江蜥,后经 Rieppel 重新研究后,认为属于鳍龙类肿肋龙亚目。湖北汉江蜥为迄今为止最早的鳍龙类化石记录之一。该属种的正型标本仅保存了头骨、脊椎及后肢。本段所描述的标本缺失头骨、头后骨骼较为完全。本段所描述的标本只能通过头后骨骼与湖北汉江蜥相比较。本段所描述的标本与湖北汉江蜥的肋骨较为相似,均存在肿大特征,这是肿肋龙类与欧龙共有的特征。由于标本保存的差异,本段所描述的标本与湖北汉江蜥头后骨骼的区别主要集中在腰带及后肢。前者的髋骨背突缩短,且厚实,为欧龙属的特征,而后者的髋骨只能观察到近端。前者具有 4 枚硬骨化跗骨,而后者仅发育 3 枚硬骨化跗骨,超过 3 枚硬骨化

图 4-15 湖北汉江蜥

跗骨为欧龙属的典型特征。前者的动脉穿过距骨和跟骨之间,后者的距骨和跟骨为近圆形,不存在动脉孔(图 4-16)。故此,本段所描述的标本不属于汉江蜥的范畴。

图 4-16 三峡欧龙

在幻龙科中,幻龙与欧龙两属之间的头骨区别较小,判别特征主要集中在头后骨骼,附肢骨骼特征尤为重要。本段所描述的标本虽然缺失头部骨骼,但是头后骨骼保存较为完全,尤其是肩带及前肢等附肢骨骼特征较为清晰,十分有利于讨论其与幻龙属和欧龙属其他种之间的区别。标本脊椎关节突肿大,长三角形的间锁骨不发育后突,桡骨略短于尺骨,前肢具有多指现象等特征指示其明显属于欧龙属。但是其与欧龙属其他种存在明显差异。在中国西南部中三叠统海相地层中发现的欧龙属仅兴义欧龙和红果欧龙两个种。在鳍龙类中,除了楯齿

龙外,其他始鳍龙的颈椎数均超过 19 节,而蛇颈龙的祖先纯信龙的颈椎甚至超过 30 节。但是本段所描述的标本的颈椎明显较少(仅约 12 节),与楯齿龙类更为接近,可能反映了鳍龙类的原始特征。

兴义欧龙正型标本的肩带呈原位保存,而红果欧龙正型标本的肩带略分散。从兴义欧龙的正型标本中可以看出,兴义欧龙肩带的前缘平直,而在三峡欧龙(*Lariosaurus sanxiaensi*)正型标本中,两锁骨向后倾斜,形成明显的夹角(约 106°),与肿肋龙较为相似,这可能是因为其更接近祖先种。*Lariosaurus xingyiensis* 的肱骨/桡骨长度比为 1.91,*Lariosaurus hong-guoensis* 的肱骨/桡骨长度比为 1.68,而 V 0940 的肱骨/桡骨长度之比为 1.51,所以该个体的肢柱相对更为发育。新种的尺骨的形态与其他种区别较大,尺骨的宽度相对其他种更小,而与幻龙属更为接近。

9. 张家湾巢湖龙

张家湾巢湖龙(*Chaohusaurus zhangjiawanensis*)是南漳-远安动物群中鱼龙类仅有的一个属种。其个体长度约 1 m,骨骼特征保留了部分陆生爬行动物特征,属于较为原始的鱼龙类。鱼龙类属于海洋适应特化最为成功的海生爬行动物类型,广泛生活于中生代的海洋中。张家湾巢湖龙为研究鱼龙类的起源与迁移提供了重要证据(图 4-17)。

图 4-17 张家湾巢湖龙

(二)南漳-远安动物群的时代特征

南漳-远安动物群的时代即是南漳与远安交界地区嘉陵江组三段的时代。自王志浩、曹延岳(1981)研究了湖北利川地区嘉陵江组的牙形石之后,长达 30 余年的时间内再未见到相关生物地层的报道。学者仅能推测南漳-远安动物群的地质时代属于早三叠世奥伦尼克期(李锦玲等,2002)或奥伦尼克期晚期(童金南、殷鸿福,2009),但是其在奥伦尼克期精确的时代则无确切的证据。湖北兴山大峡口大冶组的牙形石研究(Zhao et al.,2013)表明,大冶组最晚可以延伸到下三叠统 Olenekian 阶 Spathian 亚阶早期,说明其上覆的嘉陵江组最早也是从 Spathian 亚阶开始的。同时嘉陵江组最常见的牙形石 *Triassospathodus homeri* 至少位于 Spathian 亚阶的第 2 个或第 3 个牙形石带(Zhao et al.,2013),也说明嘉陵江组的地质时代为 Spathian 亚阶。

值得指出的是,通过对湖北远安洋坪剖面、利川瑞坪剖面、湖南桑植小溪剖面以及桑植凉水口剖面的嘉陵江组三段进行了牙形石取样和分析,除了获得少量枝形牙形石分子外,在利川瑞坪还发现了具有时代标定的牙形石分子,比如 *Triassospthodus* 和 *Neospathodus* 属的分子,说明嘉陵江组的牙形石生物地层仍然具有一定的研究前景。

由于早三叠世的碳同位素演化趋势在全球具有一致性,因而碳同位素成为确定早三叠世地层地质时代的另一有力工具。笔者在小溪剖面嘉陵江组近顶部的纹层状泥晶灰岩中发现了海生爬行动物骨骼化石,在地层层位上与南漳-远安动物群完全一致。该剖面嘉陵江组碳同位素分析结果表明,含海生爬行动物化石层位对应 Spathian 亚阶晚期 $\delta^{13}C$ 开始向安尼期早期显著正漂移转变的位置,即南漳-远安动物群的地质时代应为 Spathian 亚阶最晚期。

嘉陵江组顶部含南漳-远安动物群的纹层状泥晶灰岩与三段之间的火山凝灰岩中的锆石 SHRIMP(Sensitive High Resolution Ion Micro Probe,高灵敏度高分辨率离子微探针)绝对年龄值为(247.8±1.2)Ma,是目前南漳-远安动物群时代最为直接的证据,时代为早三叠世 Spathian 亚阶晚期。

六、南漳-远安动物群的研究意义

南漳-远安动物群的出现与当时地球史上一次生物大灭绝有关。在地球 46 亿年的演化中,曾发生过 5 次生物大灭绝事件,而尤以二叠纪末期所发生的生物大灭绝最为惨烈。这次灭绝事件的影响遍及陆地与海洋,大约 75% 的陆地脊椎动物、90% 的海洋生物在这场生命浩劫中彻底消失。经过三叠纪早期艰难复苏,生命之火才渐渐燎原。此次大灭绝事件以及之后生态环境的复苏一直以来都是国际上研究的热点问题之一,南漳与远安交界地区发现的海生爬行动物化石群正处在早三叠世生物复苏和中三叠世生物辐射的关键节点,是全球最早的海生爬行动物群落之一。它不仅证实了早三叠世晚期生物多样性的恢复,而且暗示了海洋生态系统已经改善,是地球演化史上海洋生态系统完成古—中生代生态类群落转变的重要时期,为研究早三叠世生物复苏和生态系统重建找到新的突破口。南漳-远安动物群的发现,开启了南漳与远安等地区研究海生爬行动物的新篇章。在湖北省南漳县巡检镇松树沟村约 500 m² 的范围内,发现了近 30 个较完整的海生爬行动物标本及大量的骨骼碎片。在湖北省远安县河口乡落星村开展古生物化石保护工作,使之成为全国首个建立古生物化石保护工程的村,并成功保护了 10 多具珍贵完好的海生爬行动物化石,并将张家湾一带古生物化石密集区建成了以古生物为依托的"中国化石第一村"。其中,被列为国家一级保护化石的"南漳湖北鳄""张家湾巢湖龙",列入国家二级保护的"远安贵州龙"等,使南漳与远安成为名副其实的化石王国。远安与南漳已成为"全国首批国家级重点古生物化石保护集中产地"。南漳与远安等地区的古生物地质遗迹资源对当地的旅游规划和项目建设的意义是不言而喻的,开发相关的古生物化石旅游资源已成为本地区经济和社会发展的重要战略举措。

参考文献

程龙,阎春波,陈孝红,等,2015.湖北省南漳/远安动物群特征及其意义初探[J].中国地质,2015,42(2):676-684.

李锦玲,刘俊,李淳,等,2002.湖北三叠纪海生爬行动物的层位及时代[J].古脊椎动物学报,40(3):241-244.

梁丹,童金南,赵来时,2011.安徽巢湖平顶山西坡剖面早三叠世 Smithian-Spathian 界线地层研究[J].中国科学,地球科学,41(2):149-157.

罗立志,1957.四川盆地南部三叠纪地层时代划分意见[J].地质评论,17(4):3-8.

尚庆华,吴肖春,李淳,2011.云南东部中三叠世始鳍龙类一新属种[J].古脊椎动物学报,49(2):155-171.

童金南,殷鸿福,2005.国际三叠纪年代地层研究进展[J].地层学杂志,29(2):130-137.

童金南,殷鸿福,2009.早三叠世生物与环境研究进展[J].古生物学报,48(3):497－508.

王恭睦,1959.中国湖北一新爬行类[J].古生物学报,7(5):367.

王志浩,曹延岳,1981.湖北利川早三叠世牙形刺[J].古生物学报,4:363-375.

杨钟健,1965.中国湖北、贵州的幻龙[J].古脊椎动物与古人类学报,9(4):315-335.

杨钟健,董枝明,1972.中国三叠纪水生爬行动物——中国科学院古脊椎动物与古人类研究所甲种专刊第9号[M].北京:科学出版社:17-27.

杨遵仪,张舜新,杨基瑞,等,2000.中国地层典(三叠系).北京:地质出版社:1-139.

赵金科,陈震楚,梁希洛,1962.中国的三叠系[J].北京:科学出版社.

赵丽君,王立亭,李淳,2008.中国三叠纪海生爬行动物化石研究的回顾与进展[J].古生物学报,47(2):232-239.

赵亚曾,黄汲清,1931.秦岭山及四川之地质研究[M].北平:实业部直辖地质调查所.

郑连弟,姚建新,全亚博,等,2010.贵州南部地区安尼阶底界锆石 SHRIMP 年龄结果[J].地质学报,84(8):1112-1118.

CARROLL R L,DONG Z M,1991.Hupehsuchus,an enigmatic aquatic reptile from the triassic of China,and the problem of establishing relationships[J].Philosophical Transactions of the Royal Society of London Series B-Biological Sciences,331:131-153.

CHEN X H,MOTANI R,CHENG L,et al.,2014a.A carapace-like bony 'body tube' in an early Triassic marine reptile and early onset of marine tetrapod predation[J].PLoS One,9(4):13-71.

CHEN X H,MOTANI R,CHENG L,et al,2014b.A small short-necked hupehsuchian providing additional evidence of predation on Hupehsuchia[J].PLoS One,9(12):115-244.

CHEN X H,MOTANI R,CHENG L,et al.,2014c.The enigmatic marine reptile Nanchangosaurus from the Lower Triassic of Hubei,China and the phylogenetic affinity of Hupehsuchia.PLoS One,9(4):102-361.

CHEN X H,MOTANI R,CHENG L,et al.,2015.A new specimen of Carroll's mystery Hupehsuchian from the Lower Triassic of China.PLoS One,10(5):13-71.

CHEN X H,SANDER P M,CHENG L,et al.,2013.A new Triassic Primitive Ichthyosaur from Yuanan,South China.Acta Geological Sinica (English edition),87 (3): 672-677.

JIANG D Y,MAISCH M W,SUN Z Y,et al.,2006.A new species of Lariosaurus (Reptilia,Sauropterygia) from the Middle Anisian (Middle Triassic) of Guizhou,southwestern China[J].Neues Jahrbuch für Geologie und Paläontologie,Abhandlungen,242: 19-42.

LI J L,LIU J,RIEPPEL O,2002.A new species of Lariosaurus(Sauropterygia: Nothosauridae) from Triassic of Guizhou,Southwest China[J].Vertebrata PalAsitica,40: 114-126.

LI J L,2006.A brief summary of the Triassic marine reptiles of China[J].Vertebrata PalAsiatica,44(1): 99-108.

MOTANI R,2015.Lunge feeding in early marine reptiles and fast evolution of marine tetrapod feeding guilds [J].Scientific Reports,5:10-38.

RIEPPEL O,LI J L,LIU J,2003.Laoriosaurus xingyiensis (Reptilia,Sauropterygia) from the Triassic of China[J].Canadian Journal of Earth Science,40: 621-634.

RIEPPEL O,SAUROPTERYGIA I,2000.Encyclopydia of Paleoherpetology,12A[J].Munchen:Verlag Dr Friedrich Pfeil,1-134.

RIEPPEL O,1998.The systematic status of Hanosaurus hupehensis (reptile,sauropterigia) from the Triassic of China [J].Journal of Vertebrate Paleontology,18:545-557.

TONG J N,ZUO J X,CHEN Z Q,2007.Early triassic isotope excursios from South China: Proxies for devastation and restoration of marine ecosystem following the end-Permian mass extinction[J].Geological Journal,42: 371-389.

ZHAO L S,CHEN Y L,CHEN Z Q,2013.Uppermost permian to lower triassic conodont zonation from three gorges area,South China[J].Palaios,28: 523-540.

第五章　郧阳青龙山恐龙蛋化石群

摘要：本章详细描述和讨论了我省十堰市郧阳区柳陂镇青龙山一带晚白垩世早期高沟组中发现的恐龙蛋化石群，其中青龙山、土庙岭、红寨子等地的恐龙蛋化石基本保存原始成窝状态，属国家一级重点保护古生物化石。在论述这些恐龙蛋化石群产地的区域地质背景、产出的地层时代、含化石母岩岩性特征以及它们的分布范围与埋藏特征的基础上，详细讨论了恐龙蛋化石的分类方法；利用切片和电子扫描技术在补充和修订前人有关郧阳恐龙蛋系统分类的基础上，详细描述了树枝蛋类恐龙蛋化石，并与我国相关恐龙蛋化石群进行了对比；同时还联系郧阳恐龙蛋化石形成的地质构造背景，讨论了这些恐龙蛋化石群形成的生态和沉积环境，对探讨恐龙蛋化石的系统分类、恐龙大规模灭绝及灭绝原因具有十分重要的参考价值，也为研究恐龙生活习性、繁殖方式及当时的生态环境提供了十分珍贵的实物证据。

关键词：郧阳青龙山，晚白垩世，恐龙蛋化石群，系统分类，埋藏环境

恐龙蛋是中生代(距今 2.4 亿－0.655 亿年)曾一度主宰地球的爬行动物——恐龙产的卵。恐龙蛋具有坚硬的外壳，由蛋壳、蛋白和蛋黄组成，它是恐龙生命的胚胎形式。恐龙蛋化石是指埋藏在地下岩石中已经石化的恐龙蛋，是稀有的古蛋类化石。湖北省恐龙蛋化石群主要分布在现郧阳区柳陂镇青龙山一带晚白垩世早期高沟组中，近年来又在该区梅铺镇下三村、草帽岭和大柳乡白泉村发现恐龙蛋化石。其中青龙山、土庙岭、红寨子等地的恐龙蛋化石基本保存原始成窝状态，它们都为国家一级重点保护古生物化石。郧阳青龙山恐龙蛋化石群2001 年被国务院批准为"青龙山恐龙蛋化石群自然保护区"；2005 年经国土资源部(现已组建为自然资源部)批准为"郧县恐龙蛋化石群国家地质公园"(2014 年 9 月 9 日，国务院批复郧县撤县，整体改设为郧阳区)；2017 年又被批准为国家重点古生物化石产区。这些对探讨恐龙蛋化石的系统分类、地球上恐龙大规模灭绝及灭绝原因具有十分重要的科学价值；同时，也为研究恐龙生活习性、繁殖方式及当时的生态环境提供了十分珍贵的实物证据，开发利用前景十分广阔。

一、研究区区域地质背景

(一)区域地层

研究区在大地构造位于秦岭造山带金鸡岭复向斜与武当山复背斜交接处的两郧断陷盆

地西北侧及其周边地带。区域内出露地层有中－新元古界武当群，新元古界南华系耀岭河群，震旦系陡山沱组和灯影组，上白垩统和第四系中－上更新统、全新统（图 5-1）。

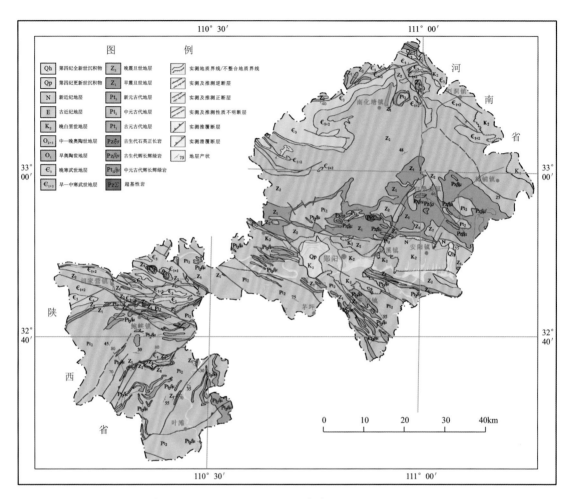

图 5-1　郧阳地质图

1. 武当群（$Pt_{2-3}wd$）

据 1∶5 万黄龙滩幅、郧县幅和河夹店幅区域地质调查资料，武当群是区内分布最广、出露厚度最大的地层单位，自下而上可划分为 3 个岩组，各岩组间接触关系主要表现为一种渐变的构造面理平行接触，岩石均受区域变质作用发生变质。

（1）第一岩组（$Pt_{2-3}wd_1$）

该岩组为区内武当群之最下部层位，多呈不规则的带状产出，是组成本区各背斜构造的核部地层。主要岩性及其组合由剖面描述所知，由绢（白）云钠长变粒岩、含榴二云钠长变粒岩、阳起钠长变粒岩（变晶屑凝灰岩、变石英角斑质晶屑凝灰岩、变含砾岩屑晶屑凝灰岩）夹极少量绢（白）云石英片岩（变凝灰质黏土质石英细砂岩）和绿泥绿帘阳起片岩（变基性火山岩）组成。该岩组总的岩石组合较单一、稳定,呈浅灰—灰白色厚层—巨厚层产出,片岩夹层不发育。岩石为柱状变晶结构、斑状变晶结构、变岩屑晶屑结构及含砾砂状结构,片状构造。

（2）第二岩组（$Pt_{2-3}wd_2$）

该岩组为本区武当群分布面积最广的岩组,也是组成区内各背、向斜构造的翼部地层。主要岩性由绢(白)云钠长变粒岩(变晶屑凝灰岩、变石英角斑质凝灰岩)、绢(白)云钠长石英片岩(变沉凝灰岩、变黏土质长石石英砂岩)、绢(白)云石英片岩(变黏土质石英砂岩)相间或不等厚互层组成,以夹含碳质条带或深灰色碳质薄层为特征,岩石组合及其变化主要表现为较频繁的次级火山喷发,并含丰富的疑源类化石。

（3）第三岩组（$Pt_{2-3}wd_3$）

主要岩性由绢(白)云钠长石英片岩、含绿泥绢(白)云钠长石英片岩、绢(白)云石英片岩(变黏土质长石石英砂岩)、绿泥绢(白)云石英片岩(变黏土质石英细砂岩)、含榴绢(白)云钠长石英片岩(变凝灰质黏土质长石石英砂岩)夹少量变石英角斑质凝灰岩组成。岩石组合的总特点是以片岩(变黏土质岩)为主导,岩石片理构造发育,碎屑物粒度较细,原始层理不发育,沉积韵律性不明显。岩石均为鳞片花岗变晶结构,片状构造,反映了其结构构造的单一性。区域分布稳定,表明该岩组时期火山作用处于宁静阶段,从而沉积了一套以陆源碎屑为主的成岩建造类型。

2. 成冰系（南华系）耀岭河群（Pt_3y）

自下而上分为两个岩性段。

下段（Pt_3y^1）主要为一套灰白—浅黄色变质含砾岩系,由变含砾沉凝灰岩、变含砾岩屑晶屑凝灰岩、二云石英片岩(变黏土质粉砂岩)、石英二云片岩(变黏土质粉砂岩)组成。区域分布不稳定,部分地段由砾岩相变为砂岩或钙质砂岩。

上段（Pt_3y^2）主要为一套绿色变基性火山碎屑岩及基性熔岩。出露稳定,各地岩性组合基本一致,由绿泥绿帘透闪—阳起片岩(变基性火山岩)、透闪—阳起片岩、钠长透闪—阳起片岩(变基性岩)组成。区域上以其夹方解石大理岩、钙质砂岩为特征,也是划分该地层的主要标志。

3. 埃迪卡拉系（震旦系）陡山沱组（Z_1d）

主要为一套正常碎屑沉积,夹少量碳酸盐岩。主要岩性由浅灰色含黑硬绿泥石二云石英片岩(变黏土质石英细砂岩)、浅黄色石英黑云片岩、长石石英二云片岩(变砂质黏土岩、变粉砂质黏土岩、黏土质长石石英砂岩)间夹青灰色方解石大理岩组成,构成两个沉积韵律层,代表了两郧断裂以北地区的沉积。主要岩性由深灰色红柱石云母石英岩(变含碳黏土质细砂岩、变石英细砂岩)、浅灰色含榴黑云钠长石英片岩(变黏土质石英细砂岩)、含碳石英绢云片岩(变含碳砂质黏土岩)夹透镜状方解石大理岩组成。

4. 埃迪卡拉系(震旦系)灯影组(Z_2dn)

该组为一套碳酸盐岩建造。主要分布在汉江北部地区。主要岩性组合可分为 3 段。下段(Z_2dn^1)为灰白色厚层－巨厚层细晶灰岩、大理岩、白云质大理岩、含石英细晶白云质大理岩夹中厚层状细晶灰岩及薄层灰岩组成,是构成区内大理岩矿的主要层位;中段(Z_2dn^2)为灰黄色、浅灰色、灰紫色薄层间中厚层细晶白云岩,含方解石细晶白云岩,含砂屑白云岩夹含硅质条带及含绢云母微晶白云岩;上段(Z_2dn^3)主要岩性为灰白色厚－巨厚层状微晶白云岩、碎裂状白云岩,底部为厚层碎裂状含黑色硅质条带白云岩组成,是构成区内白云岩矿床的主要层位。

5. 上白垩统(K_2)

区内上白垩统沿两郧断陷盆地分布,厚约 180 m,总体呈北西－南东向展布,不整合覆盖于武当群或震旦纪地层之上。

区内主要岩性为一套紫红色陆相碎屑沉积,由紫红色或杂色砂质砾岩、钙质砾岩、含钙质长石石英细砂岩、含砾砂岩、钙质岩屑杂砂岩夹含砾长石岩屑中粒砂岩及中－厚层钙质长石岩屑粗砂岩组成。大体可分上、中、下 3 部分。下部以片岩质、砂质、钙质砾岩为主,夹含砾长石石英岩屑中－粗粒砂岩;中部为硅质含砾砂岩,砂砾岩互层为主;上部为含钙质长石石英细砂岩、钙质胶结石灰质砾岩。总的特点是岩性单一,分布稳定,砾岩中砾石成分因地而异,在西部及南部地区主要为变粒岩、浅粒岩、片岩等,砾石磨圆度差;北部及东部地区则以白云岩、白云质灰岩、灰岩、大理岩及石英岩碎块为主,砾石磨圆度较好。砾石的定向排列常形成交错层理。

6. 第四系(Q)

区内出露面积约 70 km^2。一般构成阶地、河漫滩及山间凹地中的平地,成因类型以河流冲积和坡积及少量残坡积组成,厚度不超过 30 m。

(1)第四系中一上更新统($Q_{2-3}{}^{al}$)

区内中一上更新统主要由褐红色和棕黄色黏土层、沙土层、砂层、砾石层组成,构成基座阶地。出露标高一般为 160～260 m,最高为 300 m,厚度为 6～24 m,局部厚度可达 30 m。

(2)第四系全新统($Q_4{}^{al}$)

区内全新统主要分布于汉江沿岸及开阔峡谷、山间凹地、冲积平原上,为松散堆积层。堆积物以砾石、砂、粉砂及黏土为主,夹部分有机质沉积。地貌上构成河漫滩、耕地。其厚度一般不超过 5 m。

(二)区域岩浆岩

1. 晋宁期岩浆岩

(1)侵入岩

晋宁期侵入岩以基性岩为主,分布广泛,侵入于武当群中,大多呈岩床、岩墙产出,在岩体边缘见弱的绿泥石化、钠黝帘石化等。由于经受区域变质作用及构造变动,岩石普遍变质,片理发育,主要岩石类型有变辉绿岩和变辉绿玢岩。两处酸性侵入岩,仅见于郧阳王庄老屋、二郎庙地区,呈小岩体状,岩石类型为花岗斑岩。

(2)基性喷出岩

晋宁期基性喷出岩仅产于耀岭河群地层中,武当群有少量产出,其岩性多为基性火山岩、熔岩(包括细碧岩)。

2. 加里东期岩浆岩

区内仅见加里东期基性侵入岩体 7 个、中性侵入岩(黑云二长岩)体 1 个,侵入于武当群和耀岭河群地层中。基性侵入岩按其侵入接触关系分为两期,早期为变辉绿岩,晚期为变辉绿辉长岩。在晚期变辉绿辉长岩体边部尚有不少早期变辉绿岩捕房体。早期岩体边部蚀变明显。

(三)区域变质岩

区内变质岩广泛发育,主要为一套浅变质岩系,是构成武当群、震旦系的主要岩石。其中以区域变质岩为主,其次为动力变质岩、接触变质岩、气成-热液变质岩。

1. 区域变质岩类

(1)千枚岩

主要见于震旦纪地层内,且以陡山沱组居多,在郧阳的泰山庙、打磨塘及黄龙滩的黑麻口等地一带都有分布。岩石呈灰白色,有的因含碳质而呈灰黑色,千枚状构造,显微鳞片变晶结构或花岗鳞片变晶结构。以绢云母为主,多称绢云母千枚岩;次要矿物有石英、碳质等。

(2)长英质岩

浅粒岩:分布较广,主要见于武当群的第二岩组($Pt_{2-3}wd_2$),在耀岭河群中较少,岩石呈灰白色,花岗变晶结构,片状构造,含钠长石 25%～55%、石英 25%～60%,片柱状矿物含量<5%,可见石榴石变斑晶,副矿物有磷灰石、榍石、白钛石等,以钠长浅粒岩居多,还可见微斜钠长浅粒岩、钾长浅粒岩,钾长石以微斜长石、条纹长石为主,含量高达 60%,具特征的格子状双晶或条纹双晶。

变粒岩：广泛分布于武当群第一岩组（$Pt_{2-3}wd_1$），以长英矿物为主，且长石含量＞25％。岩石因含片柱状矿物之不同，而呈灰白色、浅灰黑色、灰绿色等，片状构造，花岗鳞片变晶结构、斑状变晶结构、柱粒状变晶结构，次要矿物有绢（白）云母、黑云母、绿泥石、阳起石、黑硬绿泥石、石榴石等。

（3）片岩

依据岩石的矿物组合，将其划分为浅灰色片岩及绿色片岩。

浅灰色片岩：主要分布于武当群第三岩组（$Pt_{2-3}wd_3$）中，其他岩组也均可见。岩石中片柱状矿物含量＞25％。具显微鳞片变晶结构、花岗鳞片变晶结构、斑状变晶结构、束状变晶结构等。主要矿物有绢（白）云母、滑石、石英、钠长石，次要矿物有石榴石、黑硬绿泥石、黑云母、绿帘石等，副矿物有榍石、磷灰石、白钛石、磁铁矿等。

绿色片岩：在武当群第三岩组及耀岭河群中多有出露。特点是绿色的片柱状矿物含量＞25％。因此，岩石呈浅绿色、绿色，片状构造，鳞片变晶结构、纤柱状变晶结构、斑状变晶结构，变晶有石榴石或阳起石。主要矿物有黑云母、绿泥石、透闪－阳起石、磷灰石、黄铁矿、磁铁矿等。

（4）大理/石英岩

大理岩：出露于震旦系及耀岭河群中，在武当群第三岩组中也有少量大理岩透镜体。岩石呈乳白色、灰白色，块状构造，花岗变晶结构，在杨家沟脑的方解石大理岩中有很好的缝合线构造。主要矿物有方解石、白云石，次要矿物有滑石、石英、黑云母、绿泥石、钠长石，副矿物有榍石、褐铁矿。按矿物组合不同又分为方解石大理岩、滑石方解石大理岩、白云石方解石大理岩。

石英岩：区内出露较少，主要由石英砂岩经区域变质而成，或化学沉积的硅质岩重结晶所致和硅化破碎带中的次生石英岩。具花岗变晶结构，由石英颗粒彼此镶嵌而成。

2. 动力变质岩类

（1）脆性动力变质岩

构造角砾岩：多见于脆性断裂带中，如红草岩－万家坪断裂带，具角砾状构造与结构，角砾呈棱角状、次棱角状，也有挤压而圆化呈椭圆状外形，砾径为 2～8 mm，砾石成分受原岩控制，在田家凹为微晶白云岩砾石，在碾盘沟为石英片岩砾石，胶结物以铁锰质及方解石为主，也有粉化了的原岩碎屑，角砾有再次破碎现象，说明岩石经历了多次构造作用。

碎裂岩：具碎裂景观，碎块可以是岩石，也可能是矿物，碎块之间有明显的位移，呈棱角状、次棱角状，砾径为 0.01～2.00 mm，胶结物可以是粉化了的原岩或矿物，也可能是铁锰质、硅质、方解石、黏土矿物。

（2）韧性动力变质岩

糜棱岩：岩性以基性岩或基性火山岩居多，故多呈灰绿色或暗绿色，流动构造、条带状构造或等线状构造发育，糜棱结构，原岩被强烈碾磨而成细小的颗粒，塑性变形明显，可见绿泥石的亚晶变形纹、云母鱼等。

变晶糜棱岩：主要见于郭家河基性岩体边缘的韧性剪切带中，岩石具变晶糜棱结构，重结晶作用显著，它使微晶颗粒结晶加大，呈拉长状聚晶，主要矿物成分为阳起石、钠长石、绿帘石，含少量石榴石、榍石、褐铁矿等。

构造片岩：发育于西流－魏家凹脆-韧性剪切带中，是岩石经变形、碎裂、压扁、拉长而形成，具片状构造，不等粒花岗变晶结构，方解石在应力作用下挤压变形，双晶和解理都发生弯曲，石英颗粒被拉长、波状消光，一部分向丝带状演变，绢云母、绿泥石沿着应力面富集，并发生弯曲、扭曲与旋转。

3. 接触变质岩类

区内岩浆岩侵入体规模小，且以基性岩侵入体为主，含挥发份少。故接触变质岩虽有出露，但较少，规模也小。

（1）红柱石角岩

受狮子沟基性岩体的影响，在下震旦统陡山沱组地层中有少量出露，岩石呈浅灰黑色，片状构造，斑状变晶结构、角岩结构。组成矿物有石英、绢云母、红柱石、磁铁矿。红柱石为斜方柱状，晶体内部有沿对角线方向分布的碳质包体，可称空晶石。

（2）角闪石长英质角岩

角岩结构或斑状变晶结构，角闪石变斑晶呈无定向分布，长柱状晶体常穿切岩石片理，内部包含微粒的钠长石、石英。岩石由角闪石、钠长石、石英组成，含少量绢云母、绿帘石、磷灰石、榍石。

4. 气成－热液变质岩类

（1）钠长黝帘石岩

钠黝帘石化十分普遍，形成交代残余结构，原岩的暗色矿物蚀变成透闪－阳起石、绿泥石。基性斜长石蚀变为钠长石、黝帘石、绿帘石等。

（2）绿泥石岩

岩石以绿泥石为主，含少量透闪石、磷灰石、石英、绢云母。绿泥石与矿化关系密切，伴生的金属矿物有方铅矿、闪锌矿、黄铜矿、黄铁矿、斑铜矿、孔雀石、磷酸氯铅矿等。

（3）硅化岩

广泛发育于硅化带中，呈灰白色、乳白色，油脂光泽，其他形粒状镶嵌结构，粒径变化大，伴生有玉髓、方解石等。

(四)区域构造

区内经历了多期次构造作用和变质作用,形成了一系列复杂的构造形迹。总体以北西向紧密线状褶皱为主体,伴有北西向脆-韧性剪切带和不同方向、不同规模、不同性质的脆性断裂,以及近东西向和北东向褶皱叠加其上,使之呈现网格状构造格局(图5-2)。

1. 褶皱

区内北西向褶皱十分发育,呈紧密线状分布,为测区构造的主体。根据不同构造层褶皱发育的不同特点,可分为早期北西向褶皱和晚期北西向共轴叠加褶皱。早期北西向褶皱,主要由区内广布的武当群组成,形成一系列紧闭线形平行分布的尖棱状倒转褶曲;晚期北西向共轴叠加褶皱,是在早期武当群北西向褶皱的基础上震旦纪地层沉积后再次共轴叠加,使武当群褶皱更加紧闭,而震旦纪以后地层则相对宽缓。其中主干褶皱有肖家湾-罗家沟复背斜、张沟-王家沟复背斜、张家院-长沟脑-大峡复向斜。

2. 脆-韧性剪切带

区内不同规模的脆-韧性剪切带发育,呈北西-南东向展布,顺岩层片理产生剪切变形,造成地层沿走向不连续和重复出现,对区域地质构造格架及武当群展布具有一定的控制和破坏作用。

(1)西流-魏家凹脆-韧性剪切带

区内表现最具特征、规模最大的脆-韧性剪切带,长达40 km。总体走向北西西280°、南东150°左右,倾向北北东,倾角大于60°,构造糜棱岩和糜棱岩化发育,形成的构造变形复杂,平卧褶皱、小型剪切带、韧性牵引现象、香肠化石英脉被拉断成小透镜体,多期构造面理发育。

(2)蒋家院-转头沟脆-韧性剪切带

总体走向285°～300°,倾向北东、南西均有。宏观上,沿剪切带出现深切沟谷,宽为30～100 m,带内一般发育一组密集的劈理(S_2)。变形强烈处,矿物定向排列,完全置换了原始层理。

3. 脆性断裂带

区内脆性断裂十分发育,它们形成于不同时期,具不同性质和特征,共同构成了测区网格状构造。

北西向脆性断裂是区内形成较早的断裂构造,规模大小不等,活动期次不一,其中庙垭-刘家垭(两郧)断裂,具多期活动特点。该断裂是北西西-南东东向贯穿研究区,即"两郧断裂"的中段。西起杨家桥,向东经庙沟、刘家垭,走向285°～105°,为区域性断裂,倾向北东,倾

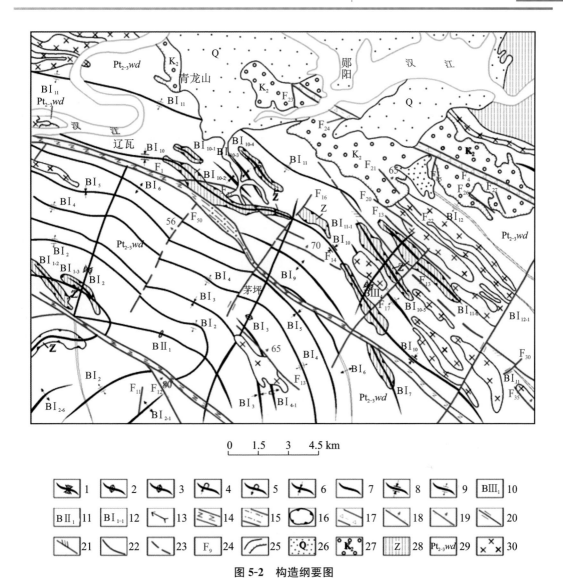

图 5-2　构造纲要图

1. 第三期向形褶皱；2. 第三期背形褶皱；3. 第二期背形褶皱；4. 第一期倒转向斜；5. 第一期倒转背斜；6. 第一期向斜；7. 第一期背斜；8. 第一期复向斜；9. 第一期复背斜；10. 第三期褶皱编号；11. 第二期褶皱编号；12. 第一期褶皱编号；13. 褶皱枢纽；14. 脆-韧性剪切带；15. 构造糜棱岩；16. 滑脱构造带；17. 破碎岩带；18. 正断层；19. 逆断层；20. 平移断层；21. 压扭性断层；22. 性质不明断层；23. 推测断层；24. 断层编号；25. 地层界线/地层不整合界线；26. 第四系；27. 上白垩统；28. 震旦系；29. 中元古界武当群；30. 变辉绿岩

角大于 50°，部分地段为一组次级平行断裂，局部断面南倾。走向延伸多表现为宽 100~200 m 的碎裂岩带，沿断裂带分布的上白垩统紫红色砂砾岩、砂岩层中往往发育数条至数十条互相平行的小断裂组成断裂带，部分地段造成"红层"发生较大错位。该断裂是控制郧阳区境内晚白垩世地层发育的主断裂，是总体为南盘上升、北盘下降的区域性断裂。

二、研究区晚白垩世地层划分

郧阳恐龙蛋化石群分布区在大地构造上,位于南秦岭造山带东段南侧的鄂豫陕三省交界处,受造山运动后期应力调整响应,在三省交界处发育了一系列北西—南东向展布的断陷盆地。目前已发现恐龙蛋化石的盆地,从北至南有西峡盆地、夏馆-高丘盆地、淅川盆地、郧县盆地、李官桥盆地等(图5-3)。郧阳区内的恐龙蛋化石主要分布在郧县盆地西南缘的青龙山一带,距郧阳区直线距离约8 km。此外,在距郧阳区北东约80 km的梅铺镇杨营村的草帽岭(属淅川盆地)及郧阳区北部的大柳乡白泉村等的晚白垩世地层中亦发现了恐龙蛋化石(图5-4)。本次研究区范围主要为郧阳柳陂镇李家沟及贺家沟两村内分布的恐龙蛋化石,其南东起自卧龙山,北达汉江边;北西起自贺家沟,东至似喝沟,出露面积约4 km²。上白垩统总体特征是厚度变化较大,产状比较平缓,倾向北北东—南东东,倾角8°~15°,一般为9°~11°。在红寨子和青龙山两地,上白垩统发育最完整,总厚度达72.7 m;而往北到磨石沟,厚度为18.6 m;再往北到郑家沟,厚度为12.5 m;到庄垱沟,厚度为10 m(上部剥蚀)。

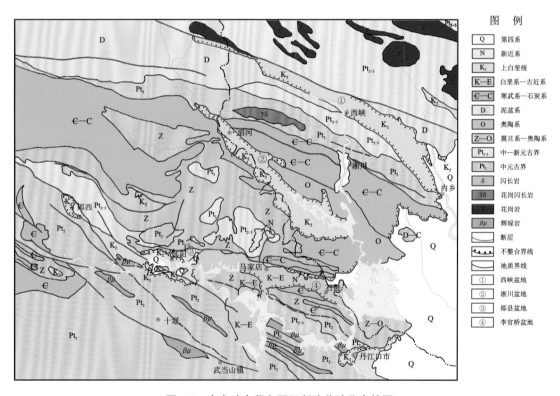

图5-3　南秦岭东段白垩纪断陷盆地分布简图

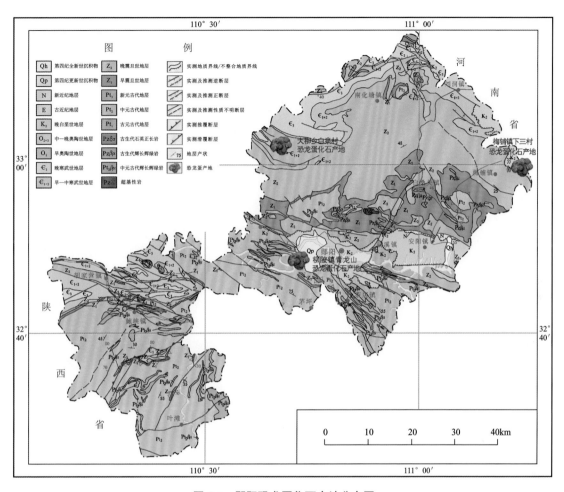

图5-4　郧阳恐龙蛋化石产地分布图

（一）上白垩统地层剖面特征

1. 卧龙山剖面（Ⅰ－Ⅰ′）

西起卧龙山西坡,东至卧龙山东坡山角,全长 432 m,控制了研究区内上白垩统高沟组的全部岩性(图5-5),层序自上而下为:

上覆地层:第四系

⑤第四系全新统(Q_4^{al})残坡积层。

④第四系中－上更新统(Q_{2-3}^{al})砂砾石层(汉江第五级阶地)。

————————不整合————————

上白垩统高沟组(K_2g)

③上白垩统高沟组上段(K_2g^2):浅紫红色、黄褐色含细砾钙质砂岩。含砾不等粒砂状结

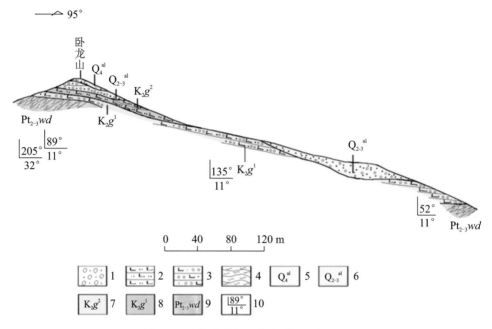

图 5-5　卧龙山晚白垩世实测地层剖面图

1. 松散状砂砾岩；2. 钙质砂岩；3. 含钙砂质砾岩；4. 武当群片岩；5. 第四系全新统；6. 第四系中—上更新统；7. 上白垩统高沟组上段；8. 上白垩统高沟组下段；9. 武当群；10. 地层产状

构,杂基支撑结构。主要由岩屑、砂屑及胶结物方解石组成。其中,岩屑约占 52%,成分复杂,主要由片岩屑组成,包括白云石英片岩屑、变酸性火山岩屑、石英岩屑、绿泥石英片岩屑、变石英砂岩屑等。砾石含量占 7%～15%,棱角状、次棱角状;砂屑主要为石英。胶结物为方解石(38%～40%)、黏土矿物(高岭石、水云母)占 6%。本段上部地层因分化剥蚀,未见顶部岩性。产土庙岭扁圆蛋[*Placoolithus tumiaolingensis*(Zhou et al.,1998)],卧龙山假棱柱形蛋(新蛋种)(*Pseudoprismatoolithus wolongshanensis* oosp.nov.),厚度为 3～5 m。

②上白垩统高沟组下段(K_2g^1):浅砖红色、灰褐红色钙质胶结砂质砾岩,杂基支撑结构。岩石主要由大量砾石、岩屑及方解石胶结组成。岩屑和砾石成分为多种变质片岩屑、变长英质岩屑,其次是云母片岩屑,前者由钠长石、石英组成,后者为黑云母、石英等组成。岩屑和砾石磨圆度差,为棱角状、次棱角状。分选性差,大小悬殊,砾石大小从 2～3 mm 至 50 cm 不等。碎屑彼此不接触,呈悬浮状分布在胶结物中,基质成分为方解石和泥沙,厚 10～16 m。

———————————————— 不整合 ————————————————

①下伏中—新元古界武当群($Pt_{2-3}wd$)变基性火山岩(绿泥钠长片岩)。

2. 红寨子剖面(Ⅱ－Ⅱ′)

西起红寨子山顶,东至红寨子山坡坡角,方向 75°,长 286 m,基本控制了上白垩统寺沟组

和马家村组(图 5-6)。层序自上而下为:

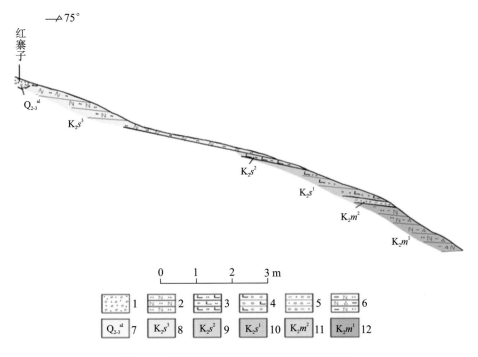

图 5-6 郧阳青龙山(红寨子)实测地层剖面图

1. 砂砾岩;2. 长石石英砂岩;3. 钙质砂岩;4. 钙质砾岩;5. 含泥砂质砾岩;6. 含泥长石石英砂岩;7. 第四系中—上更新统;8. 上白垩统寺沟组上段;9. 上白垩统寺沟组中段;10. 上白垩统寺沟组下段;11. 上白垩统马家村组上段;12. 上白垩统马家村组下段

⑥上覆第四系中—上更新统(Q_{2-3}^{al})砂砾层(汉江第五级阶地)。

———————— 不整合 ————————

上白垩统寺沟组(K_2s)

⑤上白垩统寺沟组上段(K_2s^3):浅紫红色细粒长石石英砂岩。岩石由石英(75%)、长石(12%)、水白云母(4%)、方解石(6%)、绿帘石(1%)等矿物组成。细砾砂状结构,接触-孔隙式胶结。长英矿物碎屑呈棱角状,长石主要为斜长石,胶结物主要为方解石和少量的黏土矿物,含少量钙质结核,厚 4~6 m(未见顶)。

④上白垩统寺沟组中段(K_2s^2):灰褐色细粒含泥钙质石英砂岩。细粒砂状结构,岩石主要由石英(54%)、方解石(25%)、水白云母(10%)及斜长石组成。由方解石和黏土矿物杂基胶结,普遍含钙质结核,厚 2~3 m。

③上白垩统寺沟组下段(K_2s^1):灰白色、灰褐色钙质胶结石灰质砾岩。砾状结构,不规则块状构造。岩石主要由砾石和岩屑组成,方解石胶结。砾石和岩屑主要为灰岩和白云岩屑,少量的石英岩、白云石英片岩组成。灰岩砾石大小不一,分选性较好,大者可达 20 cm,小者为

毫米级,呈圆状、次圆状;砂屑主要为石英,棱角状,砾径为 0.1～0.5 mm,厚 3 m。

上白垩统马家村组(K₂m)

②上白垩统马家村组上段(K₂m²):灰褐色含泥质石英质砾岩。砂砾状结构,块状构造。岩石主要由砾石、岩屑组成,黏土矿物杂基胶结。砾石主要为砂岩和石英岩,少量变粒岩、浅粒岩、变基性岩,分选性中等,磨圆度较好,呈次圆状或次棱角状,多呈无序排列,局部具叠瓦状排列,见板状交错层理。砾岩层底面一般为冲刷面,可见明显冲蚀-充填构造,厚 3～4 m。

①上白垩统马家村组下段(K₂m¹):灰褐色、浅紫红色砂质砾岩,含砾长石石英砂岩。泥质细砾砂状结构,接触-孔隙式胶结,岩性在纵向上交替互层出现,且砾岩层出露频率大于砂岩层,横向变化大,层面具频繁侵蚀、冲刷现象。侵蚀槽延伸方向为南东－北西向,140°～298°。砾石分选性中等,砾径为 2 mm～10 cm,磨圆度较好,为次棱角状－次圆状,局部圆状。砾石成分主要为石英岩、变粒岩,少量片岩,产土庙岭扁圆蛋[*Placoolithus tumiaolingensis* (Zhou et al.,1998)]。此层未见底。

3. 土庙岭－红寨子剖面(Ⅲ－Ⅲ′)

北西起土庙岭 322.4 m 高地,南东至红寨子 330 m 高地,北东 200 m 公路边。剖面总体方位 101°,长 890 m。控制了保护区内上白垩统高沟组至寺沟组大部分地层(图 5-7),层序自上而下为:

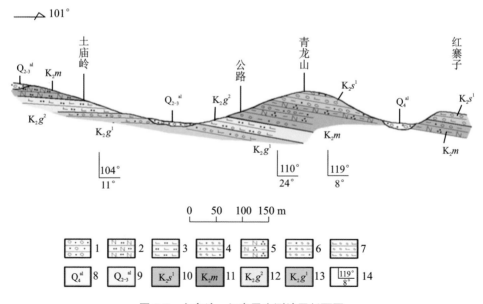

图 5-7　土庙岭一红寨子实测地层剖面图

1. 砂砾层;2. 长石石英砂岩;3. 钙质砂岩;4. 含钙砂质砂岩;5. 含泥长石石英砂岩;6. 含泥砂质砾岩;7. 钙质砾岩;8. 第四系全新统;9. 第四系中－上更新统;10. 上白垩统寺沟组下段;11. 上白垩统马家村组;12. 上白垩统高沟组上段(产恐龙蛋化石层);13. 上白垩统高沟组下段;14. 地层产状

上覆第四系中－上更新统（Q_{2-3}^{al}）

————————不整合————————

上白垩统寺沟组（K_2s）

⑬砖红色含泥质钙质细粒长石石英砂岩、长石矿物碎屑（粉砂－细砂级）约占 60%，岩屑占 8%，黏土矿物（水云母）占 20%，方解石小于 5%。砂中常见小于 1 cm 的小砾石，厚度为 6～8 m。

⑫浅砖红色、灰白色含砂钙质石灰质砾岩。杂基支撑结构，岩石由砂、方解石和砾石组成。砾石成分以灰岩、白云岩为主，少量大理岩及石英岩；砾石呈圆状－次圆状，砾径为 2～4 cm，大者可达 10 cm，厚 3 m。

————————整合————————

上白垩统马家村组（K_2m）

⑪砖红色厚层泥质砂岩。矿物碎屑（主要为石英，少量长石）约占 60%；黏土矿物主要为水云母，约占 30%；其他矿物及岩屑占 10%，厚 18 m。

⑩灰白色、浅肉红色含钙砂质砾岩，砾石成分主要为灰岩、大理岩，少量石英岩，圆状－次圆状，上部砾径较粗有 4～6 cm，下部砾径较细有 2～3 cm，呈过渡性变化，厚 4 m。

⑨浅红、砖红色厚层泥质砂岩。砂粒以石英为主，次为长石，岩屑微量，总量约占 60%，黏土矿物为水云母，约占 35%，局部含细砾。该岩层下部见 3 枚恐龙蛋化石（第七产蛋层）：土庙岭扁圆蛋［*Placoolithus tumiaolingensis*（Zhou et al.，1998）］，厚 12 m。

⑧砖红色含泥砂质砾岩，夹含砾泥质砂岩，砾岩层一般厚 20～30 cm，砾石圆状－次圆状，砾径为 2～3 cm；砾石成分以灰岩－白云岩为主，次为大理岩砾石层与砂岩层，常呈互层出现，并具交错层理，厚度为 5 m。

⑦浅黄色、浅灰白色中厚层钙质砂岩，以石英矿物碎屑为主，少量长石碎屑及岩屑，胶结物为方解石，厚度为 2 m。

————————整合————————

上白垩统高沟组（K_2g）

⑥上部褐红黄褐色含泥钙质砂岩，下部褐色含砾钙质砂岩，砂粒以石英碎屑为主，次为长石和岩屑，碎屑约占岩石 50% 以上，水云母占 10%，方解石占 35%。下部含变质岩砾石，砾石棱角状－次棱角状，砾径为 0.5～3.0 cm，扁平状。岩石中常见恐龙蛋壳碎片（第六产蛋层），产恐龙蛋化石：土庙岭扁圆蛋［*Placoolithus tumiaolingensis*（Zhou et al.，1998）］，厚 1.5 m。

⑤上部浅褐黄色、浅灰黄色含钙泥质砂岩。岩石由矿物碎屑、岩屑、方解石及水云母组成，碎屑约占 44%，岩屑占 68%，水云母占 29%，方解石占 15%。碎屑及岩屑棱角状－次棱角状，主要为绢（白）云钠长石英片岩、绢（白）云钠长变粒岩等岩屑。下部棕红色、灰棕色含钙砾石质砂岩，砾石主要为变质岩岩屑，棱角状－次棱角状。砂粒主要为石英及少量长石碎屑、方解石胶结。产恐龙蛋化石（第五产蛋层）：土庙岭扁圆蛋［*Placoolithus tumiaolingensis*

(Zhou et al.,1998)]、沈氏扁圆蛋(*Placoolithus sheni* oosp.nov.),厚 0.8 m。

④上部浅灰黄色、浅灰白色含钙砂质黏土岩。岩石主要由水云母、石英及方解石组成。其中水云母等黏土矿物含量＞35%,石英矿物占 30%,方解石约占 20%,含少量岩屑。下部深棕色、灰棕色含砾钙质砂岩、钙质砂砾岩。岩石主要由石英、方解石和变质岩岩屑组成。砾石主要为变质岩岩屑,棱角状－次棱角状,砾径约 0.5 cm。含恐龙蛋化石(第四产蛋层):土庙岭扁圆蛋[*Placoolithus tumiaolingensis*(Zhou et al.,1998)]、柱状扁圆蛋(*Placoolithus columnarius* oosp.nov.),厚 1 m。

③上部黄褐色泥质砂岩。岩石主要由石英(52%)及水云母(30.5%)组成,含少量长石及岩屑。下部为浅灰黄色、浅灰白色钙质砂岩。岩石主要由石英(48%)和方解石(40%),少量长石碎屑和岩屑组成。产恐龙蛋化石(第三产蛋层):土庙岭扁圆蛋[*Placoolithus tumiaolingensis*(Zhou et al.,1998)]、密集扁圆蛋(*Placoolithus compactiusculus* oosp.nov.),厚 1.1 m。

②上部为棕色含砾含钙泥质砂岩,杂基支撑结构,块状构造。岩石由石英(37%)、水云母(20%)、方解石(15%)、岩屑(19.3%)及少量长石碎屑组成。砾石成分为中－新元古界武当群变质岩,棱角状－次棱角状,从上至下砾石成分增高。此层(第二产蛋层)恐龙蛋化石丰富,成窝出现,最多一窝产恐龙蛋化石 100 多枚。化石类型有土庙岭扁圆蛋[*Placoolithus tumiaolingensis*(Zhou et al.,1998)]、二连副圆形蛋(*Paraspheroolithus irenensis* Zhao,1979)、郧县扁圆蛋(*Placoolithus yunxianensis* oosp.nov.)、滔河扁圆蛋(*Placoolithus taohensis* Zhao et Zhao,1998),厚 0.9 m。

①深棕色、黄褐色厚层含钙砂质砾岩。杂基支撑结构,块状构造。岩石主要由岩屑、岩块及石英、长石矿物碎屑组成,钙质及砂泥质胶结。岩屑与岩块为砾石主要成分,棱角状－次棱角状,大小不一,分选性极差。岩块(砾石)一般几厘米至数十厘米,岩屑几毫米,主要来自就近的中－新元古界武当群变质岩,主要岩性有绢(白)云钠长片岩、白云石英片岩、绢云石英片岩、绿帘黑云钠长片岩等。此层顶部含恐龙蛋化石(第一产蛋层):宁夏蜂窝蛋(*Faveoloolithus ningxiaensis* Zhao et Ding,1976),厚 3～5 m。

————————不整合————————

下伏:中－新元古界武当群

(二)研究区上白垩统岩性特征

综合分析上述剖面不难看出,研究区上白垩统岩石地层具有下列特征:研究区在晚白垩世时,处于郧县盆地西南缘,属于山麓和断陷盆地的过渡带,地层岩性无论从纵向上看还是从横向上看,岩性变化都较大,而且单层厚度极不稳定;依据剖面岩性组合及其变化,研究区上白垩统可明显划分为上、中、下 3 个岩性组,且均以粗细相间的韵律层和以不同的物源成分之差相区别(图 5-8)。

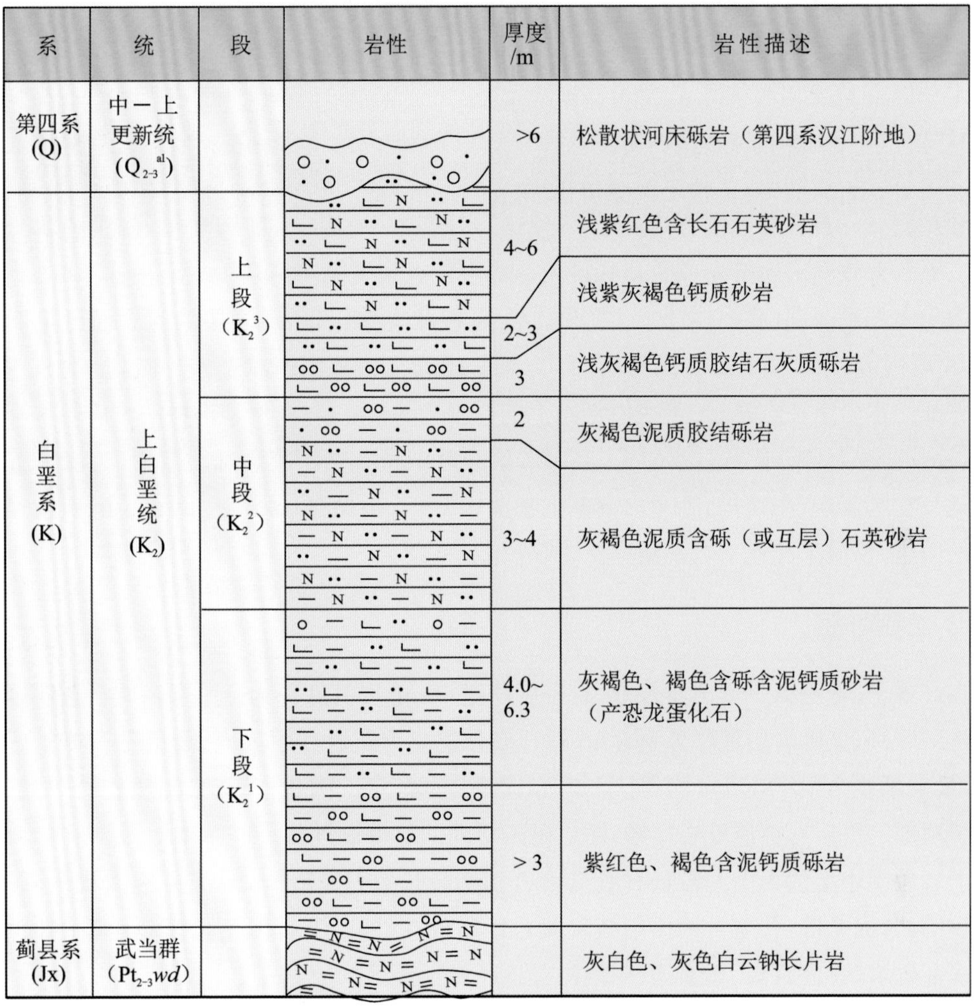

系	统	段	岩性	厚度/m	岩性描述
第四系(Q)	中一上更新统(Q$_{2-3}$^{al})			>6	松散状河床砾岩（第四系汉江阶地）
白垩系(K)	上白垩统(K$_2$)	上段(K$_2$^{3})		4~6	浅紫红色含长石石英砂岩
					浅紫灰褐色钙质砂岩
				2~3	浅灰褐色钙质胶结石灰质砾岩
				3	
		中段(K$_2$^{2})		2	灰褐色泥质胶结砾岩
				3~4	灰褐色泥质含砾（或互层）石英砂岩
		下段(K$_2$^{1})		4.0~6.3	灰褐色、褐色含砾含泥钙质砂岩（产恐龙蛋化石）
				>3	紫红色、褐色含泥钙质砾岩
蓟县系(Jx)	武当群(Pt$_{2-3}$wd)				灰白色、灰色白云钠长片岩

图 5-8　研究区上白垩统地层综合柱状图

1. 下岩性组

下岩性组总体以分选性极差、磨圆度极差的变质岩砾石为特征，反映近源、快速、混杂堆积沉积特点。其中，下部主要为粗砾岩、含砾砂岩、含砾细砂岩，总体从下至上、由粗变细，不整合覆盖在中一新元古界武当群之上。底部为巨厚层粗砾岩，砾径从 2~3 cm 到 50 cm 不等，成分主要为下伏武当群片岩和变粒岩，分选性和磨圆度极差，杂基支撑结构，基质主要为泥质，少量方解石。总厚度变化大，在土庙岭、卧龙山一带超过 15 m，在北部磨石沟、郑家沟和庄垱沟等地均小于 4 m，总体呈泥石流沉积特征。上部为含砾钙质细砂岩、含泥钙质细砂岩。含砾钙质细砂岩和含泥钙质细砂岩常呈互层产出，单层厚度为 0.8~1.5 m，含丰富的恐龙蛋化石和蛋壳碎片，总体具漫洪沉积特征。

2. 中岩性组

中岩性组主要为砾岩、砂质砾岩、泥质砾岩、含砾砂岩、含砾粉砂岩,且在纵向上频繁交替出现,在红寨子、青龙山一带厚度可达 25 m,在其他剖面分布零星,甚至缺失,总体以砾岩层层数多,横向变化大,侵蚀、冲刷频繁为其特征。砾石成分主要为石英岩、变粒岩、浅粒岩,少量砂岩和灰岩。砾石分选性中等,砾径为 2～10 cm,多为 2～7 cm,磨圆度较好,次圆状－次棱角状。砾石大致呈定向排列或叠瓦状排列。砾石最大扁平倾向南东 140°－南西 198°,指明物质来源于南部和西部(武当群第二、三岩组)。见板状交错层理,砾岩层的底界面可见明显的冲蚀-充填构造,冲刷槽岩石方向为南西向,与上述砾石扁平面产状基本一致,呈季节性河流沉积特征。本岩组在红寨子、青龙山剖面上的厚度为 6～10 m;在贺家沟村的土庙岭保存厚度约为 4 m,岩性为含砾长石石英砂岩,上部被第四系中一上更新统砂砾层覆盖(为汉江五级基座阶地);在郑家沟、庄垱沟、卧龙山剖面上缺失;在磨石沟保存较厚,达 11 m。沉积物经过了一定的搬运,物质来源比下岩性组广泛,成分相对复杂。

3. 上岩性组

在红寨子、青龙山一带出露较好,总厚度超过 10 m,以其底部为巨厚层钙质石灰质砾岩与中岩性组区别,该砾岩层最厚处达 3 m,砾石成分主要为灰岩和白云岩,零星见石英岩。分选性差,最大砾径为 20～30 cm,个别达 50 cm,磨圆度好,呈次圆状－圆状,钙质胶结,与下伏中部地层顶部的厚层石英质砾岩接触,两层砾岩交向间见冲刷现象。

上岩性组中上部为中细粒长石石英砂岩和细粒长石石英砂岩,局部夹透镜状含砾砂岩,钙质胶结,含泥量低,普遍含钙质结核。此岩性组仅在红寨子、青龙山出露较全,在卧龙山仅出露底部砾岩,在磨石沟、郑家沟、庄垱沟等地已剥蚀殆尽。

(三)上白垩统层序划分讨论

1. 郧县盆地上白垩统层序划分历史沿革

研究区内,由于至今未发现可供工业利用的工业矿产,因此,在恐龙蛋化石未发现前,地质研究工作程度相对较低,对研究区盆地内的红色岩系地层的划分,一直没有一个比较统一的认识,地层时代的确定主要根据邻区资料进行对比和划分。1958－1965 年,陕西省区调队开展 1:20 万郧县幅地质调查时,将郧县盆地内红色岩系与当时河南省内乡幅的核桃园组及大仓房组对比,并以核桃园组中采到 *Coeoclon* sp. 为依据,将郧县盆地中的红层划归为下第三系(古近系);1988 年 3 月－1989 年底,湖北省区域地质调查所在开展 1:5 万黄龙滩幅和郧县幅区域地质调查时,将郧县盆地与邻近的李官桥、习家店盆地内的大凹－庞湾剖面进行对比,将郧县盆地中的红层划为上白垩统胡岗组,并划分为上、下两个岩组;《全国地层多重划分对比研究(42)湖北省岩石地层》一书中,根据全国地层多重划分对比的

原则,放弃胡岗组,采用周世全等(1997)命名于河南淅川县滔河镇寺沟村晚白垩世晚期的
寺沟组,来代表湖北境内主要分布于青峰断裂以北、随州市以西的枣阳、谷城、丹江口市以
及南襄盆地南缘地带的一套晚白垩世地层,郧县盆地内的红层被一起划为寺沟组;周修高
等(1998)通过对"青龙山恐龙蛋化石类型"的研究,将郧县盆地中产恐龙蛋化石的一套地层
与淅川盆地高沟组对比,改称为高沟组,同时考虑郧县盆地与淅川盆地在时间上和空间上
的关系,又提出在保护区内,存在有覆盖于高沟组之上的马家村组和寺沟组的可能想法,并
在发表的论文中给予强调(表5-1、表5-2)。

表 5-1　郧县盆地上白垩统划分沿革表

陕西省区调队	湖北省区域地质调查所		全国地层多重划分对比研究(42)		周修高等		本次	
1958—1965年1:20万郧县幅	1988—1989年1:5万黄龙滩幅		1997年		1998年		2020年	
下第三系	上白垩统	胡岗组	上白垩统	寺沟组	上白垩统	高沟组	上白垩统	寺沟组
								马家村组
								高沟组

表 5-2　研究区上白垩统与邻区产蛋地层对比表

产蛋地层	广东南雄盆地	湖北江汉盆地	湖南茶永盆地	河南淅川盆地	湖北郧县盆地
上白垩统	南雄组	跑马岗组	戴家坪组	寺沟组	寺沟组
		红花套组		马家村组	马家村组
		罗镜滩组		高沟组	高沟组

2. 研究区晚白垩世地层重新划分与依据

为了进一步查明研究区内上白垩统地层层系,2010—2011年,在地质公园内恐龙蛋化石
分布区开展了1:10 000地质调查,填图4 km²,测制1:1 000地质剖面1 800 m,1:500地质
剖面120 m,对区内晚白垩世地层进行了较为详细的研究与对比。研究发现:区内晚白垩世地
层的岩性组合与淅川盆地内的晚白垩世地层岩性组合基本类同,都具有明显的三分性(表5-
3),岩石类型有诸多的相似性;两个盆地内都产有相同属种(树枝蛋类、圆形蛋类)的恐龙蛋化
石,表明沉积年代基本一致;淅川盆地与郧县盆地同属于燕山晚期形成的北西向构造(断陷)
盆地,总体呈北西向排列,受北西向构造扩张而沿北西向长轴发展,构造属性与形成时代基本
一致(表5-4)。

表 5-3　郧县盆地与淅川盆地晚白垩世地层岩性对比表

地层单位	郧县盆地	淅川盆地
寺沟组	上部:紫红色细粒钙质长石石英砂岩,含少量钙质结核;中部:紫红色钙质细砂岩,含钙质团块;下部:浅紫红色、灰褐色钙质胶结石灰质砾岩。砾石圆状—次圆状,砾径一般为 6～10 cm,最大为 20 cm,砾石成分主要为灰岩、白云岩,少量石英岩	上部:浅红色、浅棕红色钙质细砂岩夹砂质泥灰岩团块;中部:土黄色钙质砾岩、黑灰色钙质砾岩夹土黄色钙质粉砂岩和泥灰岩;底部:灰黄色钙质砾岩
马家村组	上部:浅紫红色、灰褐色含泥质石英质砾岩为主,含少量变粒岩、片岩、灰岩砾石;下部:浅紫红色(基质)灰褐色(砾石)含泥质石英质砾岩与浅紫红色含砾长石石英砂岩互层交替出现,砾石多呈扁圆状、次圆状,呈叠瓦状排列	上部:深红色粉砂质泥灰岩;中部:棕红色、灰绿色钙质粉砂岩;下部:灰色含砾中、细粒砂岩
高沟组	上部:紫红色含砾钙质细砂岩、含钙泥质细砂岩、含钙砂质黏土岩,产树枝蛋类、圆形蛋类、假棱柱形蛋类恐龙蛋化石;下部:棕红色含钙质、泥质角砾状砾岩,砾石分选性差,砾径为 5～20 cm,最大为 50 cm,呈棱角状,主要为片岩等变质岩砾石,少量石英岩砾石	上部:棕色粉砂岩;中部:棕红色泥质粉砂岩夹薄层浅灰色含砾钙质中、细粒砂岩;下部:杂色砾岩,砾石成分有石灰岩、片岩等

表 5-4　郧县盆地、淅川盆地地层总体特征对比表

盆地名称	郧县盆地	淅川盆地
大地构造位置	南秦岭造山带东段	南秦岭造山带东段
盆地性质	晚白垩世断陷盆地	晚白垩世断陷盆地
地层岩性特征	炎热、干旱半干旱气候条件下沉积的,粗碎屑为主的砾岩、砂砾岩、砂岩	炎热、干旱半干旱气候条件下沉积的,粗碎屑为主的砾岩、砂砾岩、砂岩
古生物特征	产树枝蛋类(滔河扁圆蛋、土庙岭扁圆蛋等)	产树枝蛋类(滔河扁圆蛋、土庙岭扁圆蛋等)

　　综上所述,本课题组认为:将淅川盆地上白垩统与郧县盆地上白垩统进行对比,并统一地层命名是可行的。为此,本报告将研究区内晚白垩世 3 个岩组从上至下与淅川盆地 3 个岩组对比,从上至下统一采用淅川盆地上白垩统地层的划分方案,将郧县盆地上白垩统分别划分为寺沟组(K_2s)、马家村组(K_2m)、高沟组(K_2g)。考虑上述 3 组剖面上岩性的变化,又将每个组划分为 2～3 个岩性段,K_2s^3、K_2s^2、K_2s^1、K_2m^2、K_2m^1、K_2g^2、K_2g^1,并在本研究项目中使用。

三、恐龙蛋化石的分布与埋藏特征

(一)研究区恐龙蛋化石分布特征

研究区内的恐龙蛋化石主要分布在郧阳柳陂镇李家沟及贺家沟两个自然村内(现合并为青龙山村),由南西向北东经卧龙山、红寨子、青龙山、土庙岭、磨石沟、庄垱沟至郑家沟,呈北北西向延长约 3.5 km,分布面积约 4 km²,所涉范围地理坐标:东经 110°42′56″—110°44′10″,北纬 32°47′40″—32°49′40″(图 5-9)。其中,蛋化石出露面积为 2 km²,集中分布在卧龙山、红寨子、青龙山、土庙岭、磨石沟、庄垱沟等地,在贺家沟西北面山梁上、长岗岭东坡也有零星出露。

(1)卧龙山蛋化石分布区

蛋化石露头大致呈南北向分布在卧龙山山梁两侧,主要出露在东南坡,出露高程 280～310 m,出露长 480 m,分布面积为 38 400 m²,呈北北西向展布;产恐龙蛋化石地层为上白垩统高沟组上段,厚 3～4 m。蛋化石产在紫红色含砾钙质砂岩中,呈窝状分布,每窝产蛋 6～10 个,保存完整。上覆地层为中—上更新统河床相砾岩。

产:土庙岭扁圆蛋 *Placoolithus tumiaolingensis*(Zhou et al.,1998)

贺家沟假棱柱形蛋 *Pseudoprismatoolithus hejiagouensis* oosp.nov.

(2)红寨子蛋化石分布区

蛋化石主要分布在红寨子西北坡,出露高程 250～270 m,受后期断裂影响呈北东向展布。露头长 110 m,宽 1～80 m,面积为 4 400 m²,蛋化石产在高沟组上段紫红色含砾钙质砂岩中,呈窝状产出,蛋窝密集,蛋窝之间间距 2～3 m,每窝产蛋 6～20 枚。上覆地层为马家村组辫状河相砂砾岩。

产:土庙岭扁圆蛋 *Placoolithus tumiaolingensis*(Zhou et al.,1998)

(3)青龙山 325 高地蛋化石分布区

蛋化石出露在青龙山北西、南东山坡上,含化石地层呈 U 字形展布,出露高程 240～280 m,露头长 500 m,宽 3～4 m,面积为 21 500 m²。产化石地层为高沟组上段,岩性为紫红色含砾钙质砂岩,上覆地层为马家村组灰紫色河流相砂砾岩。

产:土庙岭扁圆蛋 *Placoolithus tumiaolingensis*(Zhou et al.,1998)

(4)青龙山 327 高地蛋化石分布区

蛋化石出露在 327 高地 300～320 m 高程上,围绕山峰呈不规则圆形分布,直径为 180 m,面积约为 25 434 m²。产化石地层为高沟组紫红色含砾砂岩,顶部被第四纪河床砾石层覆盖。

产:土庙岭扁圆蛋 *Placoolithus tumiaolingensis*(Zhou et al.,1998)

(5)土庙岭蛋化石分布区

蛋化石出露在贺家沟村一组南西一侧山坡上,出露高程 240～300 m,露头长 300 m,宽 220 m,面积为 66 000 m²,产化石地层为高沟组上段紫红色含砾钙质砂岩,含蛋化石地层几乎全部裸露地表,蛋窝分布密集,保存完整。

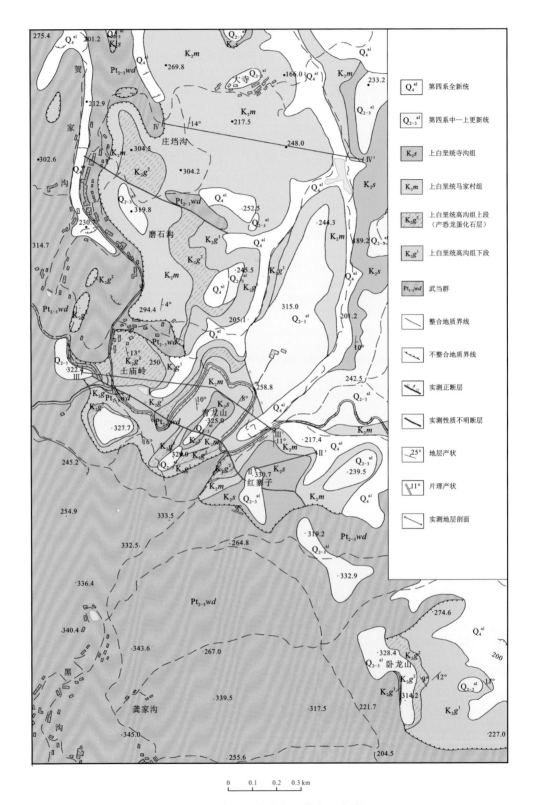

图例说明：

Q_4^{al} 第四系全新统

Q_{2-3}^{al} 第四系中—上更新统

K_2s 上白垩统寺沟组

K_2m 上白垩统马家村组

K_2g^2 上白垩统高沟组上段（产恐龙蛋化石层）

K_2g^1 上白垩统高沟组下段

$Pt_{2-3}wd$ 武当群

整合地质界线

不整合地质界线

实测正断层

实测性质不明断层

$25°$ 地层产状

$11°$ 片理产状

实测地层剖面

0   0.1   0.2   0.3 km

图 5-9 研究区恐龙蛋化石分布区地质图

产：土庙岭扁圆蛋 *Placoolithus tumiaolingensis*（Zhou et al.，1998）

沈氏扁圆蛋 *Placoolithus sheni* oosp.nov.

郧县扁圆蛋 *Placoolithus yunxianensis* oosp.nov.

密集扁圆蛋 *Placoolithus compactiusculus* oosp.nov.

柱状扁圆蛋 *Placoolithus columnarius* oosp.nov.

贺家沟假棱柱形蛋 *Pseudoprismatoolithus hejiagouensis* oosp.nov.

（6）磨石沟蛋化石分布区

蛋化石分布在磨石沟 319 高地东坡，露头长 550 m，宽 20～110 m，面积为 35 750 m²。产化石地层为高沟组上段紫红色含砾砂岩，顶部被马家村组覆盖。

产：土庙岭扁圆蛋 *Placoolithus tumiaolingensis*（Zhou et al.，1998）

（7）庄垱沟蛋化石分布区

产蛋化石层分布在 319 高地北东山坡上，长 280 m，宽 40～200 m，出露面积约为 21 600 m²。四周被马家村组覆盖。

产：贺家沟假棱柱形蛋 *Pseudoprismatoolithus hejiagouensis* oosp.nov.

（二）研究区恐龙蛋化石的埋藏特征

在剖面上，目前只在高沟组和寺沟组中见到恐龙蛋化石，尤以高沟组上段分布密集，一般有 2～4 个小层，在土庙岭剖面上最多见到 6 个产蛋化石小层（图 5-10、图 5-11），每个化石层

图 5-10　剖面上有 6 个产蛋化石小层

图 5-11 剖面上裸露的 3 层蛋化石

层距为 0.5～1.5 m。其中第二产蛋层蛋化石最为丰富,分布密集,种类多,成窝状分布。一般每窝 3～20 枚,其中一窝蛋多达 98 枚(图 5-12),寺沟组目前仅在青龙山东坡公路边发现一窝蛋化石(共 3 个)。至今,所看到的蛋化石均呈窝状分布,以不规则的圆形排列为多见(图 5-13)。在土庙岭第二产蛋层中,见一窝呈弧形分布的蛋化石,一共排了 12 排(图 5-14)。在土庙岭剖面上第五产蛋层中一窝蛋有 3 层蛋叠覆。总体上看,研究区的恐龙蛋化石没有搬运的痕迹,蛋壳基本没有遭到破坏,蛋窝原地保存完整,恐龙蛋化石成窝、成片分布,说明当时恐龙蛋是在一种未经搬运、快速被埋藏的环境下沉积的。

图 5-12　一窝蛋达 98 枚（照片为其中一部分）

图 5-13　呈椭圆形分布的一窝蛋化石

图 5-14   呈弧形分布的一窝蛋化石

四、青龙山恐龙蛋化石系统分类

(一)恐龙蛋化石的分类方法

早在 19 世纪中期,人们就在法国南部发现了可能属于恐龙的蛋化石,然而并没有确凿的证据。长期以来,很多学者仅仅是对所发现的蛋化石进行了简单的描述,与此同时根据与其共生的恐龙骨化石来推测其归属,或者笼统地叫恐龙蛋。然而,由于和蛋化石共生的恐龙骨化石一般都比较少,或者即使在某些地点中发现了很多共生的恐龙骨化石,也很难推测某种蛋是由某种恐龙产的。例如,法国和西班牙的蛋壳化石,根据在同一地层中发现的恐龙骨化石推测是属于蜥脚类高桥龙(*Hypselosaurus*)的,而 Voss-Foucart(1968)认为其中有些蛋壳可能是属于兽脚类斑龙(*Megalosaurus*)的。Williams 等(1984)则认为仅仅是在法国南部发现的恐龙蛋壳化石,至少就可分为 4 个类型,而其他学者则持有不同的分类意见(Dughi et al.,1958;Penner,1985)。

杨钟健(1954;1965)在描述我国发现的恐龙蛋化石时采用了 Buckman(1860)对蛋化石的命名方法,即用 *Oolithes* 加上一个种名来表示。种名是以蛋化石的外形、纹饰、产地等来确定。然而其所描述的恐龙蛋化石"种"只是给不同类型的恐龙蛋化石一个拉丁化的名称而已,随着越来越多恐龙蛋的发现,在实践中便遇到了某些不能避免的困难:这种命名方法无法表示已经发现的不同种类的蛋化石之间在形态特征上的差异和相似的程度(赵资奎,1975;1979)。

Sochava(1969)根据气孔道形态特征对恐龙蛋化石进行分类,并将在蒙古国几个地区发现的恐龙蛋壳化石分为窄气孔道类型(angusticanaliculate type)、裂隙形气孔道类型(prolato-canaliculate type)和多气孔道类型(multicanaliculate type)等 3 个类型。Erben、Hoefs 和 Wedepohl(1979)接受了 Sochava 的分类方法,将法国的恐龙蛋化石命名为管状气孔道类型(tubocanaliculate type)。Mikhailov(1991;1997)以 Erben 等的研究成果为理论依据提出了"结构分类法"。为了规范蛋化石的特征描述,他建立了一些"形态类型"(morphotype)来描述具有不同特征的蛋化石,将羊膜卵动物的蛋壳归纳为壁虎型(geckonoid)、龟鳖型(testudoid)、鳄鱼型(crocodiloid)、恐龙型(dinosauroid)和鸟型(ornithoid)等基本类型。

由于缺乏可靠的科学依据和统一的分类和命名方法,同一类型的蛋化石往往有几个名称。例如,在蒙古国和我国发现的那些形状为长形、蛋壳外表面具有脊状纹饰的蛋化石,有"原角龙蛋""长形蛋""窄气孔道蛋壳"等许多名称,给恐龙蛋化石的鉴定、对比以及学术交流带来了很多困难。

赵资奎(1975;1979;Zhao,1994)提出:根据恐龙蛋化石的宏观和微观形态特征的对比,可以将它们按种、属、科等分类层次划定为一个分类体系,命名采用生物分类的双名法,即学名由属名和种名组成。为了避免与别的分类系统发生混淆,建议属名的后缀一律为-oolithus(oo,希腊词,蛋;lith,希腊词,石)。目前这一分类和命名方法已得到各国有关学者的认可、采用和补充,例如 Carpenter 等(1994)和 Mikhailov 等(1996)建议,在命名"蛋科""蛋属""蛋种"时,不要把恐龙名称结合到这一分类系统;Vianey-Liaud 等(1994)提出,有关"蛋种""蛋属""蛋科"分别用"oospecies""oogenus""oofamily"表示。在国际上,以这一方法为基础,已初步建立起一个通用的恐龙蛋化石分类系统。

恐龙蛋化石的分类特征主要有下列 3 项:

(1)蛋化石宏观形态特征

蛋的形状、大小,蛋壳厚度和蛋壳外表面纹饰等。恐龙蛋的形状(图 5-15),除一般常见的圆形、长形以及椭圆形外,还有某些类群,如树枝蛋类及部分网形蛋类的形状则为扁圆形。恐龙蛋化石的形状和大小,可以通过测量蛋化石的长径(polar axis)、赤道直径(equatorial diameter)和计算蛋化石的形状指数(shape index=equatorial diameter ×100/ polar axis)来确定,其中形状指数反映的是蛋化石在长径方向上延伸的程度。形状指数为 90～100、80～90、50～80 和<50 的蛋,可分别表述为圆形[图 5-15 (a)]、近圆形、椭圆形[图 5-15(b)]和长形[图 5-15(d)]。扁圆形的蛋化石,其形状指数>150[图 5-15(c)]。

图 5-15　蛋化石宏观形态示意图

(a)圆形；(b)椭圆形；(c)扁圆形；(d)长形

（2）蛋壳微观形态特征

现生蛋壳的有机物质，如卵壳膜、护膜、充填在气孔道中的原纤维以及钙质层中的有机网状结构（基质）等，在蛋化石中一般是保存不了的，而可供研究的只是钙质层的特征，如壳单元的形状、大小、排列形式及气孔道形状等。这些结构特征，可以利用普通光学显微镜（TLM）、偏光显微镜（PLM）和扫描电镜（SEM）来观察。

在用光学显微镜和扫描电镜观察蛋壳样品之前，需要将蛋壳样品制成径切面（radial section，垂直于蛋壳内外表面的切面）和弦切面（tangential section，平行于蛋壳内外表面的切面）镜检标本（图 5-16）。在制作组织切片时，先将蛋壳样品包埋在树脂中，再沿径切面和弦切面方向将样品切开，把切开的样品粘在玻片上，并在要观察的切面上粘上载玻片，用切片机切下厚度为 $100\sim200\ \mu m$ 的薄片，最后用磨片机磨成厚度为 $30\sim40\ \mu m$ 的薄片并抛光，粘上盖玻片后即可在镜下观察。

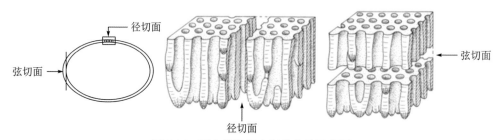

图 5-16　蛋壳镜检标本制作方法示意图

（3）恐龙的产蛋行为特征

不同类型恐龙蛋在蛋窝中的排列方式各不相同，可作为恐龙蛋化石的分类特征。例如，蛋窝的大小、蛋在蛋窝中的排列方式以及蛋化石之间的间距等特征能够反映出不同种类的恐龙有不同的筑巢产卵行为，因此在野外工作时，要尽可能详细地记录蛋化石的埋藏情况，并进行科学的采集。

（二）郧阳恐龙蛋化石的主要类型——树枝蛋科及其研究概况

郧阳的恐龙蛋化石以树枝蛋科（Dendroolithidae）为优势类群，兼有副圆形蛋科等少量其他的类群。树枝蛋科的外形为椭圆形或扁圆形，因蛋壳壳单元具有树枝状的分枝而得名。它们的蛋壳结构非常松散，气孔道十分发达且形态不规则，壳单元仅在近蛋壳外表面处融合为一层致密的薄层。

除了郧阳以外，在我国湖北省安陆、河南省西峡和淅川盆地、浙江省天台盆地、广东省河源盆地，以及蒙古国，还有树枝蛋科蛋化石的报道。树枝蛋科和树枝蛋属（*Dendroolithus*）是赵资奎和黎作聪（1988）根据在湖北安陆上白垩统公安寨组下部发现的蛋化石建立的。这些蛋化石呈卵圆形，略扁，因为蛋壳中的壳单元形态不完整，排列得较为疏松，而且每个壳单元的柱体具 2～3 个树枝状分叉，因而被命名为王店树枝蛋（*Dendroolithus wangdianensis*）。河南省的树枝蛋类包括西峡盆地已有记录的 4 个蛋种：树枝树枝蛋（*D.dendriticus*）、分叉树枝蛋（*D.furcatus*）、三里庙树枝蛋（*D.sanlimiaoensis*）和赵营树枝蛋（*D.zhaoyingensis*），然而树枝树枝蛋和赵营树枝蛋的区别仅仅在于赵营树枝蛋的蛋壳外表面具有一层次生方解石层（方晓思 等，1998），由于这不是蛋壳的原生结构，所以不能作为分类特征来使用，因此树枝树枝蛋和赵营树枝蛋是同一蛋种，后者为前者的同物异名。淅川盆地有滔河扁圆蛋（*Placoolithus taohensis*）和淅川树枝蛋（*D.xichuanensis*），其中滔河扁圆蛋以蛋化石较圆，壳单元的分枝不对称，近蛋壳外表面处壳单元形成的融合较厚等特征明显区别于王店树枝蛋而被定为新蛋属、蛋种；淅川树枝蛋以壳单元在近蛋壳内表面处有较多的分枝而被定为树枝蛋属的新蛋种（赵宏 等，1998）。浙江省天台盆地已报道的树枝蛋类包括国清寺树枝蛋（*D.guoqingsiensis*）、树枝树枝蛋（相似种）（*D.cf.dendriticus*）和双塘树枝蛋（*D.shuangtangensis*）（方晓思 等，2000；2003）。后来国清寺树枝蛋被归为蜂窝蛋科（Faveoloolithidae）的副蜂窝蛋属，订正为国清寺副蜂窝蛋（*Parafaveoloolithus guoqingsiensis*）；双塘树枝蛋被归入似蜂窝蛋科（Similifaveoloolithidae）的似蜂窝蛋属，修订为双塘似蜂窝蛋（*Similifaveoloolithus shuangtangensis*）（王强 等，2011），所以目前天台盆地可能的树枝蛋科成员仅有树枝树枝蛋（相似种）一种。方晓思等（2005）还描述了广东省河源盆地的树枝蛋属新蛋种——风光村树枝蛋（*D.fengguangcunensis*），然而该蛋化石气孔道发达，贯通整个蛋壳，不具备树枝状分枝的壳单元，所以不应归于树枝蛋类，而很有可能属于蜂窝蛋类。蒙古国的两种树枝蛋——*D.verrucarius* 和 *D.microporosus* 的蛋壳结构致密，壳单元没有分枝（Mikhailov，1991，pl.24，fig.7；Sabath，1991，pl.12，fig.1b；Mikhailov et al.，1994，figure 7.5E，figure 7.6D；Mikhailov，1997，text-fig.19D，H），所以不属于树枝蛋科，而是石笋蛋科的成员（王强 等，2012）。综上所述，目前世界范围内有可靠的树枝蛋类记录的地区只有我国河南省的西峡、淅川盆地和湖北省郧阳的青龙山地区。

湖北省郧阳青龙山地区的树枝蛋类经周修高等(1998)研究后分为王店树枝蛋、土庙岭树枝蛋(*D.tumiaolingensis*)、红寨子树枝蛋(*D.hongzhaiziensis*)和青龙山似树枝蛋(*Paradendroolithus qinglongshanensis*)共 2 个蛋属、4 个蛋种,本次对这些蛋化石重新研究的结果表明这个分类方案需要进行修正(见后文的系统记述)。

(三)郧阳恐龙蛋化石的分类与描述

土庙岭整条剖面上可见 19 个可能的蛋窝(TML-1—TML-19),位于第二至第五产蛋层,每层 2～3 个蛋窝,蛋窝间距 2～5 m。蛋化石的尺寸及数量如表 5-5 所示。

表 5-5　土庙岭剖面上主要蛋窝蛋化石的大小及数量的比较

层位	蛋窝编号	长轴平均值/mm	短轴平均值/mm	蛋化石数量/个
第二产蛋层	TML-1	143.91	134.85	26
	TML-2	139.70	131.78	26
	TML-4	144.55	136.91	61
第三产蛋层	TML-7	142.93	129.45	10
	TML-10	143.82	—	5
第四产蛋层	TML-8	152.54	143.19	16
	TML-9	131.94	—	8
第五产蛋层	TML-14	153.52	140.50	28
	TML-15	145.93	127.09	7
	TML-19	135.99	128.62	8

这些蛋化石的宏观形态均为扁圆形,大小也十分接近,蛋壳的显微结构显示它们绝大多数都属于树枝蛋科,且可归于同一蛋种。

树枝蛋科 Dendroolithidae Zhao et Li,1988

扁圆蛋属 *Placoolithus* Zhao et Zhao,1998

修订属征　蛋化石扁圆形,赤道面圆形或近圆形,赤道面长轴为 120～170 mm,短轴为 113～158 mm。蛋化石在蛋窝中上下重叠,或相互间保持一定的距离,总体排列方式不规则。蛋壳厚度为 1.26～2.40 mm,融合层占壳厚的 1/10～1/4,壳单元常在蛋壳中部出现对称或不对称的分枝,有的分枝也接近蛋壳内表面,蛋壳中部弦切面上壳单元直径为 0.05～0.37 mm,密度为 17～63 个/mm²。

土庙岭扁圆蛋 *Placoolithus tumiaolingensis*（Zhou et al.，1998）Zhang，Yang，Li et Hu，2018

Dendroolithus tumiaolingensis：周修高 等，1998，3 页，图版Ⅰ，图 10、11

Dendroolithus hongzhaiziensis：周修高 等，1998，4 页，图版Ⅰ，图 1—9

Paradendroolithus qinglongshanensis：周修高 等，1998，4 页，图版Ⅱ，图 3—6

归入标本　HOZ11，一枚基本完整的蛋化石；HYQB811—HYQB813，同一蛋窝中一个钝端略有破损和两个明显破损的蛋化石；TML-1 的 1、5、6、7、8、10、11、13 号蛋；TML-2 的 3、5、7、15、16 号蛋；TML-4、TML-7、TML-8、TML-9、TML-10、TML-14、TML-15 和 TML-19 均为不完整的蛋窝。

地点与层位　湖北省郧阳贺家沟村土庙岭；上白垩统高沟组。

鉴别特征　蛋化石扁圆形，赤道面圆形或近圆形，赤道面长轴为 128～170 mm，短轴为 113～158 mm。蛋壳厚度为 1.52～2.40 mm，融合层占壳厚的 1/10～1/4。壳单元为长柱状，常在蛋壳中部分为对称的两枝，少数情况下出现不对称分枝。壳单元通常较纤细，在径切面上的宽度为 0.11～0.21 mm，排列较紧密，间隙的宽度一般不超过壳单元的宽度。蛋壳中部弦切面上壳单元直径为 0.05～0.21 mm，平均为 0.15 mm，壳单元密度为 31～55 个/mm²。

描述　这是土庙岭剖面上数量最多，蛋壳结构变异范围最大的一个蛋种。TML-1 为相当分散的 26 枚蛋化石（图 5-17），分布区域长 4.3 m、宽 1.8 m，有 13 枚完全暴露在地表，另有 8 个印模，目前不能确定它们是否属于同一窝蛋。其中 1、5、6、7、8、10、11、13 号蛋为土庙岭扁圆蛋，赤道面长轴为 136.44～161.90 mm，平均为 149.05 mm；仅两枚蛋可测量短轴，分别为 135.82 mm 和 150.84 mm。具体测量数据如表 5-6 所示。

表 5-6　TML-1 中土庙岭扁圆蛋的测量数据

编号	长轴/mm	短轴/mm	形状指数 */%
1	139.64	135.82	97.26
5	152.68	150.84	98.79
6	154.58	—	—
7	161.90	—	—
11	136.44	—	—

注：* 这里的形状指数是指赤道面的形状指数，为赤道面短轴与赤道面长轴长度之比，下同。

TML-2 的蛋化石分布范围长 3 m、宽 2.1 m，情况同 TML-1 类似，蛋化石也相对分散，包括印模在内可见 26 枚（图 5-18）。其中 3、5、7、15、16 号蛋为土庙岭扁圆蛋，赤道面长轴为 127.32～144.22 mm，平均为 137.84 mm；短轴为 116.78～138.44 mm，平均为 130.23 mm。具体测量数据如表 5-7 所示。

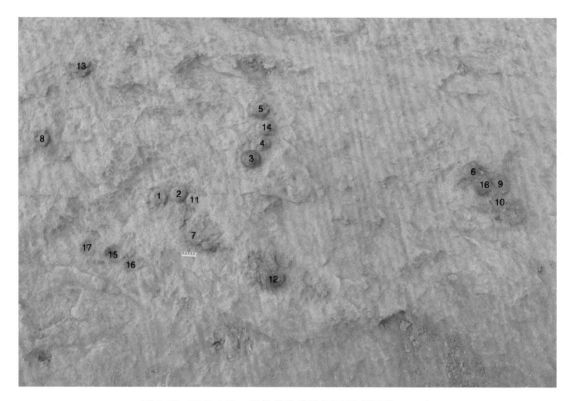

图 5-17　TML-1 为一组较分散的蛋化石(比例尺为 10 cm)

表 5-7　TML-2 中土庙岭扁圆蛋的测量数据

编号	长轴/mm	短轴/mm	形状指数/%
3	144.22	138.44	95.99
5	137.82	135.48	98.30
15	141.98	—	—

　　TML-4 是整个核心区中规模最大、保存得最为完整的蛋窝,目前已暴露出来的总共有77 枚蛋化石(含印模),明显地排成接近半圆的弧形条带,直径为 3.06 m,含蛋部分的宽度为0.87~1.31 m。从蛋窝的两端看,这窝蛋上下至少共有 3 层,上一层的蛋直接重叠在下一层蛋之上(图 5-19)。从图上最左边还可以看到大约 6 个印模,它们的位置比这窝蛋稍高,没有直接与下面的蛋化石接触,尚不能确定它们是属于这一窝蛋还是代表另一窝蛋。

　　编号为 1、2、3、4、11、14、15、19、20、21、22、24、25、29、31 的蛋化石蛋壳较厚,它们基本都位于这个蛋窝的一端。可测量的蛋化石赤道面长轴为 132.68~154.12 mm,平均为 141.09 mm;短轴为 116.60~145.04 mm,平均为 130.30 mm。(表 5-8)

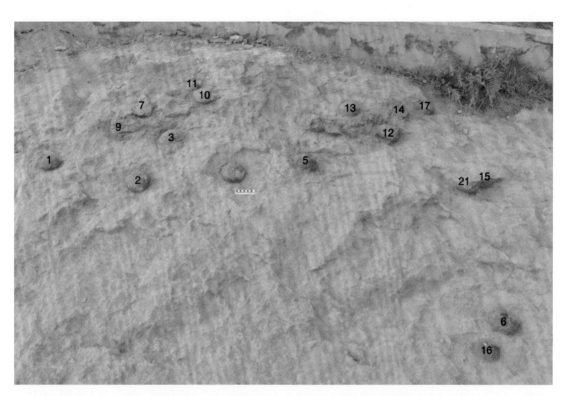

图 5-18　TML-2 为一组较分散的蛋化石，带红色和蓝色编号的为可能的不同类型的蛋化石（比例尺为 10 cm）

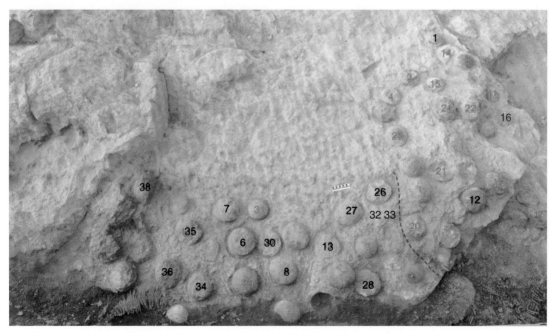

图 5-19　TML-4 为不完整的蛋窝，带蓝色编号的为蛋壳较厚的蛋化石，黑色编号的为蛋壳较薄的蛋化石，红色编号的为可能的不同类型蛋化石，虚线为蛋壳较厚与较薄的蛋化石大致的分界线（比例尺为 10 cm）

表 5-8   TML-4 中部分蛋化石的测量数据

编号	长轴/mm	短轴/mm	形状指数/%
1	136.46	116.60	85.45
2	132.86	119.80	90.17
3	142.84	134.32	94.04
4	137.80	131.42	95.37
25	142.48	134.62	94.48
29	154.12	145.04	94.11

在 TML-4 之上有 3 枚排成一线的蛋化石和另两枚位置较高的蛋化石,由于它们上下相隔较远,应当分别属于两窝蛋[图 5-20(a)]。位置较低的那一窝为土庙岭扁圆蛋,赤道面直径分别为 139.60 mm、135.24 mm 和 162.76 mm。这些蛋化石现已不存。

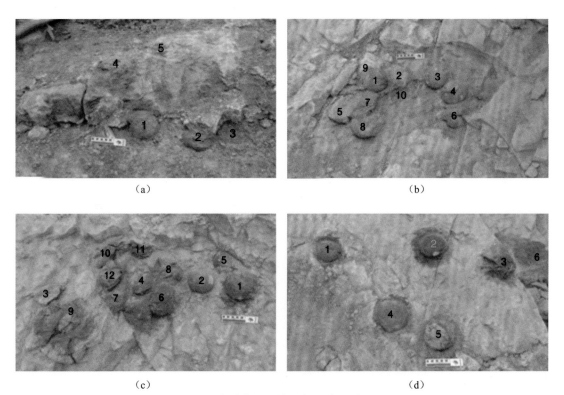

（a）   （b）

（c）   （d）

图 5-20   土庙岭扁圆蛋的蛋窝（比例尺为 10 cm）

（a）TML-4 之上的蛋化石；（b）TML-7；（c）TML-8；（d）TML-15,蓝色编号的为可能的不同类型蛋化石

TML-7 为一个不完整蛋窝,10 枚蛋化石紧密地排列在一起,排列方式无规律[图 5-20

（b）］。赤道面长轴为 130.42～148.04 mm，平均为 142.93 mm；短轴为 125.96～137.54 mm，平均为 129.45 mm。具体测量数据如表 5-9 所示。

表 5-9　TML-7 中部分蛋化石的测量数据

编号	长轴/mm	短轴/mm	形状指数/%
1	146.30	126.90	86.74
2	146.96	125.96	85.71
3	148.04	137.54	92.91
4	130.42	127.40	97.68

TML-8 共可见 16 枚蛋化石（含印模），为一个不完整蛋窝，蛋化石排列紧密，上下略有重叠，整体上不规则［图 5-20（c）］。可测量的蛋化石赤道面长轴和短轴的长度及形状指数如表 5-10 所示。

表 5-10　TML-8 中部分蛋化石的测量数据

编号	长轴/mm	短轴/mm	形状指数/%
1	157.40	145.60	92.50
2	156.92	142.48	90.80
3	—	141.48	98.73

TML-14 为一个不完整蛋窝，略呈弧形，最长处为 1.82 m，最宽处为 0.93 m，可见 28 枚蛋化石（图 5-21）。有几枚蛋化石比其他的略低，说明这些蛋化石也是无规则地重叠在一起的。从保存最好、几乎无形变的几枚蛋化石来看，它们的赤道面很圆，或略偏椭圆。长轴为 131.42～169.98 mm，平均为 153.52 mm；短轴为 127.48～152.72 mm，平均为 140.50 mm。具体数据如表 5-11 所示。

表 5-11　TML-14 中部分蛋化石的测量数据

编号	长轴/mm	短轴/mm	形状指数/%
1	147.16	143.50	97.51
3	133.42	128.90	96.61
4	169.98	—	—
5	159.82	150.66	94.27
6	157.76	148.66	94.23

续表

编号	长轴/mm	短轴/mm	形状指数/%
7	159.50	152.72	95.75
8	151.70	142.24	93.76
9	156.08	140.50	90.02
10	163.22	136.38	83.56
11	162.86	127.48	78.28
12	152.72	146.48	95.91
14	—	140.42	80.04
15	146.90	—	—
20	153.02	—	—
21	131.42	128.36	97.67
23	160.86	128.74	80.03
24	154.40	151.98	98.43

图 5-21　TML-14 为不完整的蛋窝（比例尺为 10 cm）

　　TML-15 为 7 枚分散的蛋化石，其中 5 枚暴露在外，2 枚仍埋藏在岩层中，仅可见断面。暴露在外的这 5 枚蛋化石，两两间都保持着一段距离，与岩层中的 2 枚蛋化石之间也有一段距离，所以还不能完全确认这 7 枚蛋化石属于同一个蛋窝［图 5-20(d)］。属于土庙岭扁圆蛋的包括 3 号蛋和 5 号蛋，其中 5 号蛋赤道面长轴为 135.10 mm，短轴为 130.76 mm，形状指数为 96.79%。

TML-19 为分布较为均匀的 8 枚蛋化石,相邻蛋化石之间的间距几乎相等[图 5-22(a)]。蛋化石赤道面长轴为 128.46～142.68 mm,平均为 135.99 mm;短轴为 122.20～136.16 mm,平均为 128.62 mm。具体数据如表 5-12 所示。

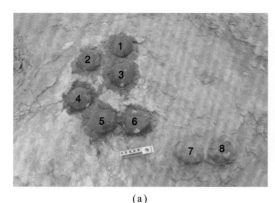 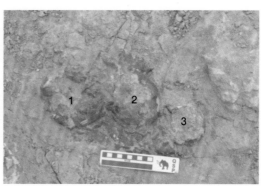

(a) (b)

图 5-22 TML-19 及其附近的 3 枚蛋化石(比例尺为 10 cm)

(a)TML-19,不完整的蛋窝;(b)TML-18

表 5-12 TML-19 全部蛋化石的测量数据

编号	长轴/mm	短轴/mm	形状指数/%
1	141.20	131.46	93.10
2	141.26	136.16	96.39
3	136.28	126.66	92.94
4	128.46	122.20	95.13
5	130.50	129.70	99.39
6	131.04	—	—
7	136.48	125.54	91.98
8	142.68	—	—

在 TML-19 附近还有 3 枚紧密排列在一起的、严重变形的蛋化石,大小与 TML-19 的蛋化石差不多,但很有可能是另一窝蛋[TML-18,图 5-22(b)]。

土庙岭扁圆蛋的蛋壳厚度以 TML-7 中的最薄,为 1.52～1.68 mm;TML-14 中的略厚,为 1.94～2.07 mm(表 5-13)。典型的蛋壳径切面结构可以 TML-4 中的 1 号蛋为代表,壳单元常在蛋壳中部出现对称的分枝,两枝均延伸到近蛋壳外表面的融合层;不对称分枝很少见,有时主枝在融合层之下进一步分为两枝。壳单元在径切面上显示的宽度为 0.11～0.21 mm,多数为

0.16 mm,壳单元间隙多小于壳单元分枝的宽度。融合层厚度约占壳厚的 1/6[图 5-23(a)]。有些蛋壳的壳单元更粗壮[图 5-23(b)],或更纤细,更密集[图 5-23(c)、图 5-23(d)]。蛋壳中部弦切面上壳单元直径为 0.05～0.21 mm,平均为 0.15 mm,壳单元密度为 31～55 个/mm²[图5-25(a)]。

表 5-13　土庙岭扁圆蛋蛋壳测量数据的变异范围

蛋窝编号	壳厚/mm	融合层厚度占壳厚的比例	蛋壳中部的壳单元直径/mm	壳单元密度/（个/mm²）
TML-1	1.68～2.05	1/8～1/4	0.08～0.21	35～52
TML-2	1.78～1.94	1/7	0.13～0.15	37～40
TML-4	1.78～2.40	1/10～1/6	0.11～0.13	34～51
TML-7	1.52～1.68	1/8～1/5	0.08～0.16	47～53
TML-8	1.68～1.78	1/8	0.08～0.18	38
TML-14	1.94～2.07	1/10～1/7	0.11～0.18	31
TML-15	2.05	1/8	0.05～0.18	55
	1.63	1/5	0.08～0.21	41
TML-19	1.68～1.84	1/7～1/6	0.11～0.21	41～44

　　注:蛋壳中部的壳单元直径和壳单元密度,TML-8 的数据来自 1 号蛋,TML-14 的数据来自 13 号蛋,TML-15 的两组数据分别来自 3 号蛋和 5 号蛋。

　　少数几枚蛋的蛋壳结构出现了一定的变异,包括 TML-1 的 13 号蛋、TML-2 的 5 号蛋、TML-4 的 20 号蛋、TML-15 的 5 号蛋和 TML-7 的所有蛋。

　　TML-1 的 13 号蛋的蛋壳厚度较大,为 2.05 mm,融合层薄,仅占壳厚的 1/8,有可能是风化所致。壳单元细长,在径切面上显示的宽度为 0.05～0.11 mm,间距与壳单元本身的宽度相当或更大。壳单元在蛋壳中部常出现不对称分枝,侧枝一般较短,主枝在近外表面处分成对称的两枝,少数壳单元侧枝也延伸到融合层[图 5-24(a)]。蛋壳中部弦切面上壳单元直径较小,平均为 0.13 mm,与径切面上壳单元细长的特征相符,密度偏大,为 52 个/mm²[图 5-25(b)]。虽然 13 号蛋与周围的蛋化石在蛋壳结构特征上有一定的区别,但没有发现其他蛋化石具有与之完全一致的特征,所以暂将这些特征视为蛋化石个体间的变异。

　　TML-2 的 5 号蛋在某些切片上可看到壳单元在近蛋壳内表面处即分成 3 枝,每个分枝都比较纤细,往往至少有 2 枝延伸到融合层[图 5-24(b)]。这个特征与青龙山似树枝蛋的鉴别特征吻合,但由于并不在每个切片中出现,所以不能算是稳定的分类特征。在大部分切片上,TML-2 的 5 号蛋都具有土庙岭扁圆蛋的典型特征[图 5-23(c)]。

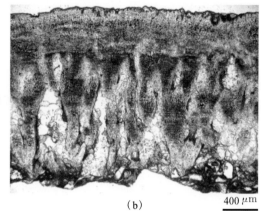

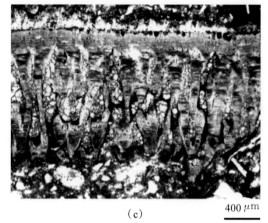

图 5-23　土庙岭扁圆蛋蛋壳径切面显微结构

(a)TML-4 的 1 号蛋；(b)TML-1 的 8 号蛋；(c)TML-2 的 5 号蛋；(d) TML-2 的 15 号蛋

　　TML-4 的 20 号蛋的蛋壳特别厚，为 2.40 mm，壳单元更细一些[图 5-24(c)]。蛋壳中部弦切面上壳单元平均直径较小，为 0.11 mm，密度较大，为 51 个/mm²[图 5-25(c)]。

　　TML-7 的蛋壳较薄，厚度为 1.52～1.68 mm，有些是因为内外表面保存得不完整(如 2 号蛋和 5 号蛋)，有些则是本身就较薄(如 3 号蛋和 7 号蛋)。2 号蛋和 7 号蛋的壳单元相对稀疏，一些壳单元在蛋壳近内表面处即出现对称的分枝，然后其中一个分枝在蛋壳中部又分成两枝，这一点在其他的蛋窝的蛋化石中不多见[图 5-24(d)]。3 号蛋的壳单元较纤细，总体结构与 TML-2 的 5 号蛋极其相似[图 5-24(e)]。TML-7 的蛋化石在蛋壳中部弦切面上壳单元的直径和密度与典型的土庙岭扁圆蛋没有明显差异[图 5-25(d)]。

　　TML-15 的 5 号蛋的蛋壳稍薄，与 TML-7 中的蛋化石相当，为 1.63 mm，其中融合层厚度约占 1/5。壳单元多为细长的柱状，排列紧密，少数壳单元在蛋壳中部出现不对称分枝，侧枝短小[图 5-24(f)]，总体上与 TML-2 的 5 号蛋和 TML-7 的 3 号蛋接近。

　　除了上述的变异以外，土庙岭扁圆蛋的蛋壳还存在一些更大的结构上的变异。例如 TML-4中编号为 6、7、8、12、13、26、27、28、30、34、35、36、38 的蛋化石，蛋壳厚度为 1.42～

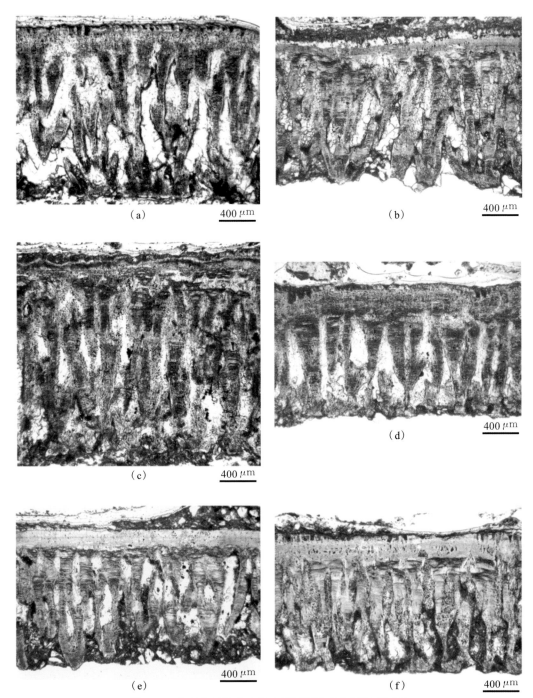

图 5-24 出现变异的土庙岭扁圆蛋蛋壳径切面显微结构

(a) TML-1 的 13 号蛋;(b)TML-2 的 5 号蛋;(c)TML-4 的 20 号蛋;(d)TML-7 的 7 号蛋;(e) TML-7 的 3 号蛋;(f)TML-15 的 5 号蛋

1.58 mm,融合层厚度占壳厚的 1/10～1/4。壳单元多为柱状,向蛋壳外表面方向逐渐增粗,部分壳单元在蛋壳中部出现对称的分枝。蛋壳中部弦切面上壳单元直径为 0.11～0.21 mm,

平均为 0.16 mm，密度为 29～34 个/mm²。（表 5-14、图 5-26）

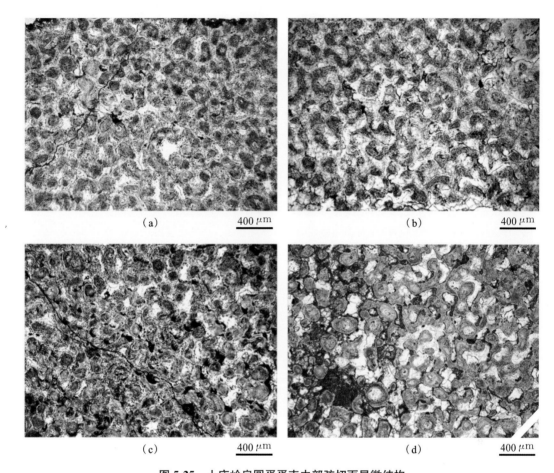

（a）　　　　　　　　　　　　　　（b）

（c）　　　　　　　　　　　　　　（d）

图 5-25　土庙岭扁圆蛋蛋壳中部弦切面显微结构

（a）TML-4 的 3 号蛋；（b）TML-1 的 13 号蛋；（c）TML-4 的 20 号蛋；（d）TML-7 的 3 号蛋

表 5-14　TML-4 中蛋壳较薄的蛋化石的测量数据

编号	长轴/mm	短轴/mm	形状指数/%
6	161.18	158.56	98.37
7	145.70	143.94	98.79
8	151.86	146.67	96.58
12	132.60	—	—
13	152.44	137.56	90.24
28	143.76	134.48	93.54

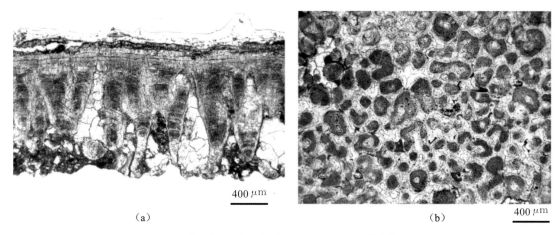

(a) 400 μm (b) 400 μm

图 5-26 TML-4 中蛋壳较薄的蛋化石显微结构

(a)13 号蛋蛋壳径切面；(b)38 号蛋蛋壳中部弦切面

TML-9 为包含 8 枚蛋化石的不完整蛋窝(图 5-27)。蛋化石扁圆形,蛋壳厚度为 1.78～1.94 mm,融合层厚度占壳厚的 1/9～1/6,壳单元多为柱状,向蛋壳外表面方向逐渐增粗,或在蛋壳中部及近内表面处出现对称的分枝,不同的蛋化石上壳单元的直径变化较大。(表 5-15)

表 5-15 TML-9 中部分蛋化石的测量数据

编号	3	4	6	8
直径/mm	135.12	145.40	97.14	144.74

图 5-27 TML-9 为不完整的蛋窝,附近有 4 枚分散的蛋化石(比例尺为 10 cm)

　　已采样的蛋化石的蛋壳厚度为 1.78～1.94 mm,融合层厚度占壳厚的 1/9～1/6,蛋壳壳单元分枝较少,多数为柱状,不同蛋化石间在壳单元直径上出现了较大的变异。3 号蛋和 6 号蛋的壳单元十分粗壮,径切面上宽度为 0.16～0.31 mm,多数为 0.21 mm[图 5-28(a)];7 号蛋的壳单元非常纤细,宽度为 0.11～0.21 mm,多数为 0.16 mm。相应地,3 号蛋和 6 号蛋的壳单元间隙很窄,有的壳单元甚至紧挨在一起,7 号蛋的壳单元间隙则发达得多[图 5-28(b)]。从蛋壳中部弦切面上看,6 号蛋和 7 号蛋的差异也很明显[图 5-28(c)、图 5-28(d)];6 号蛋壳单元直径为 0.03～0.37 mm,平均为 0.25 mm,壳单元密度为 17 个/mm²;7 号蛋壳单元直径为 0.05～0.24 mm,平均为 0.15 mm,壳单元密度为 29 个/mm²。

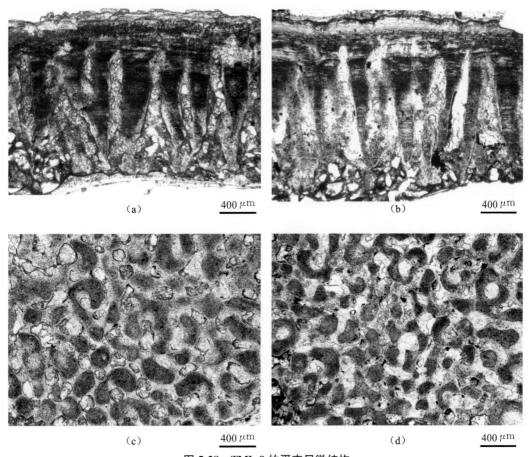

图 5-28　TML-9 的蛋壳显微结构

(a)6 号蛋蛋壳径切面;(b)7 号蛋蛋壳径切面;(c)6 号蛋蛋壳中部弦切面;(d)7 号蛋蛋壳中部弦切面

　　TML-10 为包含 5 枚蛋化石的不完整蛋窝。蛋化石扁圆形,赤道面直径为 132.56～155.08 mm,在蛋窝中上下重叠,排列方式不规则。蛋壳厚度为 1.73～1.78 mm,融合层厚度占壳厚的1/7。蛋壳壳单元纤细,在径切面上的宽度为 0.05～0.14 mm,壳单元第一次出现对称分枝的位置接近蛋壳内表面,部分分枝在接近融合层处进一步分成对称的两枝。蛋壳下部壳单元间隙很大,到上部则逐渐减小,近蛋壳外表面处壳单元排列紧密,几乎无间隙。蛋壳中部弦切面上壳

单元的直径为 $0.08 \sim 0.13$ mm，平均为 0.11 mm，壳单元密度为 63 个/mm^2。（图 5-29）

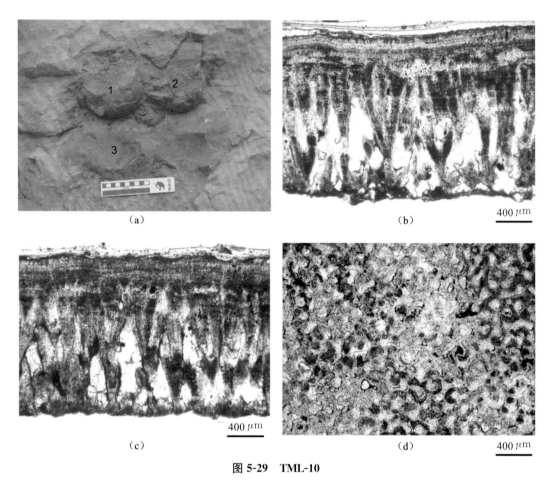

图 5-29　TML-10

(a)不完整的蛋窝(比例尺为 10 cm)；(b)1 号蛋蛋壳径切面显微结构；(c)2 号蛋蛋壳径切面显微结构；
(d)1 号蛋蛋壳中部弦切面显微结构

比较与讨论　周修高等(1998)将郧阳的树枝蛋类分成了 2 个蛋属、4 个蛋种：王店树枝蛋、土庙岭树枝蛋、红寨子树枝蛋和青龙山似树枝蛋，其中土庙岭树枝蛋和红寨子树枝蛋都是扁圆形，与土庙岭剖面上的蛋化石相同。根据文章提供的图片来看(周修高 等，1998，图版 Ⅰ，图 1—11；图版 Ⅱ，图 3—6)，土庙岭树枝蛋的蛋壳显微结构与 TML-4 的 1 号蛋相同；红寨子树枝蛋的蛋壳显微结构与 TML-4 中厚度较大的蛋壳，如 19 号蛋和 20 号蛋的相同；青龙山似树枝蛋的蛋壳显微结构与 TML-2 的 5 号蛋相同。实际上这 3 个"蛋种"显示的是同一蛋种，土庙岭树枝蛋不同蛋化石间的变异。虽然在蛋壳厚度和显微结构上与王店树枝蛋[图5-30(c)]难以区分，只是多数情况下融合层较薄[图 5-30(a)、图 5-30(b)]，但由于外形和在蛋窝中的排列方式与滔河扁圆蛋非常相似，所以将土庙岭树枝蛋改归为扁圆蛋属，称为土庙岭扁圆蛋。

土庙岭扁圆蛋的蛋壳厚度一般比滔河扁圆蛋的大。从蛋壳结构上来说,滔河扁圆蛋的壳单元在蛋壳中部多出现不对称分枝,壳单元向蛋壳外表面方向明显增粗,融合层的相对厚度(占壳厚的1/4)也比多数的土庙岭扁圆蛋大(赵宏 等,1998),二者可以相互区别。[图5-30(d)]

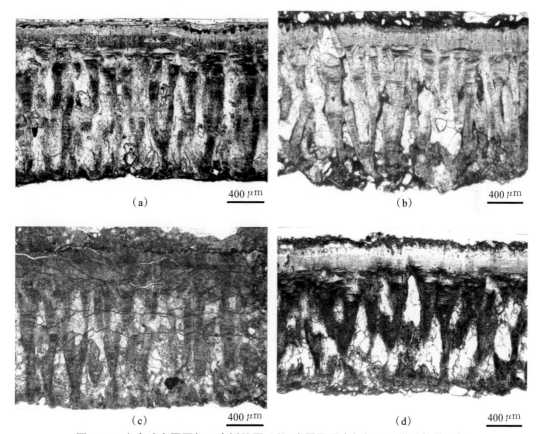

(a)   400 μm   (b)   400 μm

(c)   400 μm   (d)   400 μm

图5-30 土庙岭扁圆蛋与王店树枝蛋、滔河扁圆蛋蛋壳径切面显微结构的比较

(a)土庙岭扁圆蛋 TML-2 的 15 号蛋;(b)土庙岭扁圆蛋 TML-15 的 3 号蛋,示较薄的融合层;(c)王店树枝蛋;(d)滔河扁圆蛋

河南西峡的三里庙树枝蛋和树枝树枝蛋也都是扁圆形,大小也与土庙岭扁圆蛋相当。其中三里庙树枝蛋的蛋壳径切面显微结构与土庙岭扁圆蛋非常相似,但蛋壳明显较薄,仅厚1 mm;树枝树枝蛋的壳单元分枝较少,径切面上壳单元间距通常达到或超过壳单元的宽度,壳单元排列得比土庙岭扁圆蛋松散(方晓思 等,1998)。

五、郧阳恐龙蛋化石群与我国其他盆地恐龙蛋化石群的对比

我国的恐龙蛋化石多产自沉积了晚白垩世红色陆源碎屑岩的断陷盆地中,其中比较著名且研究得比较详细的蛋化石产地有山东省莱阳盆地、广东省南雄盆地、河南省西峡盆地及浙

川盆地和浙江省天台盆地。这些不同的盆地所产的蛋化石组合和地层的时代均有所不同,现逐一简介,将郧阳的蛋化石群与这些盆地的进行对比,并对其可能代表的地质时代进行讨论。

1. 山东省莱阳盆地含恐龙蛋化石地层及其恐龙蛋类群

莱阳盆地(或称胶莱盆地、莱诸盆地)是我国恐龙蛋化石发现和研究最早的地区。盆地中含恐龙蛋化石地层主要为一套河湖相的棕红色、砖红色砂砾岩及红色粉砂岩、泥岩。这套沉积最早由谭锡畴(1923)命名为"王氏系",其后历有"王氏组""王氏群"等不同的名称(王恒生,1930;山东省地质矿产局,1991;赵资奎,1979;Zhao,1994),关于盆地内地层的划分与对比、时代归属、岩层界线等问题仍存在不同的认识。胡承志等(2001)将王氏群由下而上划分为:辛格庄组、将军顶组、金刚口组和常旺铺组,其中常旺铺组被认为仅在诸城存在,而在莱阳缺失。根据地层中脊椎动物,特别是鸭嘴龙类、安氏原角龙,以及无脊椎动物和孢粉等生物化石的对比,胡承志等(2001)认为王氏群底部辛格庄组的时代相当于塞诺曼期—土伦期(Cenomanian—Turonian),中部将军顶组相当于康尼亚克期—圣通期(Coniacian—Santonian),而上部金刚口组相当于坎潘期(Campanian),顶部的常旺铺组由于化石较少,推测相当于马斯特里赫特期(Maastrichtian)。

迄今为止,莱阳盆地已记述 4 个蛋科、5 个蛋属和 11 个蛋种的恐龙蛋化石,主要产自王氏群中部的将军顶组和上部的金刚口组(刘东生,1951;杨钟健,1954,1965;周明镇,1954;赵资奎,1979;刘金远 等,2004;Zhao,1994;Zhou,1951)。其中将军顶组以圆形蛋类为主,含有少量的长形蛋类和网形蛋类的分子;金刚口组以椭圆形蛋类为主,并含有少量的圆形蛋类和长形蛋类的分子(表5-16)。

表 5-16   莱阳盆地恐龙蛋类群

层位	蛋化石类型
金刚口组	椭圆形蛋科 Ovaloolithidae Mikhailov,1991 　　金刚口椭圆形蛋 *Ovaloolithus chinkangkouensis* Zhao,1979 　　三条纹椭圆形蛋 *Ovaloolithus tristriatus* Zhao,1979 　　单纹椭圆形蛋 *Ovaloolithus monostriatus* Zhao,1979 　　混杂纹椭圆形蛋 *Ovaloolithus mixtistriatus* Zhao,1979 　　薄皮椭圆形蛋 *Ovaloolithus laminadermus* Zhao,1979 长形蛋科 Elongatoolithidae Zhao,1975 　　安氏长形蛋 *Elongatoolithus andrewsi* Zhao,1975 　　长形长形蛋 *Elongatoolithus elongatus* Zhao,1975 圆形蛋科 Spheroolithidae Zhao,1979 　　二连副圆形蛋 *Paraspheroolithus irenensis* Zhao,1979

续表

层位	蛋化石类型
将军顶组	圆形蛋科 Spheroolithidae Zhao，1979 　　将军顶圆形蛋 *Spheroolithus chiangchiungtingensis* Zhao，1979 　　厚皮圆形蛋 *Spheroolithus megadermus* Zhao，1979 　　二连副圆形蛋 *Paraspheroolithus irenensis* Zhao，1979 长形蛋科 Elongatoolithidae Zhao，1975 　　安氏长形蛋 *Elongatoolithus andrewsi* Zhao，1975 网形蛋科 Dictyoolithidae Zhao，1994 　　蒋氏原网形蛋 *Protodictyoolithus jiangi*（Liu et Zhao，2004）

2. 广东省南雄盆地含恐龙蛋化石地层及其恐龙蛋类群

南雄盆地广泛分布着晚白垩世－古新世陆相红层,其中产恐龙蛋化石的南雄群自下而上分为园圃组和坪岭组(赵资奎 等,1991),主要由河湖相红色砾岩、含砾砂岩、粉砂岩和泥岩等组成。许多学者已经对南雄盆地进行了年代学、古地磁和较深入系统的生物地层学研究,认为南雄群代表了晚白垩世最晚期的沉积,相当于坎潘期—马斯特里赫特期(Campanian—Maastrichtian),并确认富含恐龙蛋的坪岭组和上覆上湖组之间的界线为陆相白垩系－古近系界线(赵资奎 等,1991)。因此,南雄盆地被认为是研究白垩系—古近系界线及其白垩纪末全球生物大绝灭事件较为理想的地点(凌秋贤 等,2005;赵资奎 等,1991,1998,2000,2009;Zhao et al.,1993,2000,2002)。

目前,南雄群沉积中已记述的恐龙蛋化石包括4个蛋科、8个蛋属和11个蛋种,以及一些未正式定名的新属种(杨钟健,1965;赵资奎,1975;赵资奎 等,1991,2009;Zhao,1994,2000)。恐龙蛋化石以长形蛋类最为丰富,除了长形蛋化石外,在下部的园圃组仅发现少量的椭圆形蛋类,上部的坪岭组发现棱柱形蛋类、椭圆形蛋类和大圆蛋类(表5-17)。

表 5-17　南雄盆地恐龙蛋类群

层位	蛋化石类型
坪岭组	长形蛋科 Elongatoolithidae Zhao，1975 　　瑶屯巨形蛋 *Macroolithus yaotunensis* Zhao，1975 　　粗皮巨形蛋 *Macroolithus rugustus* Zhao，1975 　　安氏长形蛋 *Elongatoolithus andrewsi* Zhao，1975 　　长形长形蛋 *Elongatoolithus elongatus* Zhao，1975 　　主田南雄蛋 *Nanhsiungoolithus chuetienensis* Zhao，1975 　　水南光滑蛋 *Apheloolithus shuinanensis* Zhao et al.，1999

续表

层位	蛋化石类型
	椭圆形蛋科 Ovaloolithidae Mikhailov，1991
	金刚口椭圆形蛋 *Ovaloolithus chinkangkouensis* Zhao，1979
	薄皮椭圆形蛋 *Ovaloolithus laminadermus* Zhao，1979
	石笋蛋科 Stalicoolithidae Wang et al.，2012
	艾氏始兴蛋 *Shixingoolithus erbeni* Zhao et al.，1991
	大圆蛋科 Megaloolithidae Zhao，1979
	坪岭叠层蛋 *Stromatoolithus pinglingensis* Zhao et al.，1991
	棱柱形蛋科 Prismatoolithidae Hirsch，1994
	湖口棱柱形蛋 *Prismatoolithus hukouensis* Zhao，2000
园圃组	长形蛋科 Elongatoolithidae Zhao，1975
	瑶屯巨形蛋 *Macroolithus yaotunensis* Zhao，1975
	粗皮巨形蛋 *Macroolithus rugustus* Zhao，1975
	安氏长形蛋 *Elongatoolithus andrewsi* Zhao，1975
	长形长形蛋 *Elongatoolithus elongatus* Zhao，1975
	主田南雄蛋 *Nanhsiungoolithus chuetienensis* Zhao，1975
	椭圆形蛋科 Ovaloolithidae Mikhailov，1991
	金刚口椭圆形蛋 *Ovaloolithus chinkangkouensis* Zhao，1979

3. 河南省西峡盆地含恐龙蛋化石地层及其恐龙蛋类群

西峡盆地是我国恐龙蛋化石最为丰富的地区之一，含恐龙蛋地层主要为一套河湖相的红色砾岩、砂岩和泥岩沉积。目前关于西峡盆地含恐龙蛋地层的划分有不同的方案。程政武等（1995）和方晓思等（1998；2007）将西峡盆地含恐龙蛋地层自下而上分为走马岗组、赵营组和六爷庙组，而周世全等（1997）和朱光有（1997）将这套地层划分为高沟组、马家村组和寺沟组。

王德有等（2008）根据盆地内恐龙蛋、恐龙、双壳类、腹足类、介形类、轮藻、孢粉等生物化石综合分析认为，走马岗组的时代应为晚白垩世早中期，相当于土伦期—康尼亚克期（Turonian—Coniacian），赵营组的时代应为晚白垩世中期，相当于康尼亚克期—圣通期（Coniacian—Santonian），而六爷庙组的时代应为坎潘期（Campanian）。

截至目前，西峡盆地已报道的蛋化石类型有 7 科 9 属 13 种（方晓思 等，1998，2007；王德有 等，1995，2008；王强 等，2012；张蜀康，2010；Zhao，1994），主要富集在中下部的走马岗组和赵营组中（表 5-18）。其中，走马岗组和赵营组蛋化石类型多样，而最上部的六爷庙组仅发现红坡网形蛋一种类型。

表 5-18 西峡盆地恐龙蛋类群

层位	蛋化石类型
六爷庙组	网形蛋科 Dictyoolithidae Zhao，1994 　红坡网形蛋 *Dictyoolithus hongpoensis* Zhao，1994
赵营组	树枝蛋科 Dendroolithidae Zhao et Li，1988 　三里庙树枝蛋 *Dendroolithus sanlimiaoensis* Fang et al.，1998 　分叉树枝蛋 *Dendroolithus furcatus* Fang et al.，1998 　树枝树枝蛋 *Dendroolithus dendriticus* Fang et al.，1998 长形蛋科 Elongatoolithidae Zhao，1975 　茧场长形蛋 *Elongatoolithus jianchangensis* Fang et al.，2007 　赤眉长形蛋 *Elongatoolithus chimeiensis* Fang et al.，2007 圆形蛋科 Spheroolithidae Zhao，1979 　阳城副圆形蛋 *Paraspheroolithus yangchengensis* Fang et al.，1998 石笋蛋科 Stalicoolithidae Wang et al.，2012 　石嘴湾珊瑚蛋 *Coralloidoolithus shizuiwanensis*（Fang et al.，1998） 棱柱形蛋科 Prismatoolithidae Hirsch，1994 　棱柱形蛋（未定种）*Prismatoolithus* oosp.Zhao，2003 巨型长形蛋科 Macroelongatoolithidae Wang et Zhou，1995 　西峡巨型长形蛋 *Macroelongatoolithus xixiaensis* Li et al.，1995
走马岗组	树枝蛋科 Dendroolithidae Zhao et Li，1988 　树枝树枝蛋 *Dendroolithus dendriticus* Fang et al.，1998 蜂窝蛋科 Faveoloolithidae Zhao et Ding，1976 　西坪杨氏蛋 *Youngoolithus xipingensis* Fang et al.，1998 长形蛋科 Elongatoolithidae Zhao，1975 　杨家沟长形蛋 *Elongatoolithus yangjiagouensis* Fang et al.，2007 巨型长形蛋科 Macroelongatoolithidae Wang et Zhou，1995 　西峡巨型长形蛋 *Macroelongatoolithus xixiaensis* Li et al.，1995 网形蛋科 Dictyoolithidae Zhao，1994 　内乡原网形蛋 *Protodictyoolithus neixiangensis*（Zhao，1994）

4. 河南省淅川盆地含恐龙蛋化石地层及其恐龙蛋类群

淅川盆地紧邻西峡盆地，盆地内发育一套由粉砂岩和泥岩为主的含恐龙蛋化石红层沉积。1974 年，河南地质十二队首先在盆地内发现了成窝保存的恐龙蛋化石，并将盆地内的地层自下而上分为 3 个组：高沟组、马家村组和寺沟组（赵宏 等，1998）。这套地层与西峡盆地相比,沉积物的粒度较细。

目前盆地内已经记述的恐龙蛋化石包括长形蛋类、圆形蛋类、椭圆形蛋类和树枝蛋类等 4 个蛋科、6 个蛋属和 6 个蛋种(赵宏 等,1998),如表 5-19 所示。由于恐龙蛋数量较少,总体上没有占主导的蛋化石类型,但长形蛋相对较多。

表 5-19   浙川盆地恐龙蛋类群

层位	蛋化石类型
寺沟组	长形蛋科 Elongatoolithidae Zhao,1975 　　长形蛋(未定种)*Elongatoolithus* oosp. 椭圆形蛋科 Ovaloolithidae Mikhailov,1991 　　金刚口椭圆形蛋 *Ovaloolithus chinkangkouensis* Zhao,1979
马家村组	长形蛋科 Elongatoolithidae Zhao,1975 　　长形蛋(未定种)*Elongatoolithus* oosp. 　　主田南雄蛋 *Nanhsiungoolithus chuetienensis* Zhao,1975 圆形蛋科 Spheroolithidae Zhao,1979 　　二连副圆形蛋 *Paraspheroolithus irenensis* Zhao,1979 树枝蛋科 Dendroolithidae Zhao et Li,1988 　　滔河扁圆蛋 *Placoolithus taohensis* Zhao et Zhao,1998
高沟组	树枝蛋科 Dendroolithidae Zhao et Li,1988 　　淅川树枝蛋 *Dendroolithus xichuanensis* Zhao et Zhao,1998

5. 浙江省天台盆地含恐龙蛋化石地层及其恐龙蛋类群

天台盆地位于浙江省东部,主要充填白垩系天台群的火山岩系与河湖相沉积。1978 年,浙江省区域地质调查大队在进行 1:20 万区调时,在天台盆地测制了赖家和清溪剖面,将盆地内红层划分为赖家组一段和二段,并首次发现了恐龙蛋及骨骼化石,据此确认了盆地内存在上白垩统地层(浙江省地质矿产局,1989)。1995 年,在进行岩石地层清理时,对天台盆地的红层进行了新的划分,取消赖家组,以新测的两头塘—石塘下剖面与西清溪—西塘剖面衔接创建两头塘组,取代原赖家组一段,以赤城山组取代原赖家组二段(浙江省区域地质调查大队,1995)。2003 年,方晓思等认为浙江省区域地质调查大队建立的两头塘组上、下两段剖面之间没有明显的对应标志层,不能保证地层的连续性,并且认为两头塘—石塘下剖面之间存在间断等,导致两头塘组与赤城山组含义不清,据此将他们新测的金村剖面与原赖家剖面的赖家组一段修订为新的赖家组,与下伏塘上组假整合接触,将上覆的原赖家组二段称为赤城山组。2007 年以来,王强等在天台盆地测制了金村—赖家—方山、屯桥—枧头和柑橘场—国清寺共 3 条剖面,认为方晓思等(2003)关于天台盆地赖家组和赤城山组的划分方案是较为合理的,其中下伏的塘上组同位素年龄数据显示其属于早白垩世晚期,赖家组和赤城山组的时代为塞诺曼期—土伦期(Cenomanian—Turonian)。

天台盆地的蛋化石类型非常丰富,共发现了 8 个蛋科、12 个蛋属和 15 个蛋种(王强 等,2010a;2010b;2011;2012)。赖家组出产的蛋化石以蜂窝蛋类为主要类群;赤城山组中的蛋化石类型更多,数量也大,包括长形蛋科、巨型长形蛋科和网形蛋科等多种类型(表 5-20)。

表 5-20　天台盆地恐龙蛋类群

层位	蛋化石类型
赤城山组	长形蛋科 Elongatoolithidae Zhao，1975 　　网纹副长形蛋 *Paraelongatoolithus reticulatus* Wang et al.，2010 巨型长形蛋科 Macroelongatoolithidae Wang et Zhou，1995 　　西峡巨型长形蛋 *Macroelongatoolithus xixiaensis* Li et al.，1995 　　桥下巨型纺锤蛋 *Megafusoolithus qiaoxiaensis* Wang et al.，2010 蜂窝蛋科 Faveoloolithidae Zhao et Ding，1976 　　国清寺副蜂窝蛋 *Parafaveoloolithus guoqingsiensis*（Fang et al.，2000） 　　木鱼山半蜂窝蛋 *Hemifaveoloolithus muyushanensis* Wang et al.，2011 似蜂窝蛋科 Similifaveoloolithidae Wang et al.，2011 　　双塘似蜂窝蛋 *Similifaveoloolithus shuangtangensis*（Fang et al.，2003） 石笋蛋科 Stalicoolithidae Wang et al.，2012 　　始丰石笋蛋 *Stalicoolithus shifengensis* Wang et al.，2012 　　石嘴湾珊瑚蛋 *Coralloidoolithus shizuiwanensis*（Fang et al.，1998） 网形蛋科 Dictyoolithidae Zhao，1994 　　下西山拟网形蛋 *Paradictyoolithus xiaxishanensis* Wang et al.，2013 　　庄前拟网形蛋 *Paradictyoolithus zhuangqianensis* Wang et al.，2013 棱柱形蛋科 Prismatoolithidae Hirsch，1994 　　天台棱柱形蛋 *Prismatoolithus tiantaiensis*（Fang et al.，2000） 蛋科未定 Oofamily indet. 　　张头槽马赛克蛋 *Mosaicoolithus zhangtoucaoensis*（Fang et al.，2000）
赖家组	蜂窝蛋科 Faveoloolithidae Zhao et Ding，1976 　　小孔副蜂窝蛋 *Parafaveoloolithus microporus* Zhang，2010 　　大孔副蜂窝蛋 *Parafaveoloolithus macroporus* Zhang，2010 　　田思村副蜂窝蛋 *Parafaveoloolithus tiansicunensis* Zhang，2010 蛋科未定 Oofamily indet. 　　张头槽马赛克蛋 *Mosaicoolithus zhangtoucaoensis*（Fang et al.，2000）

综合上述,郧阳的恐龙蛋化石以树枝蛋类为主,与邻近的河南省西峡和淅川盆地的蛋化

石组合最为接近,其他的盆地都缺乏树枝蛋类。从恐龙蛋的演化规律和地层的时代来看,树枝蛋蛋壳结构较为松散,保持水分和保护胚胎的能力都比长形蛋类、椭圆形蛋类和棱柱形蛋类等具有类似鸟蛋壳结构的蛋化石差,因而属于比较原始的恐龙蛋类型;另外,山东省莱阳盆地和广东省南雄盆地,这些以出产长形蛋类、椭圆形蛋类和棱柱形蛋类为主的盆地含蛋化石地层的地质时代都较晚,代表了晚白垩世中晚期的沉积,而产蜂窝蛋类和网形蛋类的天台盆地含蛋化石地层的地质时代为晚白垩世早期,那么郧阳的蛋化石的地质时代应与河南省的西峡、淅川盆地接近,很可能为晚白垩世早—中期(图 5-31)。

从树枝蛋的种类来看,郧阳的蛋化石群无疑与淅川盆地更为相似,这两个盆地都有滔河扁圆蛋。但是由于对西峡盆地的树枝蛋的研究还不十分充分,仅从文献上提供的照片难以与郧阳的标本进行对比,所以今后还需要进一步开展对西峡盆地树枝蛋类的研究工作。

从地层对比的角度来看,郧阳青龙山地区的地层也完全可以与淅川盆地的对应,再加上恐龙蛋化石类型的一致性,说明在郧阳的马家村组及更高层位的地层中有可能会发现长形蛋类的化石,郧阳青龙山地区恐龙蛋化石的多样性有望得到进一步提升。

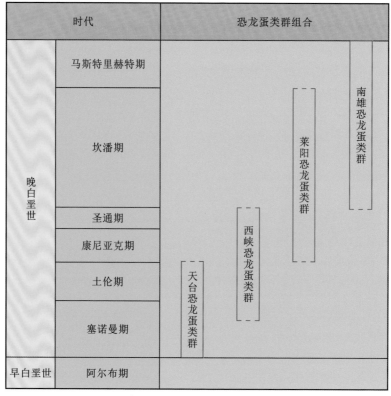

图 5-31　我国发现的主要恐龙蛋类群组合序列

6. 郧阳、郧西与大柳乡恐龙蛋化石的比较

在本次研究工作中,在与郧阳邻近的郧西县也采集到恐龙蛋化石标本。郧西的恐龙蛋化

石与郧阳的恐龙蛋化石在大小和形态上都十分接近,不同的是郧西的恐龙蛋更扁一些,有些还显得略有拉长,赤道面不是那么圆,其测量数据如表 5-21 所示。

表 5-21　郧西恐龙蛋化石测量数据

编号		长轴/mm	短轴/mm	形状指数/%
Y100515-D1♯		140.44	132.52	94.36
Y100515-D2♯	1	175.36	139.78	79.71
	2	155.90	133.52	85.64
	3	129.46	—	
	4	162.68	147.08	90.41
	5	158.54	131.52	82.96
	6	147.38	—	

注:Y100515-D1♯ 为采集的散蛋,Y100515-D2♯ 为保存于郧西国土局的一窝蛋化石。

从蛋壳显微结构上看,郧西的蛋化石也属于树枝蛋类,所采集到的标本属于同一个蛋种。蛋壳厚度为 1.45 mm,壳单元在蛋壳中部有明显的对称分枝,这两点都与郧阳的土庙岭扁圆蛋较为接近,不过与大多数土庙岭扁圆蛋相比,它们的壳单元明显地排列得更分散,壳单元间距与网形蛋类的相似(图 5-32)。由于目前没有蛋壳弦切面的组织切片,所以无法计算蛋壳中部弦切面上壳单元的直径和密度,虽然蛋化石外形和蛋壳径切面结构与土庙岭扁圆蛋有区别,但也不能完全确认它们是否是与土庙岭扁圆蛋不同的蛋种。

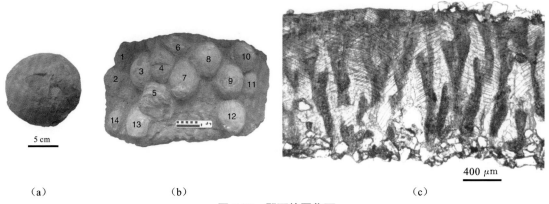

（a）　　　　　　　　　（b）　　　　　　　　　　　　　　　　　（c）

图 5-32　郧西的蛋化石

（a）Y100515-D1♯,产自王家院;（b）Y100515-D2♯,保存于郧西国土局的一窝蛋化石,共 14 枚,比例尺为 10 cm;（c）Y100515-D1♯,蛋壳径切面显微结构另外在大柳盆地的大柳乡白泉村也采集到半枚蛋化石，可测量的长径的最大值为99.58 mm。蛋壳较薄，厚度为1.24 mm。蛋壳多在近内表面处出现对称或不对称的分枝，壳单元间距常大于或等于壳单元的直径，近蛋壳外表面处壳单元相互融合形成融合层，融合层厚度约占壳厚的1/10（图5-33）。从蛋壳径切面显微结构上看，这枚蛋化石也应属于树枝蛋类，壳单元多在近蛋壳内表面处出现分枝，不同于郧阳和郧西的树枝蛋类，是否能够建立新的蛋种还要通过蛋壳弦切面显微结构的比较才能确定。

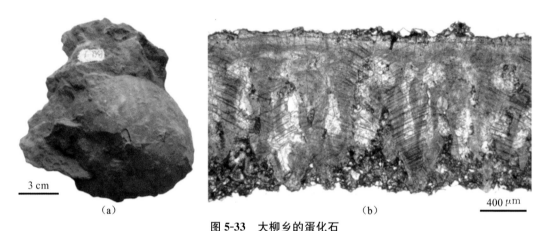

图5-33　大柳乡的蛋化石
（a）半枚蛋化石；（b）蛋壳径切面显微结构

由上述的比较可以看出，郧阳、郧西和大柳乡的蛋化石同属树枝蛋科，只是在细节上有所区别，说明白垩纪时期在这些地区活动着一类亲缘关系很接近的恐龙，也说明了树枝蛋类在这个时期的分布范围是很广的。

7. 在郧阳产蛋的恐龙的繁殖行为

与美国蒙大拿州以发现骨骼化石和碎蛋壳为主的Teton县慈母龙（*Maiasaura peeblesorum*）繁殖地和蛋山的奔山龙（*Orodromeus makelai*）、伤齿龙（*Troodon* sp.）繁殖地不同（Horner，1994），土庙岭剖面上的恐龙蛋为原地埋藏，呈窝状产出，有6个产蛋层，每层有2~3个蛋窝，同一层位的蛋窝间距为2~5 m，目前没有见到任何骨骼化石，与之相似的只有在阿根廷巴塔哥尼亚地区发现的大圆蛋类的蛋窝（Chiappe et al.，2000；2004）。但是在阿根廷发现的蛋窝多已严重风化，仅能辨认出蛋的轮廓，土庙岭剖面上的蛋化石则保存完好，有的蛋窝中可见数层蛋化石叠压在一起，这样的蛋化石群在世界上其他地区从未发现过。可是蛋窝因为未经修理，暴露得均不完整，多数蛋窝的准确结构不清楚，有些相对集中的蛋化石尚不能肯定是否属于同一窝。只有将蛋化石尽量充分地暴露出来，才有可能得到关于恐龙产蛋方式的可靠信息（Cousin et al.，2000）。所以本文中只能根据目前能够观察到的部分蛋化石对恐龙的产蛋行为做出有限的推断。

与在蛋窝中呈放射状排列的长形蛋类和直立于蛋窝中的棱柱形蛋类不同，土庙岭剖面上的部分蛋化石无规则地上下重叠，不同层的蛋化石多直接接触。这样的排列方式还可见于大圆蛋类（Cousin et al.，1994；Moratalla et al.，1994；Sahni et al.，1994；Mohabey，1996；Chiappe et al.，2000；Grellet-Tinner et al.，2004，2006）、蜂窝蛋类（Mikhailov et al.，1994；Huh et al.，2002）、网形蛋类和石笋蛋类（王强 等，2012），意味着蛋化石是被泥土或植被埋藏孵化的，产蛋恐龙的筑巢习性与现代的龟鳖类和鳄类相似。从土庙岭剖面上恐龙蛋窝的密集程度（窝间距仅为2～5 m）来看，产蛋恐龙有集群繁殖的习性，只有发现于法国、印度和阿根廷的大圆蛋类可与之相比（Cousin et al.，1994；Moratalla et al.，1994；Mohabey，1996；Chiappe et al.，2000，2004）。

从出露情况较好的TML-4来看，有蛋化石的区域为弧形。有报道表明产自法国的大圆蛋类在水平方向上也有弧形的排列方式，并认为这是恐龙一边产蛋一边旋转身体的结果，弧形中央没有蛋化石的半圆形区域是产蛋恐龙自身占据的地方，因此可以通过这个区域半径的大小来推断产蛋恐龙体型的大小（Cousin et al.，1994；Moratalla et al.，1994）。但是通过对TML-4中蛋化石蛋壳结构的观察和对比发现，这个"蛋窝"中至少存在2类蛋壳厚度不同的蛋化石（已确认的分别为15枚和13枚），是否为不同的母体所产还有待进一步确认。

一种合理的解释，是这个"蛋窝"不是一只恐龙旋转身体产下的，而是至少2只恐龙先后在几乎完全相同的位置产卵，即这个"蛋窝"实际上是由若干个小的蛋窝共同组成的。现生的海龟会在一个集中的时间段内到同一片沙滩上产卵，由于产蛋海龟数量过大，蛋窝非常密集，后来的海龟有可能偶然地重新掘开原有的蛋窝，并将自己的蛋产在里面。另外，某些平胸鸟类，比如鸵鸟，是数只雌鸟将蛋产在一起，由一只雄鸟孵化，那么这样得到的"蛋窝"也与通常认为的由一只雌性产出的蛋窝有明显区别。不过从蛋化石的埋藏方式看，TML-4中蛋壳厚度不同的蛋化石应当是偶然重叠在一起，与海龟产蛋的情况相似。

现生的陆生脊椎动物中，捕食性的哺乳类不会大规模集群繁殖，因为少量的个体就需要相当大的领地为其提供足够的食物；而捕食性的爬行类，如鳄鱼，则不受此限制。在土庙岭集群繁殖的恐龙，如果代谢模式接近现代的爬行类，即不需要太多的食物就能维持自己的生存需要，那么有可能是肉食性的；如果代谢模式接近哺乳类，是植食性动物的可能性更大。现在已知的兽脚类恐龙的蛋，如窃蛋龙蛋和伤齿龙蛋（长形蛋类和棱柱形蛋类）都是长形的，蛋壳结构与鸟蛋壳接近；而土庙岭剖面上的蛋化石为扁圆形，主要为树枝蛋类，无论是外形还是蛋壳结构都与前者有很大区别，所以不应属于兽脚类恐龙，而有可能是某些植食性恐龙的蛋。那么土庙岭剖面展示的可能是一群植食性恐龙的繁殖地，集中繁殖的目的是使大量的后代可以同时孵化，最大限度地提高后代的生存概率。

另外，土庙岭剖面上各个产蛋层的蛋化石类型组合基本相同，表明相同种属的恐龙在一段时间内会反复回到同一个地点进行繁殖。美国蒙大拿州Teton县Willow Creek背斜上发现的蛋窝情况与之相似，在这个地点，剖面上3 m厚的岩层内共发现了3个产蛋层，不过不清楚蛋化石具体所属的类型（Horner，1982）。印度的Pavna、Phensani和Kankradungra有同一剖面上发现多层大圆蛋类蛋化石的报道（Mohabey，1996；2000），进一步证实了产树枝蛋类的恐龙和产大圆蛋类的恐龙有相似的繁殖习性。

8. 恐龙蛋化石壳内和蛋壳的物质成分

（1）恐龙蛋化石壳内的物质成分

郧阳恐龙蛋化石产地内，至今未发现未孵化的恐龙蛋化石和蛋壳未破裂的蛋化石。因此，现今蛋壳内的物质均是从蛋壳破口进入围岩内（砂、含砾砂及含泥砂）的物质，其物质成分与蛋壳外的围岩物质完全一样，其壳内物质成分随围岩物质的变化而变化，至今没有发现原始的壳内物质。

（2）恐龙蛋化石蛋壳的矿物成分

本项目进程中，一共在郧县盆地内分两次采集了 9 个蛋壳样品，经 X 衍射分析，得出恐龙蛋壳的矿物成分主要为方解石，其次为石英、长石、绿泥石、水云母等（表 5-22、表 5-23）。方解石含量变化在 80％～93％，石英含量为 3％～8％，长石的含量≤2％，绿泥石含量为 0～5％，水云母含量为 2％～5％。表中，石英、绿泥石、水云母的含量变化较大，这种成分的变化，推测为实验前，因清洗样品后仍然残留有少量的壳外物质所引起。恐龙蛋壳原本由钙质（方解石）组成，后来因为外力作用，使蛋壳发生破裂，一些长英质溶液沿破裂缝中进入，并充填在壳内保留下来，另有一些黏土物质直接填充在裂缝中，或黏染在蛋壳的表面，当清洗样品时，不可能把这些后来物和黏染物全部清洗干净，样品粉碎时，这些外来物就混入其中，造成样品的污染，矿物成分随污染物的多少而发生变化。以 QLS-1 与 Mh-2 两个蛋壳样品相比，QLS-1 方解石含量为 80％，Mh-2 最大含量为 93％，同一种动物的蛋壳方解石含量相差 13％是绝对不可能的。又如绿泥石，QLS-1 为 5％，Mh-2 为 0，很明显绿泥石不是蛋壳中的原来物质，是后来的污染物。由此推断蛋壳的矿物成分主要是方解石，方解石内有成弥散状分布的一些微量元素及至少低于 5％的其他矿物。为证实这一认识是否符合实际，恐龙蛋化石蛋壳的主要物质成分是否均为方解石，其他一些物质是否是后来进入蛋壳内的外来物质，项目组分别对 QLS-1－QLS-5 的蛋壳的外壳、内壳及横切面做了环境电镜扫描。扫描图像显示，蛋壳的内壳面因剥离时基本与壳内物质分离，图像显示蛋壳物质主要为基本自形的方解石，极少见絮状物（黏土矿物），而外壳面扫描图像絮状物大量出现，说明壳外污染严重。纵切面扫描图像主要见到的基本都是方解石，只在两端见到一些絮状物和片状矿物（图 5-34、图 5-35、图 5-36）。均说明石英、长石等矿物为次生充填矿物，黏土矿物为污染物。

图 5-34　蛋壳裂缝中的（黏土矿物）填充物（蛋壳外切面）

表 5-22　第一批次恐龙蛋化石蛋壳矿物含量 X 衍射分析结果表　　　　单位：%

样号	方解石	石英	长石(蒙脱石)	绿泥石	水云母	备注
QLS-1	80	8	2	5	5	
QLS-2	83	5	2	5	5	
QLS-3	80	7	3	5	5	
QLS-4	85	3	2	5	5	
QLS-5	85	2	2	2	3	

注：测试单位为中国地质大学(武汉)。

表 5-23　第二批次恐龙蛋化石蛋壳矿物含量 X 衍射分析结果表　　　　单位：%

样号	方解石	石英	长石(蒙脱石)	绿泥石	水云母	备注
Y-1	83~88	3~8	1~2	1~2	3	
T2-5	85~90	3~8	<1		2	
Mh-1	83~88	3~8	2		3	
Mh-2	88~93	3	1~2		2	

注：测试单位为湖北地质实验研究所。

图 5-35　蛋壳纵切面主要为方解石，方解石呈自形粒状

图 5-36　蛋壳内切面主要为方解石，少量的片状矿物黏土矿物

朱光有等(1998)曾对西峡盆地的恐龙蛋化石蛋壳矿物成分做过 X 衍射分析，其中方解石含量为 88.5%，石英含量平均为 4%，长石含量平均为 2.5%，黏土矿物含量为 4%。这一结果与本次测定结果基本一致，方解石一般呈自形、半自形组成蛋壳的棱柱层和锥体层。

六、郧县盆地恐龙蛋化石形成环境分析

(一)沉积环境

1. 上白垩统岩性特征与沉积构造特征

(1)高沟组岩性特征与沉积构造特征

上白垩统高沟组是郧县盆地中的主要产恐龙蛋化石层,一般有 2～4 个产蛋小层,其中在土庙岭剖面上见到 6 个产蛋化石层,每个产蛋化石层厚度为 0.8～1.5 m,其中又以第二产蛋层化石最丰富,分布密集,种类多,蛋窝结构完整。最多一窝恐龙蛋化石有 100 多个,是目前全球见到蛋化石最多的一窝。

高沟组总体上为一套紫褐色、浅紫红色至棕红色的粗碎屑为主的磨拉石建造层。从下至上由几种不同类型的砾岩、砂砾岩、砂岩、泥质砂岩叠覆组成。从下至上粒度由粗变细,呈正律向序列分布(图 5-37)。该岩组在横向上、纵向上变化均大,颗粒大小悬殊混杂。根据沉积物大小,又可以分为上、下两段。

图 5-37 高沟组呈正律向序列沉积

高沟组下段为几乎没有内部构造的块状层,由紫红色到棕红色,砾石成分主要为就近来自武当群的以片岩为主的变质岩,包括白云石英片岩、绢云石英片岩、白云钠长片岩、绿帘绿泥钠长片岩、绿帘黑云钠长片岩及少量的石英岩,变酸性火山岩及大理岩砾石。砾石大小不一,成熟度差,为棱角状一次棱角状(图 5-38,图 5-39),呈基底式胶结。未见恐龙蛋化石。

图 5-38　高沟组下段含钙砂泥质角砾状砾岩（宏观照片）

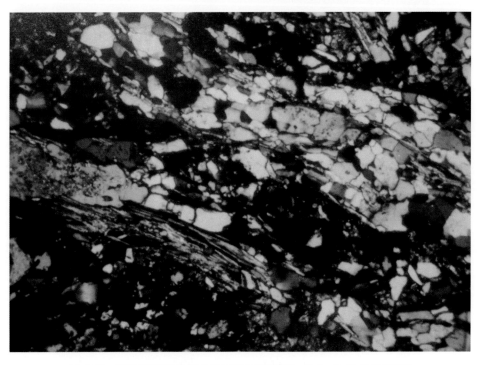

图 5-39　高沟组下段含钙砂质砾岩（显微照片，放大 40 倍，正交偏光）

高沟组上段下部主要为褐红色、浅红褐色含砾粗砂岩与含砾砂岩，呈互层产出，单层厚度为0.5～1.5 m。其中砾石和砂的成分主要为云母片岩砾，即继承先期（下段）砾石及砂的成分。砾石成熟度低，呈棱角状—次棱角状，表明底部和中部的物质来于同一处物源。岩石呈不等粒砂状结构，接触-孔隙式胶结，在土庙岭剖面和青龙山剖面上，见不明显的呈透镜状平行层理和交错层理（图5-40、图5-41）。该岩性段在卧龙山、青龙山、土庙岭、磨石沟均有出露，是主要产蛋层。

图5-40　高沟组上段下部含砾钙质砂岩（显微照片，放大40倍，正交偏光）

图5-41　高沟组上段下部含砾粗砂岩（宏观照片）

高沟组上段上部主要出露褐红色、砖红色含砾砂岩夹粉砂岩,砂质黏土岩(图 5-42、图 5-43),颗粒与中段相比明显变细。在砂层中常有砂质泥岩及泥岩透镜体,砂中碎屑物主要为片状变质岩,主要有黑云母石英片岩、绢云母石英片岩、绿帘石黑云母石英片岩及变酸性火山岩等,表现沉积物的来源与中下部一致。少量的砾石和大量的碎屑呈棱角状—次棱角状,显示近距离近源物质沉积的特征。

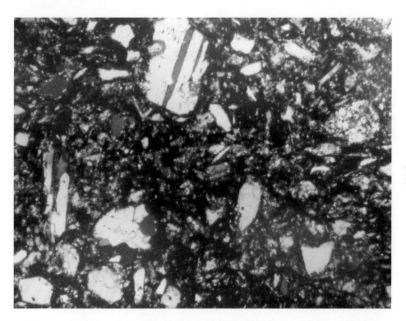

图 5-42 高沟组上段上部砂质黏土岩(显微照片,放大 100 倍,正交偏光)

图 5-43 高沟组上段上部砂质黏土岩透镜体(宏观照片)

　　在青龙山和磨石沟一带可见平行层理,青龙山和土庙岭一带见楔状交错层理(图 5-44)。该层主要出露在蛋化石分布区的北东部(青龙山－磨石沟一带),在南西部(卧龙山一带已全部剥蚀殆尽)物源来自就近的武当群变质岩。

图 5-44　高沟组上段砂岩中的楔状交错层理

(2)马家村组岩性特征与沉积构造特征

　　马家村组主要岩石类型为浅褐红、灰褐、灰白色砾岩、砂砾岩、砂岩、泥质砂岩,呈负律向序列排列。整层又可以分为上、下两段。

　　下段为浅褐红色(风化色)砂砾岩夹砂岩(图 5-45)。砾石多呈扁圆状,基底式胶结,胶结物为高岭石等黏土矿物。砾石成分主要为石英岩和砂岩,大小为 2～3 cm,呈次圆状－圆状,叠瓦状排列或扁平轴向平行排列。砾石扁平方向产状 140°～198°,指明物质来源于南西部。含砂砾石层和砂层常呈夹层或互层出现,局部见冲刷现象和交错层理。

　　上段为灰褐色、灰白色块状砾岩层,厚 2～3 m,砾石主要为石英岩、变粒岩、浅粒岩,少量变基性岩,呈次棱角状－次圆状,砾径为 3～8 cm,个别大于 10 cm,排列无序,胶结物为黏土矿物杂基(图 5-46),反映物质来源于南西部的武当群第二、三岩组。具明显交错层理。

图 5-45 马家村组下段砂岩与砾岩互层

图 5-46 马家村组上段砾岩

（3）寺沟组岩性特征与沉积构造特征

寺沟组主要为一套紫红－浅砖红－浅灰白色含钙细粒长石石英砂岩、含泥质钙质细粒长石石英砂岩和钙质胶结石灰质砾岩组成，为一套从下至上粒度变细的正律向序列沉积层，根据岩性变化可分为 3 段。

上段为紫红色层理不发育的厚层，含钙质长石石英砂岩，接触-孔隙式胶结，含少量钙质结核，胶结物为方解石和少量黏土矿物（图 5-47、图 5-48），该层在盆缘边部仅红寨子剖面有所保存，往盆中央出露较宽、较稳定。

图 5-47　含钙质细粒长石石英砂岩（宏观照片）

中段为浅紫红色含泥质钙质细粒长石石英砂岩，砂状结构，接触-孔隙式胶结，胶结物为方解石，会混合在一起的黏土矿物杂基，在红寨子及对面山坡上见有楔状交错层理，与上段岩性呈渐变关系。

下段为灰白色钙质胶结石灰质砾岩。砾石主要为灰岩、白云岩砾，少量石英砾。分选性差，大者为 10～26 cm，小者仅为 1～2 cm。磨圆度好，为次圆状－圆状，方解石胶结。大致呈叠瓦状排列，厚度为 1～3 m（图 5-49、图 5-50）。在青龙山至红寨子一带分布稳定，并在底部见冲蚀-充填构造（图 5-51），是分层的重要标志。砾石层与下伏马家村组呈大致平行接触，但岩性反差巨大。下伏马家村组主要为石英砾和砂岩砾及少量变质岩砾，泥质胶结物含量高。

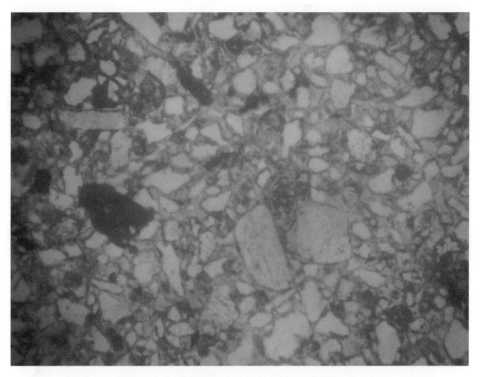

图 5-48 含钙质细粒长石石英砂岩（显微照片）

图 5-49 钙质胶结石灰质砾岩

　　寺沟组砾岩的砾石成分主要为灰岩、白云岩,胶结物为方解石,基本不含黏土矿物,反映该层沉积物物源主要来自盆地北部地区的震旦系灯影组。从砾石分选性差、磨圆度较好分析,说明搬运砾石的水动力较大,搬运距离相对较远。同时,也反映了晚白垩世期间,郧县盆地构造抬升的不均匀性。早期南西部抬升快,地势较高;晚期北部抬升快,地势较高。

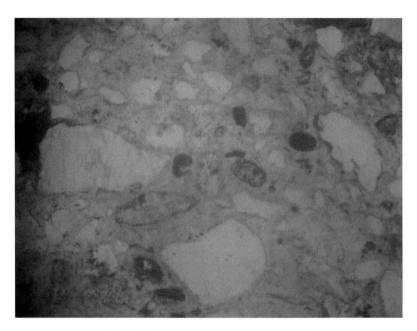

图 5-50　钙质胶结石灰质砾岩(显微照片)

图 5-51　寺沟组底部的冲蚀-充填构造

2. 郧县盆地上白垩统沉积环境分析

经过长期的研究,目前对冲积扇的沉积环境和模式已经有了一种基本的共识,并总结出了冲积扇形成的基本规律及所具有的一般特征。从各个地质时代地层比较分析,巨厚层持续出现的粗(细)碎屑岩组合,主要形成于造山活动带前缘或在较大坡降的地理位置上(冯增昭,1994),大多分布在海、湖、盆地外的陆相沉积岩组合中。以砾质岩为主的陆相沉积形成于山麓泥石流、辫状河和部分曲流河环境,常环绕山脉沿山麓分布,在气候干热、地壳升降运动强烈、风化剥蚀作用强烈地区,洪水将沉积物从山区带出,在山口的山麓地带因坡降减小堆积而成。由于粗碎屑层中难以求得准确的地层或化石标志,因此冲(洪)积扇是大陆相组的一个组成部分,主要分布于干旱或半干旱气候区,并以砾质岩为主的粗(细)碎屑岩组合和突发性、快速堆积为特点。

研究区所在的郧县盆地是从中生代晚白垩世开始,源于造山作用晚期因应力作用调整、伸展拉陷,在造山带中形成的山间断陷(拉伸)盆地。因此,研究区所处的郧县盆地的沉积物,具有大陆沉积环境的普遍特征。从上白垩统沉积物成分就不难看出,研究区晚白垩世的沉积物均以砾质岩粗碎屑岩组合为主,距物源区距离较近,沉积物的横向变化大,岩石中不稳定组分较多,已基本表明研究区内的沉积物是一种冲积扇环境下的沉积物。成分较高而呈红色,说明研究区的沉积环境是一种大陆相冲积扇环境。这是因为郧县盆地断陷活动期造成了断陷盆地内与周边山地在地势上的巨大反差,周边陡峻,盆内开阔,盆地内成为周边山地的汇水中心,为冲积扇的形成提供了地势上的环境条件。加上从古生代至中生代,秦岭中段南部基本处于上升或造山阶段,长期处于风化剥蚀的环境之中,在地形变化急剧的山口,遭受风化侵蚀的基岩在山洪的冲积下,容易丧失平衡,与下垫岩石发生分离,这就为冲积扇的形成提供了的物源环境条件。从研究区沉积物均呈红色表明,大多数沉积物是在自由氧流通的环境条件下。因氧化作用强烈生成大量氧化铁(赤铁矿,Fe_2O_3)所致,同时也表明当时的气候条件是一种适合冲积扇形成的气候条件。

综上所述,依据研究区所处大地构造位置、构造演化条件、沉积物沉积环境条件及沉积物成分等,把郧县断陷盆地(含研究区)内上白垩统的沉积环境归入大陆相冲积扇环境的理由是充分的,结论也是可靠的。

(1)高沟组沉积环境分析

前已述及,高沟组主要分布在郧县盆地的西北部边缘,与下伏中—新元古界武当群呈不整合接触,以紫红色、棕红色的成分复杂的砾岩层、砂砾岩层和含砾砂岩层组成,呈舌状体分布,层次不明显。下段以岩块、砾石及粗碎屑和泥混合沉积在一起,呈块状体,基本无层理。砾石分选性极差,大小混杂,呈棱角状。依据冲积扇结构特征,高沟组下段沉积物是组成冲积扇底部的泥石流沉积物。高沟组上段砾石含量逐渐减少,砂质成分逐步增加,显示为泥石流过后,山洪呈片状漫流沉积特点的证据。与典型冲积扇沉积相比,高沟组明显具有冲积扇扇根沉积环境特征,即分布在断陷盆地的边缘,沉积坡角大,沉积物主要由分选性极差的混杂砾岩、砂砾岩组成,一般无层理,呈块状构造,常见筛积物或砾石间被黏土、粉砂和砂等基质所充填等,符合冲(洪)积扇中扇根的岩石组合(图5-52)特征。

土庙岭剖面	岩性与沉积构造	环境分析
	紫红色、棕红色细砂岩与含砾砂岩互层，从下至上颗粒变细；	扇根环境；上段片状漫流沉积，下段泥石流相沉积
	上段棕红色叠瓦状砾岩、砂砾岩，不明显平行层理，砾石分选性差； 下段块状砾岩，杂基支撑，砾石呈棱角状，大小混杂	

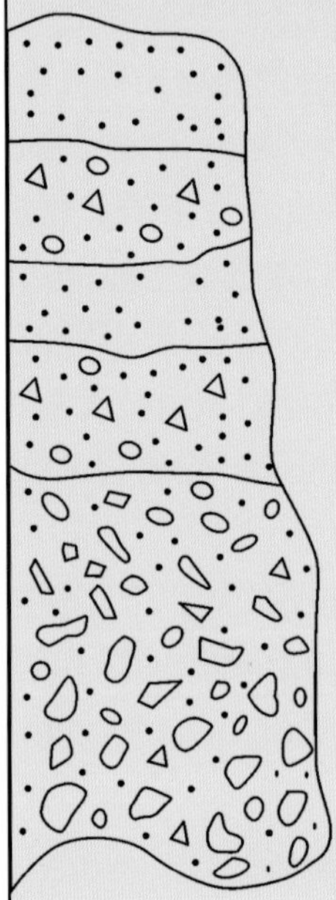

图 5-52　高沟组沉积环境分析

（2）马家村组沉积环境分析

马家村组由砾岩及砂砾岩、砂岩、泥质砂岩组成，砾岩层和砂岩层常呈互层产出，砾石呈扁圆状、叠瓦状排列（图 5-53），岩性特征和沉积构造特征与典型冲积扇扇中环境比较（陈建强 等，2004；梅冥相 等，2005），具早期辫状河沉积特征。从沉积物主要以砂岩、含砾砂岩、砾岩组成，砂的沉积物比率增高，砾石常呈叠瓦状排列，河道冲蚀-充填构造较发育，导致形成槽状交错层理，分选性较扇根好等特点，也说明马家村组是一种早期辫状河沉积条件。

此外，碎屑岩粒度分析概率曲线图 5-54 显示马家村组岩性粒度较粗，偏度（SK）均为正，累积概率曲线分为 3 段，包括滚动总体、跳跃总体和悬浮总体，

图 5-53　马家村组砾岩

跳跃总体占主体，其累积频率曲线总体也反映为河流沉积。由此分析，马家村组明显反映为冲积扇早期辫状河沉积阶段产物（图 5-55），为一种冲积扇扇中沉积环境。

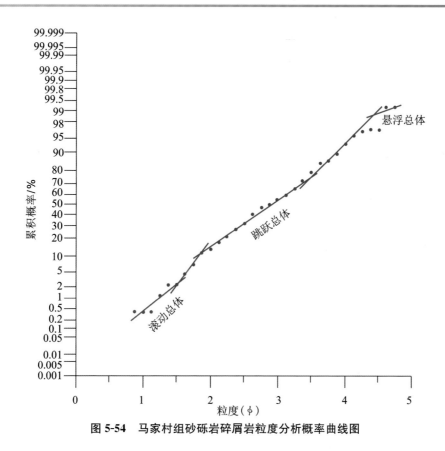

图 5-54 马家村组砂砾岩碎屑岩粒度分析概率曲线图

红寨子剖面	岩性与沉积构造	环境分析
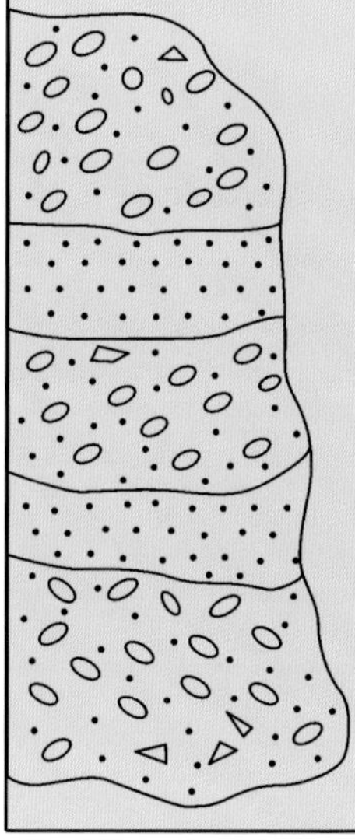	浅褐红色、灰白色砾岩与砂岩互层,砾石呈扁圆状,呈次棱角状—次圆状,砾石具叠瓦状构造,底部见冲蚀-充填构造	扇中环境;辫状河沉积

图 5-55 马家村组沉积环境分析

（3）寺沟组沉积环境分析

寺沟组岩性特征和沉积构造特征显示河床—边滩—河漫滩沉积环境特点(图 5-56)。从

图 5-57 碎屑岩粒度分析概率曲线分析,累积概率曲线缺失滚动总体和悬浮总体,跳跃总体几乎占粒度分布的全部,累积概率曲线表明为河流沉积环境。

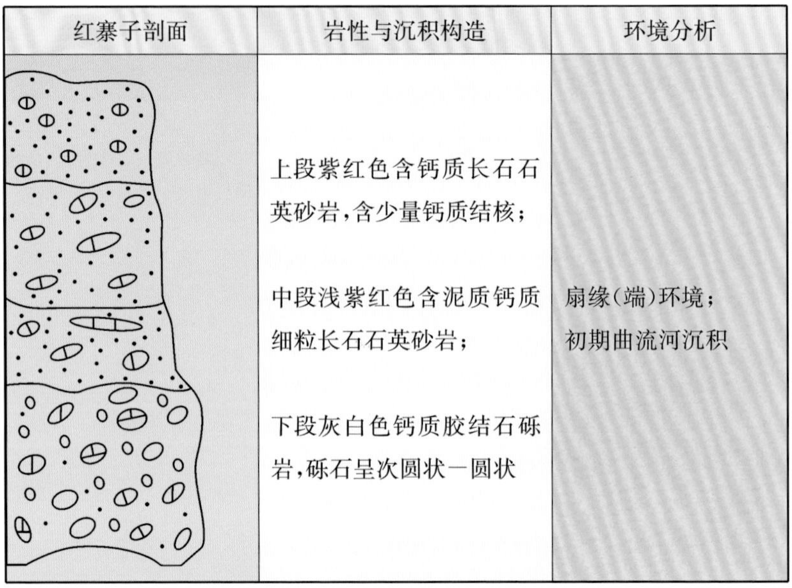

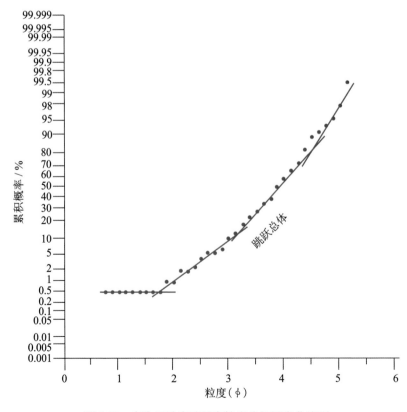

红寨子剖面	岩性与沉积构造	环境分析
	上段紫红色含钙质长石石英砂岩,含少量钙质结核; 中段浅紫红色含泥质钙质细粒长石石英砂岩; 下段灰白色钙质胶结石砾岩,砾石呈次圆状—圆状	扇缘(端)环境; 初期曲流河沉积

图 5-56　寺沟组沉积环境分析

图 5-57　寺沟组砂岩碎屑岩粒度分析概率曲线图

一般情况下,扇缘出现在冲积扇的趾部,其地形较平缓,沉积物通常由砂岩和含砾砂岩组成,夹粉砂岩和黏土岩,但有时细粒沉积较发育。在砂和含砾砂岩中可见不明显的平行层理、板状交错层理及冲蚀-充填构造,粉砂岩和泥岩中可发育块状层理、水平层理及变形构造。这与寺沟组岩性特征和沉积构造特征基本一致,由此分析,寺沟组显示的是冲积扇的扇缘沉积环境,为冲积扇晚期辫状河沉积阶段产物。

(二)构造环境

郧阳恐龙蛋化石群分布在秦岭造山带东段南部的郧县断陷盆地内(图 5-3)。郧县盆地的形成,源于秦岭造山带造山作用晚期,后碰撞造山作用的应力调整伸展拉陷,在造山带中形成的山间断陷盆地。它与秦岭造山带南部此时间段内形成的一系列北西—南东向断陷盆地有异曲同工的特征,无论在形态、沉积特征、时间及其演化上均大同小异。与目前研究程度较高,均沉积有恐龙蛋化石的河南西峡盆地、淅川盆地、夏馆-高丘盆地、五里川盆地、李官桥盆地等基本相近似。在湖北境内受两郧断裂控制,由西向东先后形成了郧西盆地、郧县盆地、习家店盆地(往东为河南省的李官桥盆地),并与南襄盆地汇合。这些盆地的共同特点是形态上西窄东宽,南推北断(总体南盘上升,北盘下降),盆地中的沉积物主要来自靠近断裂北侧地势高的中—新元古界地层分布区。

郧县盆地形成的早期,受两郧断裂控制,在地貌上南缘地形比北边地形高且陡峻,北部多呈单面山,地形相对平缓,所以盆地中的沉积物最早来自南西面的中元古界的武当群,砾石以片岩砾为主,包括武当群中的变酸性火山岩、变基性火山岩、火山熔岩及变沉积岩。

由于距物源供应区近,充填补偿性沉积速度快,沉积物搬运距离短、碎屑物和岩块均呈棱角状、次棱角状(图 5-58)。加上炎热干旱的气候,地表径流的明显和短期冲(洪)积扇等短期沉积事件,所以在高沟组的沉积中,地层的横向追索和对比十分困难。

从马家村组沉积期开始,即晚白垩世早期开始,郧县盆地西南缘经过一段时期的隆起、抬升、剥蚀后,速度有所减缓,而北部盆缘抬升增强,这时来自西南缘的物质已不占优势,而来自北部的物源成分开始大量增加,沉积物成分更为复杂,所以在居中的马家村组中的沉积物复杂,其成分来自南、西、东3个地区的物质。且这时盆地沉降充填达到较为强盛时期,与高沟组对比,沉积物已不限于分布在盆地边缘,而是逐渐向盆地中央发育,在平面上形成分布范围,在北缘狭窄和缺失,向中内逐渐发育的形态。

晚白垩世晚期,郧县盆地北部抬升速率更加大于南部,到了寺沟组沉积期,沉积物源已绝大部分来自北缘,从寺沟组沉积物与马家村组、高沟组沉积物成分的明显差异来看,可以清楚地划分出3个岩组的界线。在寺沟组的碎屑物中已少见南部武当群的碎屑物,取而代之的是自北缘大面积分布的震旦系灯影组的灰岩和白云岩碎屑。地形差异加大,水动力速度增强,寺沟组中砾石大小悬殊,但磨圆度相对较好。与高沟组、马家村组相比,无论是物质成分还是结构构造等特征都明显不同。构造抬升的差异造成沉积物供应改变,给划分郧县盆地晚白垩世地层提供了有力的证据。可以肯定地说,目前将郧县盆地内晚白垩世地层划分为高沟组、

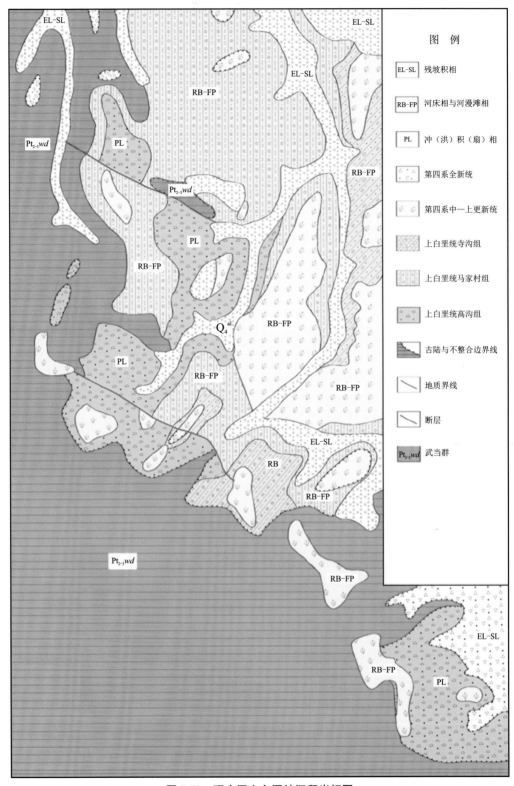

图例

EL-SL 残坡积相

RB-FP 河床相与河漫滩相

PL 冲（洪）积（扇）相

第四系全新统

第四系中—上更新统

上白垩统寺沟组

上白垩统马家村组

上白垩统高沟组

古陆与不整合边界线

地质界线

断层

Pt$_{2-3}$wd 武当群

图 5-58　研究区上白垩统沉积岩相图

马家村组和寺沟组,其构造标志明显,岩性特征明显,结果可信,并可以与东秦岭南部断陷盆地晚白垩世地层(组级)划分及沉积时限阶段的界线进行对比,成为构造抬升、物源区供应转换的一条界线。虽然其中的一些分析和解释还需要提供更多的证据,但在目前已使用过的研究手段及研究成果中,这种划分结果已最大程度地反映了晚白垩世郧县盆地沉积物与区内物源、构造演化的密切关系,是郧县盆地晚白垩世沉积环境分析的有力证据。

(三)水流体系发育环境

一个盆地水流体系、水流方向及其变化,主要受盆地形态、地势及沉降速率变化控制。郧县盆地发育初期,伴随山体隆升、剥蚀加强,这时没有统一的或主要的河流形成。由于季节的山洪或山间径流冲刷,沿两郧断裂带出现少量间歇性短距离搬运的颗粒流角砾岩沉积,形成冲(洪)积扇。扇体相互连接或叠加构成冲积扇群,堆积于盆地边缘。现今在土庙岭、青龙山、红寨子、卧龙山等地看到的呈舌状分布粗碎屑物沉积体,就是看似各自独立,又基本相连,在盆地初期形成以泥石流为主的冲(洪)积扇群,它们呈花边状围绕在盆地边缘(图5-59),随着盆地的进一步沉降和盆缘的相对抬升,古水流样式改变呈发散状。因物源侵蚀作用加强,物源区有大量松散碎屑供给,这时主要山洪(水流)出口方向发育了黏结性碎屑岩沉积。比如高沟组下段沉积的巨厚的砂砾层(图5-60),砾岩底一般平整而较少显示出冲刷侵蚀的特征,砾岩分选性差,含较多砂基,黏土含量少。由于水量的减少,冲(洪)积扇碎屑流不可能一直保持这种流态,在高沟组上段就明显出现扇上小河道沉积,即中层含砾砂岩与中层砂岩、粉砂岩互

图5-59 单个呈舌状、联合体呈花边状分布的冲(洪)积扇

图 5-60　高沟组下段沉积的巨厚的砂砾层

层出现(图 5-61),岩层主要呈透镜状,分选性差,砾石呈棱角状-次棱角状、次圆状,磨圆度相对泥石流沉积好。水流作用也明显显示出来,并见小型交错层理及冲淤构造。因沉积时正处于干旱半干旱气候环境,氧化作用强烈,铁镁矿物中的铁质因氧化作用形成赤铁矿(Fe_2O_3),岩层均呈棕红色和紫红色。整个郧县盆地内沉积物由下至上总体由粗变细,这是由于物源区逐渐被剥蚀削低,沉积物供给下降所致。

马家村组主要由早期辫状河的交错河网水流体系的沉积物所构成。由于气候干旱,大气降水季节性强,水系均为暂时性径流,因此这种辫状河水系河道时常改变方向,砂砾石质沉积物相互叠置,或呈透镜状及楔状体,岩性横向变化大。

从寺沟组沉积开始,水流体系由早期辫状河向晚期辫状河转变并过渡到曲流河,这时的水流方向由原来的北西向进一步向北溯源延伸,物源以盆地北缘的震旦系灯影组碳酸盐岩为主,少量陡山沱组砂页岩成分,并在寺沟组早期底部形成厚层块状石灰质砾岩层,显示物源为盆地北缘震旦系灯影组碳酸盐岩为主的物源特征。在寺沟组的中晚期,沉积物由粗变细,河道的迁移和沉积物叠加,至寺沟组晚期,整个盆地的坡度减小,河流弯道开始变大,水流流速变缓,能量变低,分选性加强,细砂、粉砂不断增加,因此,在寺沟组顶部主要为细粒至粉砂沉积物。由于自更新世开始,郧县盆地在新构造运动的影响下,抬升速度加快,剥蚀作用加强,郧县盆地内保留的晚白垩世沉积物厚度总共只有 180 m 左右,而大部分沉积物均被剥蚀并随

图 5-61　含砾砂岩与砂岩、粉砂岩互层出现

水流搬运并移走。

本次研究工作中,我们测得在上白垩统顶部的汉江第五级基座阶地高度为 320 m,而邻近的现代汉江河床的高度大约为 110 m,这说明自更新世至现在这一时段内,郧县盆地内的晚白垩世沉积物至少被剥去 200 m。故在现在的盆地边部未见到滨湖与湖相环境沉积物,而盆地中央现已被第四纪汉江冲积物覆盖,未能取得相应资料。

(四)关于晚白垩世气候环境的探讨

众多的研究成果显示,白垩纪是地球历史时期典型的温室气候时期,晚白垩世是早白垩世古气候的延续、发展和演化的结果。对南秦岭地区晚白垩世断陷盆地,特别是盛产恐龙蛋化石的断陷盆地古气候的研究,尤为广泛。早在 1993 年,杨卫东等就对广东南雄白垩纪恐龙蛋壳碳氧同位素组成及环境意义做了研究,提出了白垩纪气温比现在高的论断。1994 年,王德有等首次报道了西峡盆地晚白垩世的古气候,认为西峡盆地晚白垩世的古气候属于亚热带干旱半干旱气候。张玉光等(2004)也对西峡盆地晚白垩世的古气候进行了研究。此外,还有许多从研究恐龙蛋化石沉积环境的角度出发,对晚白垩世恐龙蛋化石产地的古气候进行了分析和探讨。目前的研究方法包括岩石地层学、生物地层学、古生物学、古地磁学、元素地球化学、同位素地球化学等多方面。虽然这些研究者应用的不是同一种方法,但目前这些研究成果都基本认为,东秦岭地区晚白垩世断陷盆地的古气候应为一种炎热、干旱半干旱的气候条件。

郧县盆地与西峡盆地等东秦岭南部的断陷盆地同处相同的构造部位,处于南秦岭含恐龙蛋化石盆地群的最南部,与河南李官桥盆地几乎处同一纬度带,是同一北西向断裂带中倒数第二个断陷盆地,距北西向淅河(淅川)盆地最近距离不足 50 km。

尽管晚白垩世距今已经走过了 6 500 万年以上的航程,因大陆漂移,它们已不太可能还停留在原来的地理位置上,但它们所处的构造位置,特别是断块位置并没有发生分离,就像一条漂在海上的船一样,不管船漂到哪里,只要船体没有破碎分离,船上所有的物件都还在船上一样,所以利用南秦岭东段晚白垩世断陷盆地内岩石、地层、构造标志,也基本能证明晚白垩世郧县盆地的古气候,同样是一种炎热、干旱半干旱的气候条件。

(1)郧阳上白垩统地层均呈红色

研究资料表明,红色岩层是在炎热、干旱半干旱条件下形成的,是洪水期沉积物中含铁物质,因水解释放出铁质,在枯水期因与自然氧结合生成赤铁矿(Fe_2O_3)而被"染红"的原因,故红色岩层一般代表炎热、干旱半干旱气候环境。郧县盆地中的晚白垩世地层,均呈紫红色、棕红色、褐红色或浅红色,明显反映为一种干旱半干旱强氧化环境。

(2)冲(洪)积扇沉积为主导

前已述及,晚白垩世期间,郧县盆地内沉积物以粗碎屑物沉积为主,分选性差,成熟度差,高沟组下段主要为沿山麓边缘分布的泥石流沉积,是典型的冲积扇扇根的物质组分,这种山前冲(洪)积扇沉积与我国西北地区干旱半干旱山麓现代冲(洪)积扇十分相似,也证实郧县盆地在晚白垩世时是处于一种干旱半干旱气候环境。

(3)除恐龙蛋化石外沉积物中未发现生物化石痕迹

郧县盆地上白垩统沉积物中除恐龙蛋化石外,至今没有发现其他动植物化石及生物活动痕迹。这种沉积物中缺少植物沉积和生物痕迹的特征,是干旱半干旱气候区内,因干燥炎热,植物不易生长,即使有极少量的植物碎片和碎根因氧气化强烈,也十分难以保存的证明。

(4)岩层中钙质结核及钙质团块分布广泛

郧县盆地上白垩统岩层中钙质结核和钙质团块发育,其中高沟组、寺沟组中胶结物均为方解石,证明盆地内晚白垩世是一种炎热、干旱半干旱强氧化的气候环境。因为只有在这种气候条件下,氧逸度高,介质多呈碱性,在埋藏深度不大的范围内,上升水作用强烈,地表容易出现盐渍化,沉积物中才能大量出现以胶结物或结核形式出现的方解石(包括石膏等)。

据王德有等(2008)的研究成果,晚白垩世时,东秦岭南部地区断陷盆地古气候均承袭了早白垩世炎热、干旱气候区的特征,并向更加炎热、干旱的方向发展。高沟组沉积时,恰与全球第二次降温事件后的回暖期相吻合,回暖升温均导致热带、亚热带干旱区向北迁移,故高沟组的古气候具有干旱气候北移的特征。马家村组(康尼亚克期中—晚期)和寺沟组(坎潘期早—中期)为全球升温期,此时的东秦岭南部均处于亚热带干旱半干旱气候区的范围。郧县盆地处于南秦岭核心部位,与西峡、淅河、李官桥等盆地处于同一大地构造部位,与李官桥盆地处于同一纬度线上,王德有的研究成果也进一步证实了郧县盆地在晚白垩世时,处于炎热、干旱半干旱的气候环境。

在研究古环境方面,国际上公认比较可靠的方法,是测定碳酸盐的氧和碳的稳定同位素组成。例如,根据某些碳酸盐介壳中所含的氧同位素(^{18}O/^{16}O)的比例,探讨中生代以来全世界海水温度的变化,已经获得了相当重要的成果。但是,利用这种成果探讨陆相的古环境,目前才刚刚开始。Folinsbee 等人早在 1970 年开展了针对恐龙、鳄类和鸟类蛋壳的碳、氧同位素组成研究,认为这些蛋壳的同位素组成与产卵动物的生活环境(食物、饮用水等)有密切关系。因此研究它的稳定同位素,对查明这些动物生活的周围环境具有一定的意义。赵资奎等(1983)认为:当动物自然地饮用富含轻氧(^{16}O)的水时,例如高纬度的融雪水,则它们蛋壳(碳酸盐)中的^{18}O就相对地亏损;反之,如果饮用富含重氧(^{18}O)的水,则蛋壳中的^{18}O将相对地富集。在气温较高且又干燥的地区,水受气温和干燥气候的影响而蒸发,由于蒸发过程中同位素动力分馏作用,在水蒸气中将富集^{16}O,而在水源中剩下的母液将富集^{18}O。生活在该地区的动物饮用这些水源的水后,所产生的蛋壳将富集^{18}O。研究证明:^{18}O比值和当时环境的相对温度成反比。

为了论证上述研究成果在研究区的可对比价值,在本次研究工作中,项目组在研究区分别采集了 5 枚蛋化石的蛋壳做样本,分别进行了碳(C)和氧(O)的稳定同位素测定(表 5-24),并与山东莱阳、河南西峡、广东南雄等的恐龙蛋化石蛋壳的稳定同位素值进行了对比(表 5-25),结果显示,从山东莱阳—河南西峡—湖北郧阳恐龙蛋化石蛋壳的碳同位素基本按纬度的变化而变化,从北至南富集;而氧同位素相反,从山东莱阳—河南西峡—湖北郧阳—广东南雄,自北向南亏损。如依据赵资奎等(1983)的研究成果分析,即氧同位素富集代表气候相对干燥;氧同位素相对亏损代表气候相对潮湿。那么,在晚白垩世时,广东南雄地区的气候环境相对比湖北、河南、山东湿润;反过来,山东、河南、湖北的气候环境相对干燥。这一推论与现今我国的气候环境格局基本一致,只是炎热、干燥的程度比现今可能还要高一些。

表 5-24　郧县盆地恐龙蛋蛋壳(方解石)碳、氧稳定同位素组成

序号	送样号	样品名称	$\delta^{13}C_{PDB}$/‰	$\delta^{18}O_{PDB}$/‰
1	Q01	恐龙蛋壳(方解石)	−4.53	−7.23
2	Q02	恐龙蛋壳(方解石)	−4.87	−6.17
3	Q03	恐龙蛋壳(方解石)	−5.79	−5.06
4	Q04	恐龙蛋壳(方解石)	−4.05	−7.43
5	Q05	恐龙蛋壳(方解石)	−4.08	−7.33
6	Q06	恐龙蛋壳(方解石)	−5.03	−6.75

表 5-25　山东、河南、湖北、广东恐龙蛋化石碳、氧同位素组成

序号	$\delta^{13}C_{PDB}$/‰			$\delta^{18}O_{PDB}$/‰				样品成分
	山东莱阳	河南西峡	湖北郧阳	山东莱阳	河南西峡	湖北郧阳	广东南雄	
1	−7.45	−7.37	−4.53	−5.25	−5.15	−7.23	−7.36	除样品①②③外，其余为恐龙蛋壳。①为灰岩，②和③为钙质结核
2	−7.46	−6.80	−4.87	−5.16	−6.36	−6.17	−9.02	
3	−8.92	−6.32	−5.79	−4.78	−3.35	−5.06	−8.97①	
4	−10.33	−6.29	−4.05	−4.74	−5.76	−7.43	−8.43②	
5	−6.81	−5.28	−4.08	−7.94	−7.78	−7.33	−8.76③	
6	−6.85	−5.26	−5.03	−8.42	−7.65	−6.75		
平均	−7.97	−6.22	−4.73	−6.06	−6.03	−6.66	−8.51	

注：山东莱阳（赵资奎 等，1983）、河南西峡（王德有 等，2008）、广东南雄（杨卫东 等，1993）。

（五）结论

通过对郧县盆地内晚白垩世（产恐龙蛋化石）地层岩性、岩相、古气候环境的分析及其与东秦岭地区晚白垩世断陷盆地沉积环境的对比，不难看出：

郧县盆地的形成，源于秦岭造山带晚期碰撞造山作用的应力调整，伸展拉陷，在造山带中形成的拉伸断陷盆地，它与秦岭造山带东段南部此时间段内形成的一系列北西—南东向断陷盆地有异曲同工的特征，在形态上呈长条形西窄东宽的箕状。

郧县盆地中上白垩统红色沉积物以及埋藏在其中的恐龙蛋，是在一种冲积扇相环境下沉积下来的。其中高沟组主要沿山麓边部分布，沉积物距物源区近，以粗碎屑为主，横向变化大，不稳定成分较多，分选性差，杂基支撑，层理不发育，胶结物为方解石。大多数沉积是在自由氧流通的条件下生成，氧化作用强而呈红色，为冲积扇沉积中的泥石流沉积物，并组成沉积扇的扇根。马家村组以褐灰色、浅褐红色砾岩、砂砾岩、砂岩互层沉积，基底式胶结，砾石成分以石英岩、变粒岩为主，胶结物为黏土矿物，呈次圆状—圆状、叠瓦状排列或扁平轴向平行排列，局部具冲刷现象和楔状交错层理，为冲积扇相的早期辫状河环境沉积物，并组成冲积扇的扇中。寺沟组为灰褐红色、浅紫红色、紫红色砾岩、钙质砂岩、钙质细砂岩组成，含钙质结核和钙质团块，为一套从下至上由粗变细的正律向序列沉积层，从盆地边缘往盆地中央沉积范围和沉积厚度逐渐增大增宽，见平行层理、楔状交错层理和冲蚀-充填构造，为冲积扇相的晚期辫状河沉积环境，为冲积扇的扇缘物质。

通过地质学、古生物学以及碳、氧稳定同位素组成的对比研究与西峡等豫西南地区晚白垩世断陷盆地古气候研究成果对比，研究区所在的郧县盆地的古气候特征与华南亚热带干旱

气候区的特征基本一致,研究区晚白垩世的恐龙是在一种炎热、干旱半干旱的气候环境下生衍繁殖的。

根据高沟组岩石的岩性特征及沉积环境,以及恐龙蛋化石成窝产出,蛋窝结构保持完整等特征综合分析,郧阳晚白垩世断陷盆地中的恐龙蛋化石,是在一种炎热、干旱半干旱气候条件下,在泥石流这种快速堆积环境中沉积并掩埋的。因为有了这种快速埋藏环境,才使得研究区的恐龙蛋化石保存了较好的原始状态,且成窝大面积分布,并保存完整。

参考文献

陈建强,何心一,2004.上扬子区早志留世四射珊瑚的复苏与辐射[M]//戎嘉余,方宗杰.生物大灭绝与复苏:来自华南古生代和三叠纪的证据.合肥:中国科学技术大学出版社:169-186.

程政武,方晓思,王毅民,等,1995.河南西峡盆地产恐龙蛋地层研究新进展[J].科学通报,40(16):1487-1490.

方晓思,卢立伍,程政武,等,1998.河南西峡白垩纪蛋化石[M].北京:地质出版社:1-125.

方晓思,卢立伍,蒋严根,等,2003.浙江天台盆地蛋化石与恐龙的绝灭[J].地质通报,22(7):512-520.

方晓思,王耀忠,蒋严根,2000.浙江天台晚白垩世蛋化石生物地层研究[J].地质论评,46(1):105-112.

方晓思,张志军,庞其清,等,2007.河南西峡白垩纪地层和蛋化石[J].地球学报,28(2):123-142.

方晓思,张志军,张显球,等,2005.广东河源盆地蛋化石[J].地质通报,24(7):682-686.

冯增昭,王英华,刘焕杰,等,1994.中国沉积学[M].北京:石油工业出版社出版.

湖北省地质矿产局,1990.湖北省区域地质志[M].北京:地质出版社:1-241.

湖北省地质矿产局,1996.湖北省岩石地层(42)[M].武汉:中国地质大学出版社:1-284.

胡承志,程政武,庞其清,等,2001.巨型山东龙[M].北京:地质出版社:1-139.

雷奕振,关绍曾,张清如,等,1987.长江三峡地区生物地层学(5)白垩纪—第三纪分册[M].北京:地质出版社:1-404.

李西兴,尹仲科,刘羽,1995.河南西峡恐龙蛋一新属的发现[J].武汉化工学院学报,17(1):38-41.

凌秋贤,张显球,林建南,2005.南雄盆地白垩纪—古近纪地层研究进展[J].地层学杂志,29(S1):596-601.

刘东生,1951.山东莱阳恐龙及蛋化石发现的经过[J].科学通报,2(11):1157-1162.

刘金远,赵资奎,2004.山东莱阳晚白垩世恐龙蛋化石一新类型[J].古脊椎动物学报,42(2):166-170.

梅冥相,高金汉,2005.岩石地层的相分析方法与原理[M].北京:地质出版社.

山东省地质矿产局,1991.山东省区域地质志[M].北京:地质出版社:174-190.

谭锡畴,1923.山东中生代及旧第三纪地层[J].地质汇报,5(2):55-141.

王德有,冯进城,2008.中国河南恐龙蛋和恐龙化石[M].北京:地质出版社:1-320.

王德有,罗铭玖,周世全,等,1994.西峡盆地晚白垩世古气候初探[J].河南地质,12(3):182-188.

王德有,周世全,1995.西峡盆地新类型恐龙蛋化石的发现[J].河南地质,13(4):262-267.

王恒生,1930.山东东部地质[J].中国地质学会志,9(1):79-91.

王强,汪筱林,赵资奎,等,2010a.浙江天台盆地上白垩统赤城山组长形蛋科一新蛋属[J].古脊椎动物学报,48(2):111-118.

王强,汪筱林,赵资奎,等,2012.浙江天台盆地上白垩统恐龙蛋一新蛋科及其蛋壳形成机理[J].科学通报,57

(31):2899-2908.

王强,赵资奎,汪筱林,等,2010b.浙江天台晚白垩世巨型长形蛋科一新属及巨型长形蛋科的分类订正[J].古生物学报,49(1):73-86.

王强,赵资奎,汪筱林,等,2011.浙江天台盆地晚白垩世恐龙蛋新类型[J].古脊椎动物学报,49(4):446-449.

王强,赵资奎,汪筱林,等,2013.浙江天台盆地晚白垩世网形蛋类新类型及网形蛋类的分类订正[J].古脊椎动物学报,51(1):43-54.

杨卫东,陈南生,倪师军,等,1993.白垩纪红层碳酸盐岩和恐龙蛋壳碳氧同位素组成及环境意义[J].科学通报,38(23):2161-2163.

杨钟健,1954.山东莱阳蛋化石[J].古生物学报,2(4):371-388.

杨钟健,1965.广东南雄、始兴、江西赣州的蛋化石[J].古脊椎动物与古人类,9(2):141-189.

张蜀康,2010.中国白垩纪蜂窝蛋化石的分类订正[J].古脊椎动物学报,48(3):203-219.

张玉光,裴静,2004.河南西峡上白垩统恐龙蛋化石微量元素组成及古气候探讨[J].古生物学报,43(2):297-302.

赵宏,赵资奎,1998.河南淅川盆地的恐龙蛋[J].古脊椎动物学报,36(4):282-296.

赵资奎,1975.广东南雄恐龙蛋化石的显微结构(一)——兼论恐龙蛋化石的分类问题[J].古脊椎动物与古人类,13(2):105-117.

赵资奎,1979.我国恐龙蛋化石研究的进展[C]//中国科学院古脊椎动物与古人类研究所,南京地质古生物研究所.华南中、新生代红层——广东南雄"华南白垩纪—早第三纪红层现场会议"论文选集.北京:科学出版社:330-340.

赵资奎,黎作聪,1988.湖北安陆新的恐龙蛋类型的发现及其意义[J].古脊椎动物学报,26(2):107-115.

赵资奎,毛雪瑛,柴之芳,等,1998.广东南雄盆地白垩系—第三系(K/T)交界恐龙蛋壳的铱丰度异常[J].中国科学(D辑),28(5):425-430.

赵资奎,毛雪瑛,柴之芳,等,2009.广东省南雄盆地白垩纪—古近纪(K/T)过渡时期地球化学环境变化和恐龙灭绝:恐龙蛋化石提供的证据[J].科学通报,54(2):201-209.

赵资奎,王强,张蜀康,2015.中国古脊椎动物志(第二卷)两栖类 爬行类 鸟类 第七册(总第十一期)恐龙蛋类[M].北京:科学出版社:1-196.

赵资奎,严正,2000.广东南雄盆地白垩系—第三系界线剖面恐龙蛋壳稳定同位素记录:地层及古环境意义[J].中国科学(D辑),30(2):135-141.

赵资奎,严正,叶莲芳,1983.山东莱阳恐龙蛋化石的氧、碳稳定同位素组成及其与古环境的关系[J].古脊椎动物与古人类,21(3):204-209.

赵资奎,叶捷,李华梅,等,1991.广东省南雄盆地白垩系—第三系交界恐龙绝灭问题[J].古脊椎动物学报,29(1):1-20.

浙江省地质矿产局,1989.浙江省区域地质志[M].北京:地质出版社:1-381.

浙江省区域地质调查大队,1995.浙江省白垩系和第四系中新建立的岩石地层单位[J].中国区域地质,(2):125-130.

周明镇,1954.山东莱阳化石蛋壳的微细构造[J].古生物学报,2(4):389-394.

周世全,罗铭玖,王德有,等,1997.豫西南晚白垩世地层时代研究的进展[J].地层学杂志,21(2):151-155.

周修高,任有福,徐世球,等,1998.湖北郧县青龙山一带晚白垩世恐龙蛋化石[J].湖北地矿,12(3):1-8.

朱光有,1997.河南西峡盆地红层划分及沉积相研究[J].石油大学学报(自然科学版),21(6):110-113.

朱光有,钟建华,陈清华,1998.河南西峡恐龙蛋壳化石的研究[J].岩石矿物学杂志,17(1)87-92.

BUCKMAN J,1860.On some fossil reptilian eggs from the great oolite of cirencester[J].Quarterly Journal of the Geological Society of London,16(1-2):107-110.

CARPENTER K,HIRSCH K F,HORNER J R,1994.Dinosaur eggs and babies[C].Cambridge:Cambridge University Press:366-370.

CHIAPPE L M,DINGUS L,JACKSON F,et al.,2000.Sauropod eggs and embryos from the Late Cretaceous of Patagonia[C]//BRAVO A M,REYES T.First International Symposium on Dinosaur Eggs and Babies. Catalonia:Isona i Conca Della:23-29.

CHIAPPE L M,SCHMITT S G,JACKSON F D,et al.,2004. Nest structure for sauropods:sedimentary criteria for recognition of dinosaur nesting traces[J].Palaios,19(1):89-95.

COUSIN R,BRETON G,2000. A precise and complete excavation is necessary to demonstrate a dinosaur clutch structure[C]//BRAVO A M,REYES T.First International Symposium on Dinosaur Eggs and Babies.Catalonia:Isona i Conca Della:31-42.

COUSIN R,BRETON G,FOURNIER R,et al.,1994.Dinosaur egg laying and nesting in France[C]// CARPENTER K,HIRSCH K F,HORNER J R.Dinosaur eggs and babies.Cambridge:Cambridge University Press:56-74.

DUGHI R,SIRUGUE F,1958.Sur des fragmentes de coquilles d'oeufs fossiles dans l'Eocene de Basse-Provence[J].C.R.Acad.Sci.,249:959-961.

ERBEN H K,1970.Ultrastrukturen und Mineralisation rezenter und fossiler Eischalen bei Vogeln und Reptilien[J].Biomineralisation,(1):1-66.

ERBEN H K,HOEFS J,WEDEPOHL K H,1979.Paleobiological and isotopic studies of eggshells from a declining dinosaur species[J].Paleobiology,5(4):380-414.

FOLINSBEE R E,FRITZ P,KROUSE H R,et al,1970.Carbon-13 and oxygen-18 in dinosaur.Crocodile and bird eggshells indicate environmental conditions[J].Science,168:1353-1355.

GRELLET-TINNER G,CHIAPPE L M,CORIA R,2004.Eggs of titanosaurid sauropods from the Upper Cretaceous of Auca Mahuevo(Argentina)[J].Canadian Journal of Earth Sciences,41(8):949-960.

GRELLET-TINNER G,CHIAPPE L M,NORELL M A,et al.,2006.Dinosaur eggs and nesting behaviors:a paleobiological investigation[J].Palaeogeography,Palaeoclimatology,Palaeoecology,232(2-4):294-321.

HORNER J R,1982.Evidence of colonial nesting and "site fidelity" among ornithischian dinosaurs[J].Nature, 297:675-676.

HORNER J R,1994.Comparative taphonomy of some dinosaurs and extant bird colonial nesting grounds [C]// CARPENTER K,HIRSCH K F,HORNER J R.Dinosaur eggs and babies.Cambridge:Cambridge University Press:116-123.

HUH M,ZELENITSKY D K,2002. Rich dinosaur nesting site from the Cretaceous deposits of Bosung County,Chullanam-do Province,South Korea[J].Journal of Vertebrate Paleontology,22(3):716-718.

MIKHAILOV K E,1991.Classification of fossil eggshells of amniotic vertebrates[J].Acta Palaeontologica Polonica,36(2):193-238.

MIKHAILOV K E,1994.Eggs of sauropod and ornithopod dinosaurs from the Cretaceous deposits of Mongolia[J].Paleontological Journal,28(3):141-159.

MIKHAILOV K E,1997.Fossil and recent eggshells in amniotic vertebrates:fine structure,comparative morphology and classification[J].Special Papers in Palaeontology(London),56:1-80.

MIKHAILOV K E,BRAY E S,HIRSCH K F,1996.Parataxonomy of fossil egg remains (Veterovata):basic principles and applications[J].Journal of Vertebrate paleontology,16(4):763-769.

MIKHAILOV K E,SABATH K,KURZANOV S,1994.Eggs and nests from the Cretaceous of Mongolia [C]// CARPENTER K,HIRSCH K F,HORNER J R.Dinosaur eggs and babies.Cambridge:Cambridge University Press:88-115.

MOHABEY D M,1996.A new oospecies Megaloolithus matleyi from the Lameta Formation (Upper Cretaceous) of Chandrapur district,Maharashrta,India and general remarks on the palaeoenvironment and nesting behavior of the dinosaurs[J].Cretaceous Research,17(2):183-196.

MOHABEY D M,2000.Indian Upper Cretaceous(Maestrichtian)dinosaur eggs:their parataxonomy and implications in understanding the nesting behaviour.[C]//BRAVO A M,REYES T.First International Symposium on Dinosaur Eggs and Babies.Catalonia:Isona i Conca Della:139-153.

MORATALLA J J,POWELL J E,1994.Dinosaur nesting patterns[C]// CARPENTER K,HIRSCH K F,HORNER J R.Dinosaur eggs and babies.Cambridge:Cambridge University Press:37-46.

PENNER M M,1985.The problem of dinosaur extinction,contribution of the study of terminal Cretaceous eggshells from Southeast France[J].Geobios,18(5):665-670.

SABATH K,1991.Upper Cretaceous amniotic eggs from the Gobi Desert[J].Acta Palaeontologica Polonica,36 (2):151-192.

SAHNI A,TANDON S K,Jilly A,et al.,1994.Upper Cretaceous Dinosaur eggs and nesting sites from the Deccan volcano-sedimentary province of peninsular India [C]// CARPENTER K,HIRSCH K F,HORNER J R.Dinosaur eggs and babies.Cambridge:Cambridge University Press:205-226.

SOCHAVA A V,1969.Dinosaur eggs from the Upper Cretaceous of the Gobi desert[J].Paleontological Journal,4:517-527.

VIANEY-LIAUD M,MALLAN P,BUSCAIL O,et al.,1994.Review of French dinosaur eggshells:morphology,structure,mineral and organic composition[C]// CARPENTER K,HIRSCH K F,HORNER J R.Dinosaur eggs and babies.Cambridge:Cambridge University Press:151-183.

VOSS-FOUCART M F,1968.Paleoproteines des coquilles fossils d'oeufs de dinosauriens du Cretace superieur de Provence[J].Comparative Biochemistry and Physiology,24:31-36.

WILLIAMS D L G,SEYMOUR R S,KEROURIO P,1984.Structure of fossil dinosaur eggshell from the Aix Basin,France[J].Palaeogeography,Palaeoclimatology,Palaeoecology,45:23-37.

ZHANG S K,YANG T-R,LI Z Q,et al.,2018.New dinosaur egg material from Yunxian,Hubei Province,China resolves the classification of dendroolithid eggs[J].Acta Palaeontologica Polonica,63(4):671-678.

ZHAO Z K,1994.Dinosaur eggs in China:On the structure and evolution of eggshells[C]// CARPENTER K,HIRSCH K F,HORNER J R.Dinosaur eggs and babies.Cambridge:Cambridge University Press:184-203.

ZHAO Z K,2000.Nesting behavior of dinosaur as interpreted from the Chinese Cretaceous dinosaur eggs[J].

Journal of the Paleontological Society of Korea, Special Publication, 4:115-126.

ZHAO Z K, MAO X Y, CHAI Z F, et al., 2002. A possible causal relationship between extinction of dinosaurs and K/T iridium enrichment in the Nanxiong Basin, South China: evidence from dinosaur eggshells[J]. Palaeogeography, Palaeoclimatology, Palaeoecology, 178(1-2):1-17.

ZHAO Z K, WANG J K, CHEN S X, et al., 1993. Amino acid composition of dinosaur eggshells nearby the K/T boundary in Nanxiong Basin, Guangdong Province, China[J]. Palaeogeography, Palaeoelimatology, Palaeoecology, 104(1-4):213-218.

ZHAO Z K, YANG Z, 2000. Stable isotopic studies of dinosaur eggshells from the Nanxiong Basin South China [J]. Science China, Ser.D, 43(1):84-92.

ZHOU M Z, 1951. Notes on the Late Cretaceous Dinosaurian remains and the fossil eggs from Laiyang Shantung[J]. Bulletin of the geological society of China, 31(4):89-96.

第六章 松滋猴-鸟-鱼化石库

摘要：对湖北松滋黑档口早始新世洋溪组进一步采集和研究表明,该组下部黑色泥页岩乃是世界上罕见的早始新世猴-鸟-鱼化石库,不仅产有世界上最古老(距今 5 500 万年)灵长类代表——阿喀琉斯基猴(*Archicebus achilles*)(Ni et al.,2013)、我国南方已知鹤形目化石最早记录——黑档口松滋鸟(*Songzia heidongkouensis*)(侯连海,1990)、尖爪松滋鸟(*Songzia acutunguis*)(Wang et al.,2012)以及高丰度且保存完美的湖北江汉鱼(*Jianghanichthys hubeisis*)(雷亦振,1987)化石群,而且又新发现了鬣蜥类(Agamid)、蝉(cicada)、蜘蛛(spider)、白蚁(temite)、古植物以及金龙鱼等多种鱼类化石。松滋猴-鸟-鱼化石库是继北美绿江组(Greenriver Formation)、德国梅瑟尔化石库(Messel Fossil-lagestätte)之后,世界上新近发现的第三个早始新世特异埋藏群,在产出时代上较前两者早 700 万年,因而被列入我国第一批重点古生物化石产地。对生物地层、构造古地理、沉积相和生态与埋藏学的分析研究表明(汪啸风,2015),该特异埋藏群形成于早始新世初期江汉盆地西缘松枝—当阳盆缘凹陷之中。温湿的气候、充足的陆缘供给为盆缘凹陷及相邻低山—湿地中生物群的繁衍创造了条件;继之鄂西山地抬升和江汉盆地向东收敛而诱发的湖平面上升、咸化、滞流和缺氧以及(或者)盆地中部喷溢的基性火山熔岩散发的有害气体和火山粉尘,可能是导致该生物群集群死亡的主要原因;伴随湖底缺氧而出现大量厌氧细菌席和藻类,在吸食生物软体的同时,为沉入湖底生物群骨架的完好保存创造了必要的封闭条件。

关键词：湖北松滋,早始新世,洋溪组,黑色页岩,猴-鸟-鱼化石库

一、概述

松滋市位于湖北省西南部,西倚巫山余脉,与五峰县、宜都市相接;东临江汉平原,与公安县、江陵县毗邻;北滨长江,与枝江市相望;南抵武陵余脉,与湖南省澧县、石门县接壤。该市交通方便,长江流经市境北缘,松滋河及其支流密布东北部;焦柳铁路(襄阳—松滋段)穿境而过;境内公路四通八达,乡镇均通公路,松滋距武汉公路里程 300 km,西北距三峡大坝120 km(图 6-1)。

松滋市域地处巫山山系(荆门分支余脉)与武陵山系(石门分支余脉)向江汉平原延伸的过渡地带。市域地形西高东低。以焦柳铁路为界:其西为鄂西山地,向江汉平原呈四级阶梯

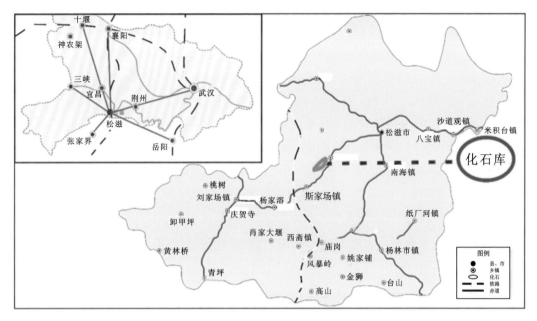

图 6-1 湖北松滋市交流图

递降;其东为丘岗平原,平原地势则由北向南微倾,形成了山地—丘岗—平原兼有的地貌特征。西部山地海拔一般在 500～800 m,中部为广阔的丘陵岗地,相对高差 100～200 m;东部属江汉平原,海拔在 50 m 以下,地势平坦,河湖纵横,湖塘密布。最低点在南部王家大湖芦苇场,海拔仅 34.2 m。

松滋市属北亚热带季风湿润气候区,四季气候分明、热量丰富、光照适宜、雨水充沛、雨热同季、无霜期长。春季冷暖多变,雨量递增;夏季炎热潮湿,雨量不均;冬季较长。市域年平均气温 14～16.9℃,最高气温为 39.5℃,最低气温为 −10.9℃,年平均日照时数为 1 600～1 900 小时,年太阳总辐射量每平方厘米为 418.6～445.4 kJ。全年无霜期为 260 天,年降水量为 1 050～1 300 mm。相对湿度在 74%～83%,年均湿度为 78%。主导风向为北风和东北风,冬春多寒潮和西北风,夏季盛行偏南风(即梅雨季节南洋风),时有东南风。历年平均风速为 2.4 m/s。

由于松滋地形复杂,高低比较悬殊,故空间气候差异较大。山区冬暖夏凉,江汉平原冬冷夏热。西南山地垂直气候差异明显:山间盆地水热条件为全市最优,而山上的气候则为全市最劣,山腰南坡有逆温层存在。市境中部和东部的光、热、水资源充裕。

松滋阿喀琉斯基猴-松滋鸟-江汉鱼化石库(化石群)(简称松滋猴-鸟-鱼化石库)产于湖北省松滋市西南斯家场黑档口至书林村一带,早始新世洋溪组下部灰黑色含有机质泥页岩中。该处早始新世构造上归属于上扬子陆块褶皱带东南缘,即黄陵穹窿和八面山台褶带东缘山地与江汉盆地西缘过渡地带;古地理上处于江汉内陆盆地西南缘松滋—当阳湖缘凹陷南侧(图6-2)。该区断续出露的古近纪—早中始新世地层,主要由棕红色、黄褐色、白色湖缘—浅湖相砂泥岩,灰绿、粉红色钙质泥岩或泥灰岩夹黑色页岩及厚层—块状砂岩夹含砾砂岩、砾岩组成,向东延伸于江汉盆地第四纪沉积之下。近些年的研究表明,在松滋黑档口洋溪组下部厚1.2 m左右的灰黑色含有机质泥页岩夹薄层粉砂岩中产有世界上最古老(距今5 500万年)灵长类代表——阿喀琉斯基猴(*Archicebus achilles*)(Ni *et al.*,2013)、我国南方保存最为完美鹤形目代表——黑档口松滋鸟(*Songzia heidongkouensis*)(侯连海,1990)、尖爪松滋鸟(*Songzia acutunguis*)(Wang *et al.*,2012)和高丰度的湖北江汉鱼(*Jianghanichthys hubeisis*)(雷弈振 等,1987)化石,近来又发现罕见的中华金龙鱼(*Scleropages sinensis*)(Zhang et Mark,2017)、鬣蜥类、蝉、蜘蛛、白蚁和古植物等多门类化石以及其他多种类型鱼类化石(汪啸风,2015)。这是继世界著名的北美绿江组(Green River Formation)、德国梅瑟尔化石库(Messel Fossil-lagestätte)之后,在世界上早始新世早期地层中新近发现的第三个特异埋藏群,在产出时代上较前两者早700万年。此外,在与松滋市相邻的宜都市楼子河、李家溪和当阳市东岳庙等地相当层位中亦产类似鱼化石;在南漳东巩镇土门垭至四望山一带亦有洋溪组地层出露,因此推测,这个产早始新世猴-鸟-鱼的湖缘凹陷分布面积还不小。

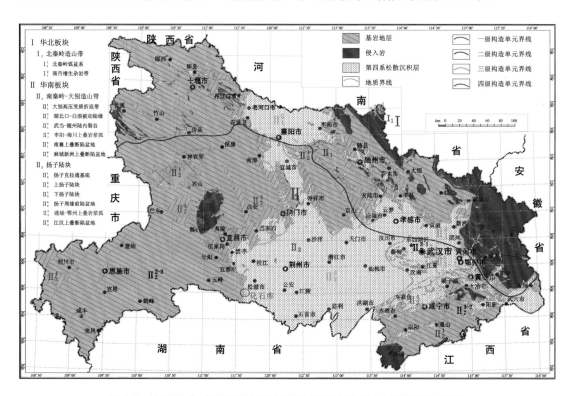

图6-2　松滋猴-鸟-鱼化石库位置示意图(引自湖北省地质调查院,2013)

二、研究简史

松滋市产猴-鸟-鱼等化石的古近纪(早第三纪)红色地层,系三峡东部地区最初所划分的"东湖群"的一部分。早在20世纪初,李四光、赵亚曾(1924)就对三峡东部地区的红层和古生物化石进行过开创性的地质调查,并将其归入古近系－新近系(第三系)。德日进(P.Teilhard de Chardin)和杨钟健在考察长江中、下游新生代的地质时发现,三峡东部的"红层"实际上有上、下两套砾岩,并依据第二砾岩之上的洋溪石灰岩中发现的腹足类(*Bithynia* sp.)推论,第二砾岩之下的"红层"可能属白垩纪,其上的"红层"属古近纪－新近纪(第三纪)。1936年,贾兰坡在宜都洋溪附近的红色砂岩中发现哺乳类和牙齿化石,经德日进和杨钟健研究,定名为 *Eudinoceras* cf.*kholobolchehiensis* Osborn,时代归属晚始新世,从而正式肯定三峡东部地区古近纪地层的存在。

对三峡东部地区古近纪地层及古生物化石的研究主要是在20世纪60年代后进行的。当时,在此工作的江汉平原石油地质综合研究联队(1960)、中国科学院南京地质古生物研究所(1961)、石油工业部江汉石油勘探处(1961－1962)、地质部第五石油普查勘探大队(1961－1962)等单位,通过测制剖面和采集介形类和孢粉化石,查明第二砾岩之下的"红层"属白垩纪,其余"红层"属古近纪－新近纪(第三纪)。

20世纪70年代后期,由宜昌地质矿产研究所(现更名为武汉地质矿产研究所,武汉地质调查中心)牵头(1977),与中南各省区区域地质测量队合作编写和出版的《中南地区古生物图册》中比较详细地描述了产自本地的鱼化石。之后,李曼英、宋之琛、李再平(1978)、王振(1978)、侯佑堂、何俊德、叶春晖(1978)、徐余瑄(1980)、王大宁(1980)等分别发表了有关本区古近纪孢粉、轮藻、介形虫、哺乳类的研究成果。

20世纪80年代,湖北省区域地质测量队(1984)在收集我省以往古生物化石资料的基础上,编写和出版的《湖北省古生物图册》,较全面地描述了三峡东部地区所发现的几种鱼化石及哺乳动物化石。此后,宜昌地质矿产研究所联合中国地质科学院地质研究所和湖北省地质研究所在前人工作的基础上,出版了《长江三峡地区生物地层学(5)白垩纪－第三纪分册》(雷奕振 等,1987),专著对三峡东部地区的白垩系－古近系做了系统的生物地层学研究,其中雷奕振(1987)对湖北江汉鱼进行了较深入的研究和厘定,并认为其与骨唇鱼不同,似应归属于亚口鱼科,后经张弥曼等对江汉鱼进一步研究(Chang et al.,2001),据所测大量标本的性状认为,与北美绿江组的亚口鱼近似,遂将其归属于亚口鱼科。松滋斯家场黑档口的江汉鱼化石丰富而多样,是研究古近纪亚口鱼科的早期分异和多样性的宝贵资料。1987年春,古鱼类学家张弥曼等在松滋市考察鱼类化石时,于斯家场镇黑档口始新世褐色页岩中采获一保存较好的小型鸟化石,化石经侯连海(1990)研究,依其形态特征建立一新科——松滋鸟科(Songzidae),也是我国已知鹤形目化石最早的记录,是我国南方迄今为止所发现的保存最好的始新世鸟类化石,属于我国一级重点保护的古生物化石。

更值得注意的是,在该地早古新世洋溪组距今55.8—54.8 Ma的湖相沉积中,又发现了阿喀琉斯基猴(Xijun Ni et al.,2013),这一重要发现引起了国际上的关注。通过研究阿喀琉斯基猴,古生物学家首次获得了一个相对完整的、非常接近于类人猿和其他灵长类开始分异时的图景,并认为他们"在重建人类和灵长类的早期演化历程方面,向前跨进了一大步"。

三、化石产地的地质背景

松滋阿喀琉斯基猴-松滋鸟-江汉鱼化石集中产地位于松滋市区西南斯家场一带,地跨鄂西南黄陵穹窿和长阳天柱山复式向斜东南边缘山地与江汉盆地西南盆缘的过渡地带,大地构造上属于江汉－洞庭内陆盆地之江汉盆地西南缘(图 6-2)。在地史演化上主要经历了晋宁、加里东、印支、燕山和喜马拉雅五次造山运动,其中印支运动使本区于晚三叠世时(距今约 2.2 亿年)结束了海洋阶段的历程,而转化为内陆湖泊沉积;燕山运动(距今约 1.45 亿年)使本区进一步抬升,奠定了本区地质构造的基本格架和松滋市域地形、地貌的雏形;继之而来的喜马拉雅运动使本区东部伴随我国西部的上升,而进一步相对下降,基本形成了本区当今山地－丘岗－平原兼有的地貌特征。

由于松滋市域地质构造比较复杂,以枝柳铁路为界,地层分布大致可分为两大部分:该铁路以西的西南山地为较老地层,出露有寒武系、奥陶系、志留系、泥盆系、石炭系、二叠系、三叠系及侏罗系,与黄陵穹窿周缘所出露的相当时代地层相似;而枝柳铁路以东的丘陵、平原地区为三峡东部山地的东延,主要出露古近纪－新近纪"东湖群"沉积,并向东延伸于江汉盆地第四纪沉积之下。含阿喀琉斯基猴、松滋鸟和江汉鱼化石库的地层主要分布于古近纪始新世早期地层中。

1. 地层

(1)典型剖面描述

松滋市域及其周边地区古近纪地层分布广泛,地层剖面以宜都徐家溪－松滋口剖面出露最好,层序发育较全,在三峡东部地区具有代表性,同时也是古近纪洋溪组、车阳河组和牌楼口组的建组和命名剖面所在地,该剖面描述如下(雷奕振 等,1987):

上覆地层:第四系

~~~~~~~~~~~~~~~~~~~~ 角度不整合 ~~~~~~~~~~~~~~~~~~~~

上始新统:牌楼口组(厚度＞**177.5 m**)

㉑灰黄、灰绿、灰白色厚层-块状细砂岩与黄绿色粉砂质泥岩不等厚互层,底部为中粒砂岩,含泥砾及细砾石。产孢粉,主要分子有 *Pterisisporites*,*phedripites*,*Monosulcites*,*Retitricolpites*,*Aratiaceoipollenites*,*Fraxinoisipollenites*,*Euphorbiacites*,*Meliaceoidites*,*Salixipollenites*,*Scabiosapollis*,*Coornaceopollenites* 等。　　　　　　＞36m

⑳灰白、浅灰、灰黄色厚层-块状细砂岩,夹薄层钙质砂岩扁豆体,浅红色粉砂岩及棕红、浅褐色泥岩;中部夹一层浅蓝灰色含铜页岩;顶部灰黄色砂岩中含植物化石碎片。砂岩层理发育,含紫红色泥砾及小砾石。产孢粉,主要分子有 *Osmundacidites*,*Pterisisporites*,*Ephedripites*,*Taxodiaceae-pollenites*,*Monosulcites*,*Meliaceoidites*,*Qudiercoidites*,*Liliacidites*,*Retitricolpites*,*Euphorbiacites*,*Salixipollenites*,*Tricolporo*

  — *pollenites*，*Scabiosapollis*，*Rutaceoipollis*，*Boehlensipollis*，*Araliaceoipollenites*，
Spargnaiceaepollenites。   48.4m

⑲下部为棕红、黄棕色砂质泥岩，与黄棕色厚层泥质砂岩、砂岩等互层；夹灰紫色钙质泥
 岩。上部为灰白、绿黄色薄-厚层状细砂、泥质粉砂岩，与浅棕、深褐色泥岩互层，夹薄
 层钙质砂岩透镜体及棕红色泥砾岩泥岩透镜体。   33.2 m

⑱浅灰、棕黄色厚层-块状中-细粒砂岩，夹浅棕、黄绿色粉砂岩及砂质泥岩和薄层钙质砂
 岩扁豆体。上部含一层灰绿色泥岩，其中含植物碎片。下部砂岩中斜层理发育，含泥
 砾及细砾石，上部砂岩中具有斜层理，含植物碎屑。产孢粉，主要分子有 *Osmundacid-*
 ites，*Pterisisporites*，*Ephedripites*，*Meliaceoidites*，*Scabiosapollis*，*Reyitricolpites*，
 Cornaceoipllnites，*Euphorbiacites*，*Araliaceoipollenites*，*Spargniaceoipokkenites*，
 Salixi-pollenites。   31.8 m

⑰浅棕、灰黄、棕黄、灰白色厚层-块状中-细粒砂岩，夹红棕、灰绿色砂质泥岩、钙质泥岩和
 泥质粉砂岩，含多层钙质砂岩扁豆体。砂岩中斜层理发育，富含泥砾。 28.1 m

—————————————————— 整合 ——————————————————

中始新统：车阳河组（厚 314.3 m）

⑯浅灰、灰白色厚层-块状中-细粒砂岩、泥质砂岩，夹红棕色砂质泥岩，砂岩中斜层理及交
 错层理发育，富含棕红色泥砾，偶见灰绿色泥质团块和细砾石。产介形虫：*Songziella*
 elliptica Sun，*S.longa* Sun，*S.paifanghouensis* Sun，*S.triangularis* Sun。 36.8 m

⑮灰白、浅棕、灰黄色厚层-块状中-细砂砾岩，夹薄层泥质粉砂岩、棕红色泥岩透镜体。砂
 岩中斜层理发育，富含泥砾，底部及中部夹细砾岩条带，冲刷面发育，顶部具对称波痕。
                        38.7 m

⑭灰白、浅棕色块状-细粒砂岩，与红棕色泥质砂岩、粉砂岩、砂质泥岩等不等厚互层，夹
 薄层钙质砂岩及粉砂质泥岩透镜体。砂岩中交错层理发育，常含棕红色泥砾及细砾
 石，顶部粉砂岩中见波痕。   50.9 m

⑬灰白、浅棕色厚层-块状中-细粒砂岩，上部为泥质砂岩与砂质泥岩互层，夹薄层钙质砂
 岩透镜体。砂岩中大型斜层理发育，富含棕红色泥砾，上部为泥质砂岩中小型波状层
 理发育。   33.2 m

⑫灰白、浅棕色块状细砂岩及红棕色泥质砂岩，与红棕色砂质泥岩略等厚互层。砂岩底
 部含棕红色泥砾及石英、燧石细砾石，下部泥岩中夹串珠状钙质细砂岩透镜体。产哺
 乳类：*Manteodon youngi* Xu。   31.3 m

⑪浅黄、棕、灰白色厚层-块状细砂岩、泥质砂岩，与棕红色含钙砂质泥岩互层。各单层砂
 岩底部常见棕红色椭球状泥砾及石英、燧石等细砾石。   42.1 m

⑩灰黄、棕黄、棕红色厚层-块状中-细粒砂石，常见斜层理、冲刷面和虫管，含棕红色泥砾
 及石英，燧石之细砾石，上部夹多层钙质砂岩扁豆体。   41.3 m

⑨灰紫、棕红、浅黄色厚层-块状中-细粒砂石，胶结疏松，具棕红色椭球状泥砾，大型斜层

理发育。产哺乳类：*Manteodon youngi* Xu。　　　　　　　　　　　　40.0 m

下始新统：洋溪组（厚 156.6 m）

⑧灰白、棕红色中－厚层状砂质石灰岩，夹多层棕红色钙质泥岩和细粒岩；上部为紫红色团块状石灰岩，顶部为一层灰黄色厚层砂质灰岩与车阳河组分界，砂质灰岩中水平层理发育。　　　　　　　　　　　　　　　　　　　　　　　　　　　　23.0 mm

⑦下部为灰褐、灰紫色团块状砂质灰岩，上部为棕红色厚层钙质粉砂及富含钙质团粒的红棕色泥岩。　　　　　　　　　　　　　　　　　　　　　　　　　　　　39.1 m

⑥下部为灰紫色厚层石灰岩，夹紫红色疙瘩状石灰岩、灰黑色泥岩，上部为灰白色薄层-中层状泥质灰岩。本层产介形虫：*Limmocythere hubeiensis* Ye，*L. yangqiensis* Sun，*Cypries henanensis* Guan et Sun，*C.* sp.，*Cyprinotus dongyuemiaoensis* Ye，*C. yangqiensis* Sun，*Gandona yangqiensis* Sun，*C.combibo* Livental，*C.*sp.，*Candoniella hubeiensis* Guan，*Cyclocypris laevis*（Muller），*Darwinula truncate* Guan；孢粉主要分子有 *Polypodiaceoisporites*，*Cyathodites*，*Platycaryapolenites*，*Ulmipollenites*，*Boehlensipollis*，*Talisiipites*，*Potamogetoniaceaepites*，*Spargniace-aepollenites*，*Salixipollenites*，*Celtispollenites*。　　　　　　　　　　41.9 m

⑤下部为紫红、淡红、淡褐色中层-块状石灰岩，上部为紫红、灰绿色泥岩及页岩，富含钙质结核，夹灰岩扁豆体。产腹足类：*Truncatella hubeiensis* Li，*Ausyralorbis odhneri* Yen，*Physa scitula* Li；介形虫：*Eucypris yanricnsis* Ho，*Cyprinotus* sp，*Paracandona reniformes*，Ho et Ye，*Candoniella ellipsoidea* Hou et Yang。　　　21.6 m

④黄棕、红色含钙粉砂质泥岩，富含钙质团块或团粒，夹灰紫色中厚层石灰岩，底部以一层厚约 5 m 的灰黄-淡红色疙瘩状钙质粉砂岩-粉砂质灰岩与龚家冲组分界。产腹足类：*Hydrobia chichengensis* Li H. sp.，*Bithnia lordostoma* Yu et Wang，*Melanoides striata* Li *M.aspericostata* Li，*M,macra* Li，*Truncatella hubeiensis* Li，*Physa scitula* Li，*Australorbis odhneri* Yun，*Sinopupoides hubeiensis* Li，*Mirolaminatus* cf.*lamellatus* Wang，*M. validus* Wang；鱼类：*Jianghanichihys* sp；介形虫：*Sinometacypris donyuemiaoensis* Ye，*Limnocythere hubeiensis* Ye，*Candona combibo* Livental *C. abrupta* Guan，*C.henanusis* Jiang et Sun，*C.*sp.，*Paracandona reniformis* Ho et Ye，*Cyprois* sp；*Sinocypris* sp，*Cypris henanensis* Guan et Sun，*Eucypris dorsocurvata* Guan，*Cyprois circularis* Zhang，*Yangqienis bella* Sun；孢粉主要分子有：*Cyathidites*，*Toroisporis*，*Ulmipollenites*，*Ulmoideipites*，*Potamogetoniaceaepites*，*Spargiaceaepollenites*，*Taxodiaceaepollenites*。　　　　　　　　　　　　　　　　31 m

―――――――――――――――――― 整合 ――――――――――――――――――

古新统：龚家冲组（厚 116.3 m）

③棕红、紫红、黄绿色含钙粉砂质泥岩，富含钙质结核，夹两层灰黄、灰白色中层状石灰岩及黄绿、紫红、棕红色钙质粉砂岩。产腹足类：*Aplexa yangxiensis* Li，*Australorbis problematica* Li，*Planobarius yidouensis* Li，*Bulinus*（*Pyrgophysa*） sp.，*Sanshuispira mira*，*S.minuta* Li；介形虫：*Yangxiella bella* Sun *Procyprois ravenridgensis* Swain，*P.laevis* Guan，*Candoniella* sp.；孢粉主要分子有 *Polypoliaceoisporites*，*Cedripites*，*Pinuspolleni tes*，*Abietes*，*Ineaepollenites*，*Triporollenites*，*Ostryoipollenitts*，*Celtispollenites*，*Ulmipollenites*，*Tricolpites*，*Myrtaceidites*，*Engelhardtioidites*，*Quercoidites*。

　42.4 m

②棕黄、黄褐色钙质粉-细砂岩，富含钙质结核，上部杂以灰紫色钙质细砂岩。　35.5 m

①浅棕色厚层-块状中砾岩，横向变为砂砾岩夹砂岩，砾石分选及磨圆性较好。主要为灰岩及石英岩。　38.4 m

———————— 整合 ————————

下伏地层：上白垩统 跑马岗组

（2）地层划分与对比

松滋市域及周边地区古近纪地层全属陆相沉积，其岩性、岩相在横向上虽有一些变化，但从区域发育情况看来，组成这套地层各岩组的岩性在区域内仍具有相对的稳定性。根据地层层序、岩组类型和古生物性质，这一地区古近系的统一划分见表 6-1：

表 6-1　松滋地区古近系地层划分及对比（王乃文 等，2005；全国地层委员会 2014 修改）

国际地址年表			年龄值/Ma	江汉盆地西缘松枝—当阳凹陷	江汉盆地	古地磁极性时	校正的年龄/Ma	K-Ar年龄/Ma
古近系	渐新统	夏特阶	23.03		荆河镇组			
		吕珀尔阶	27.82			C16r	36.0	43.1
			33.9	牌楼口组	潜江组			47.8
	始新统	普利亚本阶	37.8			C17r	37.2	
		巴顿阶	41.2	车阳河组	荆沙组	C18r C19r C20r		
		卢泰特阶	47.8			C21r	48.6	52.0
		伊普里斯阶	56.0	洋溪组	新沟咀组	C22r C23r		
	古新统	坦尼特阶	59.2			C24r	55.8	
		塞兰特阶	61.6	龚家冲组	沙市组	C25r C26r C27r		
		丹麦阶	66.0			C28r C29r	51.7	

（i）龚家冲组

龚家冲组标准剖面位于湖北当阳市城南约 15 km 的新店乡龚家冲，辅助剖面在宜都市枝城镇东南约 4 km 的徐家溪。这个组主要见于宜都市徐家溪—长冲坳，当阳市龚家冲—七里长冲，荆门市严家坡—团林铺，南部土门垭—张家坡等地。该组以湖缘相红色细碎屑沉积为主，夹泥质沉积，偶见钙质沉积，局部地区出现洪积相粗碎屑沉积，在松滋一带相变为棕红色、黄褐色厚层-块状角砾岩、砾岩或砾砂岩(图 6-3);中、上部以含钙质结核的褐红、紫红、咖啡色泥岩和粉砂岩为主,夹褐黄、棕红、灰白色砂岩和灰绿色泥岩,偶含薄层状-中厚层状灰白色泥灰岩透镜体。该组厚 60～470 m,与下伏上白垩统跑马岗组呈整合接触。

图 6-3　松滋市域古新世龚家冲组自然剖面景观

龚家冲组中、上部产丰富的腹足类、腹足类口盖、介形虫、轮藻及孢粉等化石。腹足类中多数成员可与国内外的古新世的种相比较,反映了晚古新世色彩。介形虫属于以 *Sinocypris excelsa-Eucypris hengyangensis-Parailyocypris changzhouensis* 为代表的组合,时代属晚古新世。轮藻与广东南雄盆地上古新统浓山组和江苏南部古新统角直组的轮藻组合相似。孢粉组以 *Pinaceae-Triporopollenites* 为代表,这一组合与我国辽宁抚顺煤田的古新统孢粉组合和江苏地区泰州组上部达宁期孢粉组合比较接近。植物化石为 *Palibinia angustifolia* Li,出现的时代可能为晚古新世或早始新世初期。

综上所述,龚家冲组中、上部的介形虫和轮藻组合,与广州南雄盆地浓山组应属同时代的产物。其中的孢粉化石反映了古新世的色彩。该组的中、上部地层大致与广东的浓山组、布心组、流沙港组下部,湖南的霞流市组,江西的池江组和江苏北部的阜宁群二—四组相当,时代属晚古新世。

(ii)洋溪组

洋溪组之名源出于德日进和杨钟键(1935)命名的"洋溪湖相石灰岩"。本章所称的洋溪组仅限于原洋溪组的上部地层,与德日进、杨钟键最初命名的"洋溪湖相石灰岩"大致相当。建组剖面位于湖北宜都市洋溪镇西约 2km 的老鸦山(图 6-4)。该组在峡东地区十分发育,广泛分布于松滋市老城镇西部的洪溪口、白龙墩,斯家场之北的黑档口、井坡、八眼泉;宜都市洋溪、楼子河、李家溪、腰店子、方家冲、长冲坳;当阳市猫子坡、东岳庙、杨家冲、沈家冲。这个组属浅湖相沉积,其岩性横向上变化较大,在松滋市斯家场以北和松滋口以东为黄褐、浅棕、棕红色砂岩与粉砂岩、泥岩不等厚互层,夹灰绿、粉红色钙质泥岩或泥灰岩及黑色页岩,偶见灰褐色砂质泥灰岩,厚 100～520 m。它与下伏龚家冲组为整合接触,在松滋一带,其底部为一层厚约 5 m 的灰黄、淡红色钙质粉-细砂岩或砂质灰岩,此层岩石多具瘤状结构,风化面为灰白

图 6-4　松滋市域始新世洋溪组自然剖面景观（箭头所指）

色，常呈羊背状在地表出露，野外易于识别。

　　洋溪组化石丰富，其下部产龟鳖类：*Aspideretes* sp.，*A.muyuensis* Lei et Ye。中－下部产腹足类、腹足类口盖、介形虫、孢粉，鱼类：*Jianghanichthy hubeiensis*（Lei）。上部产哺乳类：*Coryphodon zhichengensis* Lei。

　　上列化石中，哺乳类 *Coryphodon zhichengensis* 虽然比我国已知的一些早始新世冠齿兽特化，但其程度还未达到中、晚始新世 *Eudoinoceras* 的水平，出现的时代可能为早始新世晚期。鱼类 *Jianghanichthys* 在某些性状上与北美中始新世早期绿江组 Laney 页岩段的 *Amyzon gosiutensis* 比较接近，时代为晚古新世—早始新世。龟鳖类 *Aspideretes muyuensis*（雷奕振 等，1985）与广东茂名晚始新世的 *A.impressus*（叶祥奎，1963）较相近，但结构更原始。介形虫组合可与茂名下始新统木坪组和玉皇顶组的相应组合对比，其中的代表分子 *Cypris henanensis*，*Limnocythere hubeiensis* 是这两个组中极为发育中的标志化石。腹足类主要分子有 *Bithynia lordostma*，*Physa scitula*，*Australorbis odhneri* 等，曾在李官桥盆地的下始新统玉皇顶组大量发现，它们应属同一时代产物。腹足类口盖中，因出现大量的 *Assiminea retopercula*，*A.pressopercula*，*Parafossarulus limats* 等，表现出与龚家冲组迥然不同的组合面貌。轮藻化石虽然属种不甚丰富，并且具有强烈的地方性色彩，但其层位在龚家冲组之上，且出现大量的新分子 *Charites yangtzensis*，*Ch.banyueshanensis*，*Harrisichara honghuensis*，*Hornichara yiduensis* 等，故其出现的时代似应为早始新世。孢粉见于该组下部和中部，下部的孢粉组合以宜都老鸭山的样品为代表，称为 *Ulimpollenites-Potamogetoniaceaepites* 组合，组合中榆科花粉十分发育,同时含有我国东部地区早始新世地层中常见的一些分子如 *Cyathidites minor*,*Abietieneapollentites microalatus*,*Podocarpiditesandiniformis* 等,反映了古近纪早期的特点。

综合以上各门类化石分析,洋溪组应置入下始新统,其层位大致可与湖北房县的观兵场组,江汉盆地的新沟嘴组,河南李官桥盆地的玉皇顶组,湖南洞庭盆地的沅江组二段、衡阳盆地的粟木坪组、广东三水盆地的华涌组、江苏北部的戴南组、安徽来安的张山集组等对比,时代属早始新世(表6-2)。

(iii)车阳河组

车阳河组是宜昌地质矿产研究所雷奕振等(1987)创建的系从牌楼口组下部分解出来的岩石地层单位,建组剖面位于松滋车阳河镇一带的长江南岸。该组以三角洲相沉积为主,其岩性为灰黄、浅棕、灰白色厚层-块状砂岩夹薄层或透镜状棕红色泥岩或粉砂岩。上部含少量的灰绿色泥岩或泥质团块。砂岩中常见细砾石、泥砾和被充填的虫管,具大型斜层理及交错层理(表6-1)。

车阳河组厚320~570 m,与下伏洋溪组为整合接触,其底在命名地点为灰黄-浅紫红色厚层状松散砂岩,整合在洋溪组顶部的灰白-紫红色薄层-中厚层砂质灰岩之上。

表 6-2　松滋市含化石集中产地古近纪地层划分与对比(据吴平、杨振强,1980;张师本等,1992 修改)

年龄值/Ma	年代地层系统 — 全球 系	全球 统	全球 阶	中国 系	中国 统	中国 阶	东部盆地区 — 南襄盆地	江汉盆地 峡东/边缘	江汉盆地 内部	洞庭湖盆地	华南盆地区 — 衡阳盆地	南雄盆地
0.0115	新近系	全新统		新近系	全新统	全新统	平原组	平原组		橘子洲组　万山红组	橘子洲组	冲积层
0.128		更新统	上		更新统	萨拉乌苏阶	冲积层	宜都组		白水江组	白水江组	冲积层
0.781			中			周口店阶	冲积层／冲积、洪积层	善溪窑组		马王堆组／白沙井组／新开铺组	马王堆组／白沙井组／新开铺组	洞穴堆积层　冲积层
1.806			下			泥河湾阶	冲积层	云池组		洞井铺组	汨罗组　洞井铺组	冲积层
2.588		上新统	格拉斯阶		上新统	麻则沟阶	砂坪组	掇刀石组	广华寺组			
3.600			皮亚森兹阶			高庄阶						
5.332			赞克尔阶									
7.246		中新统	梅辛阶		中新统	保德阶						
11.608			托尔通阶									
13.65			塞拉瓦尔阶			通古尔阶						
15.97			兰哥阶									
20.43			布尔迪加尔阶			山旺阶						
23.03			阿启坦阶			谢家阶						
28.4±0.1	古近系	渐新统	夏特阶	古近系	渐新统	塔本布鲁克阶	廖庄组	牌楼口组	荆河镇组			
33.9±0.1			鲁培尔阶			乌兰布拉格阶	核桃园组		潜江组			(顶部遭剥蚀)
37.2±0.1		始新统	普利亚本阶		始新统	蔡家冲阶	大仓房组		荆沙组			古城村组
40.4±0.2			巴尔通阶			垣曲阶						
48.6±0.2			鲁帝特阶			卢氏阶					高岭组	
55.8±0.2			伊普里斯阶			茶岭阶	玉皇顶组	洋溪组	新沟咀组		茶山坳组	
58.7±0.2		古新统	坦尼特阶		古新统	池江阶		沙市组	沙市组			浓山组
61.7±0.2			塞兰特阶			上湖阶	龚家冲组				枣市组	上湖组
65.5±0.3			丹尼阶				寺沟组	跑马岗组	渔洋组		车江组	坪岭组

早年,贾兰坡在宜都洋溪镇西的车阳河组下部砂岩中发现零星的哺乳类化石,经德日进、杨钟键研究(1936)定名为 *Eudinoceras* cf.*kholobolchiensis* Osborn,时代为晚始新世早期。后来,地质部第五石油普查勘探大队,命名为 *Manteodon youngi* Xu,这个种的性质无疑比始新世早期的冠齿兽特化,其时代定为中始新世不会有很大的分歧。该组中、上部产少量的腹足类口盖,虽然仍以奇片螺属的成员为主,但是新出现的 *Parafossarulus limatus* 极为发育,这表明它们可能是稍晚的洋溪组口盖化石的另一地质时期的产物。介形虫组合中,仍然含有下伏洋溪组的分子 *Limuocythere spinisalata*,*Candoniella*,*C.hubeiensis*,但缺失洋溪组及华南其他地区的下始新统的常见代表分子 *Cypris henanensis*,*C. pagei*,*Limnocythere hubeiensis*等,其时代应比洋溪组的介形虫组合要晚。据此,将车阳河组置入中始新统,其层位大致可与湖南洞庭盆地的汉寿组、河南李官桥盆地的大仓房组、山东的官庄组及内蒙古的阿尔善头组等对比。

(iv)牌楼口组

牌楼口组之名来源于江汉平原石油地质研究联队(1961)(未刊)命名的牌楼口砂岩组。旧义的牌楼口组包含了岩相、岩组特征和化石都不相同的两套地层。因此,雷奕振等(1987)将下部红色岩石从原牌楼口组划出,另建车阳河组,置于中始新统;上部仍称牌楼口组,代表三峡东部地区的始新世晚期的沉积。该组主要分布在松滋市牌楼口、当阳市何家楼子、枝江市石子岭等地,其标准剖面在松滋市牌楼口长江南岸。本组以湖缘相沉积为主,夹三角洲相沉积,与下伏车阳河组连续沉积,界线不易划分,一般以较多的灰绿色砂岩开始出现之处的浅黄棕色厚层-块状砂岩作为其底界。

牌楼口组的孢粉化石比较丰富,称为 *Ephedripites-Meliaceoidites-Retitricolpites* 组合,时代为晚始新世。轮藻化石据王振、黄仁金(1978)研究有 *Maedlerisphaera chinensis* Huang et Xu.,*Sphaerochara rugulosa* Z.Wang,*Nemegtichara sadleri*(Unger)等,其中较有意义的是 *Maedlerisphaera chinensis* Huang et Xu.,该种主要分布于江汉盆地的潜江组、南阳盆地的核桃园组、洞庭盆地的新河口组及江苏地区的三垛组等始新世晚期地层中。因此,从牌楼口组的孢粉和轮藻等化石看来,该组显示了始新世晚期的时代色彩。这个组可与河南李官桥盆地的核桃园组对比。

2. 区域构造

松滋阿喀琉斯基猴-松滋鸟-江汉鱼化石集中产地位于松滋市区西南约 20 km 的斯家场一带,构造上正置鄂西南黄陵穹窿和长阳天柱山复式向斜东南边缘山地与江汉盆地西南盆缘的过渡地带。根据大地构造相的研究(湖北省地质调查院,2013),该地在大地构造上应属于江汉—洞庭内陆盆地的江汉盆地沉降带西南缘,处在上扬子陆块前缘的黄陵基底隆起、八面山台坪褶断带边缘的交接复合部位(图 6-2、图 6-5),这里既是黄陵或长江三峡东部山地的部分外延,又是江汉平原的西南部起点。

由于境内以东属江汉平原，为第四系所覆盖，区域构造多见于本区西部黄陵穹窿东南缘，以褶皱为主，断裂次之。褶皱主要呈近东西向构造形迹延伸，构造较为简单，以升降运动和盖层褶皱为主；断裂有近东西向、北西及北北西向、北东及北北东向断裂等。

（1）褶皱构造

区内褶皱构造多呈东西向展布，主要分布于本区西部地段，自北而南可分为仁和坪向斜、子良坪背斜、西斋向斜和裴家湾背斜（图6-2，图6-5）。

（2）断裂构造

区内断裂构造主要有近东西向曲尺河—刘家场、梅子垭—卸甲坪压扭性断裂、官桥断裂；北东及北北东向断裂较多，主要发育在子良坪背斜两翼；6条北西及北北西向断裂系主要发育在子良坪背斜南北翼；此外，境内最发育的当数刘家场南北向纵向断裂。该组断层密集地纵向切割仁和坪向斜东封闭端，主要集中于朱家沟—夏家湾一带。断层西盘明显北移，东盘南移，为压性或压扭性断裂。另在子良坪背斜南北翼亦有近南北向断裂发育，具压扭性或张扭性特征（图6-5）。

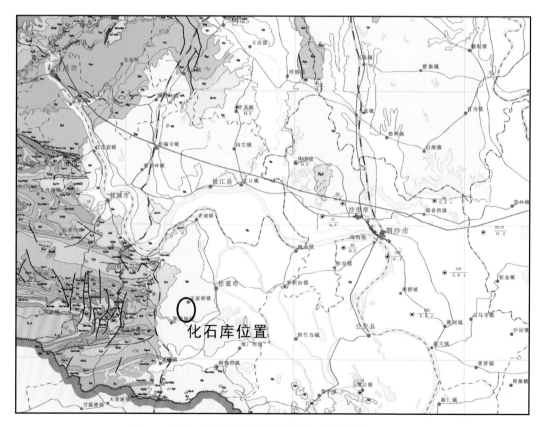

图6-5　宜昌—松滋地区地质图及主要构造和化石库位置

（3）江汉—洞庭陆内沉降带

松滋古猴-松滋鸟-江汉鱼化石集中产地处于江汉—洞庭陆内沉降带之江汉沉降带的西南

边缘,该区从白垩系起一直以下沉为主;伴随盆地沉降所发育的古近纪—新近纪沉积物绝大部分为第四系中更新统所覆盖,仅在江汉盆地与黄陵穹窿和长阳天柱山背斜东部的盆缘地带(松滋斯家场至松滋老城张家畈、宜都李家溪、当阳东岳庙)还可见少许古近系地层出露(图6-2、图6-6),尤以松滋斯家场一带含化石最为丰富。

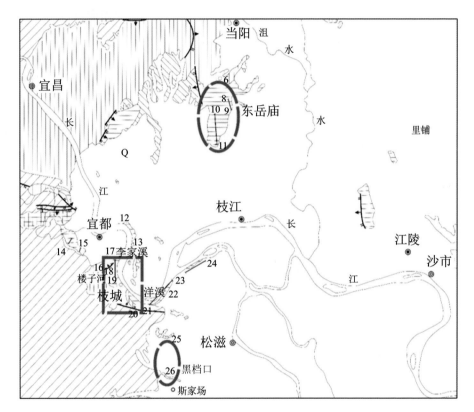

图6-6 古近系化石集中产区地层分布

(图中水平线区示古近系分布区;圆圈和方块示化石集中产区)

四、化石库分布及产出层位

松滋市及周边地区早、中古近世地层主要分布在江汉盆地西缘,松滋—当阳盆缘凹陷或断陷盆地之中,该盆地沿松滋—宜都—当阳—荆门一线呈南北向延展。根据地层层序、岩石类型和组合特征,该区的古近系自下而上分为龚家村组、洋溪组、车阳河组和牌楼口组(表6-1),其中洋溪组一名源出于德日进和杨钟键(Teilhand de Chardi et al., 1935)命名的"洋溪湖相石灰岩"。根据雷奕振等(1987)厘定,本章的洋溪组仅限于原洋溪组的上部地层,与德日进和杨钟键最初命名的"洋溪湖相石灰岩"大致相当,不含从其下部分出露的古新世龚家冲组湖缘相、局部为洪积相粗碎屑沉积。与当阳市城南约15 km的以新店乡的龚家冲命名的剖面相比,松滋一带龚家冲组以棕红色、黄褐色厚层-块状角砾岩、砾岩或砾砂岩占优势,与下伏晚白亚世跑马岗组顶部的棕红色泥质粉砂岩或粉砂质泥岩整合接触。

　　洋溪组的建组剖面位于松滋市洋溪镇西约 2 km 的老鸦山，厚 156.6 m（图 6-7）。在底部
31 m 处的灰黑色风化呈灰黄-淡红色含砂质泥页岩中，鱼类、腹足类、介形虫、孢粉等多门类化
石（雷奕振 等，1987）。

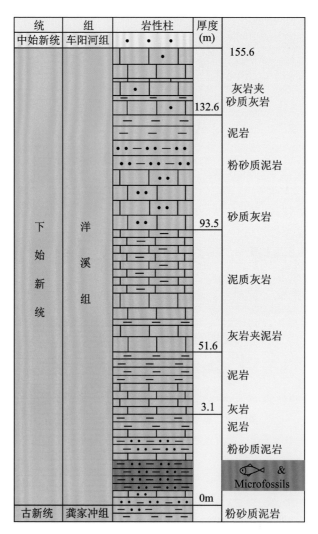

统	组	岩性柱	厚度(m)	
中始新统	车阳河组			155.6
下始新统	洋溪组		132.6	灰岩夹砂质灰岩
				泥岩
				粉砂质泥岩
			93.5	砂质灰岩
				泥质灰岩
			51.6	灰岩夹泥岩
				泥岩
			3.1	灰岩
				泥岩
				粉砂质泥岩
				🐟 & Microfossils
古新统	龚家冲组		0m	粉砂质泥岩

图 6-7　松滋洋溪镇洋溪组柱状图（雷奕振 等，1987；汪啸风，2015 修改）

　　近年来的研究表明，洋溪组断续出露在松滋市老城镇、溪口、牌楼口至斯家场一带，尤以
王家桥镇南缘的黑档口至斯家场镇书林村一带，该组近下部黑色岩系中，化石保存得最为完
美和丰富；在宜都市洋溪、楼子河、李家溪，当阳市东岳庙、杨家冲、沈家冲，荆门市东山，襄阳
市南漳县土门垭至走马岭等地亦有分布，但地层出露不理想（图 6-1）。洋溪组横向变化较大，
在松滋市斯家场以北和松滋口以东，该组为黄褐、浅棕及棕红色砂岩与粉砂岩、泥岩不等厚互
层，夹灰绿、粉红色钙质泥岩或泥灰岩及黑色页岩，偶见灰褐色砂质泥灰岩，厚 100 m 左右，底

部为一层厚约 5 m 的灰黄、淡红色钙质粉-细砂岩或砂质灰岩,与下伏龚家冲组顶部棕红、紫红、黄绿色含钙质结核泥岩夹灰黄、灰白色中层状石灰岩整合接触;上覆车阳河组以三角洲相沉积为主,底部为灰黄-浅紫红色厚层松散状砂岩在江汉盆地内部,与车阳河组层位基本相当的荆沙组(表 6-1),厚达 600～1 480 m,为棕红、紫红色泥岩夹少量灰绿色泥岩及粉砂岩,局部夹泥膏岩、盐岩和基性玄武岩。

对松滋黑档口至书林村新揭露的 3 个采坑的测量与研究表明,松滋猴-鸟-鱼化石库主要产于洋溪组下部厚 1.2 m 左右的灰黑色、黑色含有机质的泥页岩之中,黑色泥页岩具纹层构造夹薄层粉砂岩和透镜状灰岩,其上为第四纪河流相碎屑沉积所覆盖,与洋溪组层型剖面对比,缺少了黑色泥页岩之上绝大部分地层。松滋黑档口采坑所揭露的洋溪组下部含化石地层自上而下描述如下:

上覆地层:第四系黄灰色砂砾岩、砾岩

⑪灰黄色中层泥质灰岩夹粉砂岩、砂岩,横向不稳定。　　　　　　　　　　　　0.4 m

⑩灰色、灰白色泥页岩,层理不清。　　　　　　　　　　　　　　　　　　　　0.30 m

⑨深灰色薄层泥灰岩夹薄层粉砂岩、细砂岩。　　　　　　　　　　　　　　　　0.30 m

⑧深灰色、黑色泥岩夹少许薄层细砂岩及灰岩透镜体,见鱼化石及个别植物碎片和昆虫化石及鸟类(化石层 3)。　　　　　　　　　　　　　　　　　　　　　　　　0.10 m

⑦深灰色-黑色叶片状含钙质泥岩夹薄层钙质粉砂岩及灰白色凝灰质泥岩。　　0.20 m

⑥深灰色钙质泥岩,含灰岩结核或透镜体,见大量鱼化石(化石层 2),偶见个别鸟类及蜥蜴化石。　　　　　　　　　　　　　　　　　　　　　　　　　　　　　　　0.20 m

⑤灰黑色薄层钙质、泥质细粒粉砂岩。　　　　　　　　　　　　　　　　　　　0.10 m

④灰黑色、黑色钙质泥页岩夹薄层硅质灰岩透镜体及灰白色凝灰质泥岩(?)岩薄层,泥页岩具纹层构造,含大量鱼化石,鱼群沿层面分布,无定向排列(化石层 1)偶有植物碎片及蜘蛛化石发现。　　　　　　　　　　　　　　　　　　　　　　　　　0.30 m

③灰黑色薄层粉砂岩。　　　　　　　　　　　　　　　　　　　　　　　　　　0.10 m

②灰黑-灰黄色泥岩。　　　　　　　　　　　　　　　　　　　　　　　　　　　0.10 m

①浅灰色、灰白色钙质泥灰岩、粉砂岩。　　　　　　　　　　　　　　　　　　0.10 m

下伏地层

出露不好,断续出露厚约 5 m 的灰黄-淡红色具瘤状结构的砂质灰岩和钙质细砂岩,与下伏龚家冲组顶部紫红色泥岩整合接触。

从以上剖面描述可见,黑档口剖面近底部(1—2 层)为深灰、灰黑色钙质泥岩、粉砂岩,化石稀少;其上 1.2 m 左右(3—8 层)的黑色、灰黑色具纹层构造泥页岩夹薄层砂岩和灰岩透镜体,以及偶见的灰白色含凝灰质泥岩夹层,系构成该黑色页岩化石库的主要层段,自下而上可进一步识别出 3 个化石富集层,每层厚 0.10～0.30 m,层间为厚度不等的不含或含稀少化石的黑色泥质粉砂岩、砂岩所隔开。黑色泥页岩是保存此猴-鸟-鱼化石库的基质；泥页岩中所夹的薄—中层含泥质灰岩透镜体，则可视为该特异埋藏群在黑色泥页岩中富集的标志。在顶部厚约 0.7 m 及其以上的灰色泥灰岩、灰岩中曾有哺乳动物骨骼出现。

图 6-8　黑档口采坑早始新世洋溪组下部黑色泥页岩

（a）新揭露的化石采坑，黑色泥页之上为第四系河流相砂砾岩覆盖；（b）采坑中所展示洋溪组下部黑色泥页岩夹薄层粉砂岩及灰岩透镜；（c）示洋溪组下部产猴-鸟-鱼化石的黑色泥页岩。

　　湖北松滋市域及周边地区始新世古生物化石分布相当广泛，层位稳定。就以往发现的古脊椎动物化石而言，湖北江汉鱼大面积分布于松滋市斯家场镇黑档口、老城镇白龙墩，宜都市老鸭山、牛子河、李家溪，当阳市东岳庙冯家冲一带（图 6-8，图 6-9）。松滋鸟化石在松滋市斯家场镇黑档口也多处见及。值得重视的是，最近又在相当层位中发现令世人震惊的阿喀琉斯基猴（Xijun Ni et al.，2013）化石，这进一步表明松滋市，特别是该市斯家场镇黑档口一带乃是我国急需重点研究和保护的古生物化石集中产地之一。

　　松滋阿喀琉斯基猴-松滋鸟-江汉鱼化石库均产于古近纪早始新世洋溪组下部，浅灰、灰黑色薄层状钙质黏土页岩夹浅黄白色水云母黏土页岩和泥质透镜状灰岩中，距今约 5 500 万年，在黑档口剖面化石富集层厚约 1 m（图 6-9，图 6-10）。此化石层自下而上具 3 层产大量化石的分层，每个分层厚约 15 cm，其含鱼化石之多在国内外十分罕见；在两个分层之间所含鱼化石则为数稀少。松滋市斯家场镇黑档口剖面产大量化石层位自上而下描述如下：

上覆地层:第四系黄灰色砂砾岩、砾岩

～～～～～～～～～～～～～～ 角度不整合 ～～～～～～～～～～～～～～

⑭灰色厚层状含泥质灰岩。 0.93 m

⑬灰色含钙质粗粉砂岩。 0.20 m

⑫深灰色含钙质泥岩。 0.43 m

⑪灰色泥质灰岩。 0.15 m

⑩灰黑色页片状钙质泥岩。 0.25 m

⑨深色含钙质粉砂岩。 0.07 m

⑧深灰、灰黑色叶片状含钙质泥岩。 0.20 m

⑦深灰色含灰岩结核钙质泥岩,俗称石胆层,是寻找鱼化石层的良好标志。 0.20 m

⑥灰黑色页片状钙质泥岩。 0.30 m

⑤灰黑色泥岩,含大量鱼化石,鱼群沿层面分布,无定向排列(鱼化石层1-3)。 0.15 m

④深灰、灰黑色钙质泥岩。 0.15 m

③灰黑色泥灰岩。 0.15 m

②灰黑色泥岩,含大量鱼化石(鱼化石层1-2)。 0.15 m

①深灰、灰黑色钙质泥岩(未见底)。

图 6-9 松滋猴-松滋鸟-鱼化石库分布图

五、化石库生物组合特征及时代

松滋斯家场一带洋溪组下部黑色泥页岩化石库中各门类化石保存完美,尤其是江汉鱼化石丰度极高[图 6-10(c)(d)],在一块不到 0.5 m² 的层面上有时可见数条、甚至数十条鱼化石;共生的还有不少尚待研究的其他类型鱼类化石[图 6-10(a)(b)],他们为研究古近纪早期

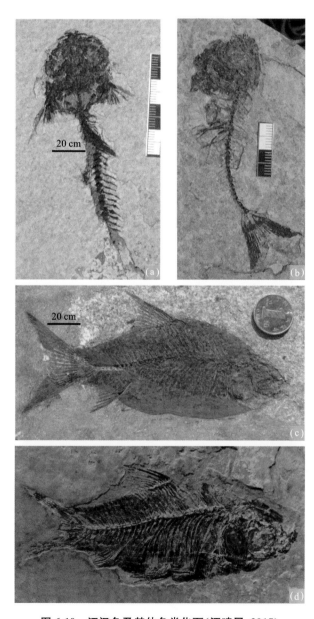

图 6-10　江汉鱼及其他鱼类化石(汪啸风,2015)

(a)(b)一种尚待进一步研究的鱼类化石;标本号码:SF001-2;(c)(d)湖北江汉鱼(*Jianghanichthys hubeisis*)(Lei,1987),标本号码:SF1001—1002;

鱼类的分异、埋藏环境和多样性以及亚口鱼的生物地理分区提供了宝贵资料(Chang et al.,2001)。最近,在此鱼群中又首次发现保存完美的金龙鱼化石——中华金龙鱼(*Scleropages sinensis*)(张江永 等,2017)(图 6-11)。新发现的中华金龙鱼较东南亚的美丽金龙鱼及澳大利亚的雷卡德金龙鱼保存得更完美,与现生的金龙鱼(*Scleropages*)在头骨、尾骨、各鳍的形状和位置以及具有网状鳞片等方面极为相似,但在鼻骨、翼耳,眶前、宽高比例等方面又与现生种不同。现生的金龙鱼一般游弋于表层水中,以鱼虾、昆虫、甲壳虫为食,甚至包括青蛙、蜥蜴、老鼠等。中华金龙鱼的发现进一步表示,江汉盆地西缘松滋—当阳盆缘凹陷在早始新世时,温湿的气候、充足的陆缘供给为盆缘凹陷中生物群的繁衍创造了极好的条件。此外在松滋黑档口洋溪组黑色页岩中还发现一些外形似当今黄骨鱼,但尚难以确定其确切分类的鱼类化石[图 6-10(a)(b)],它们与猴、鸟、昆虫等多门类生物化石死后保存在一起,构成了世界罕见的早始新世洋溪组猴鸟鱼化石库(汪啸风,2015)。

图 6-11 中华金龙鱼(Scleropages sinensis)(Zhang et al.,2017)化石及其生态环境再造
(张江永 等,2017;古脊椎动物学报)

化石库中另一类较为常见且具代表性的化石是黑档口松滋鸟(*Songzia heidongkouensis*)(侯连海,1990)和尖爪松滋鸟(*Songzia acutunguis*)(Wang et al.,2012)[图 6-12(b)(d)],它们虽不及德国梅瑟尔化石库所发现的鸟类化石多样,但骨架保存十分完美,是我国已知鹤形目化石的最早记录,也是我国南方迄今为止所发现的保存最好的鸟类化石。松滋黑色页岩化石库中最为罕见且在古灵长类和古人类学演化上具有里程碑意义的重要化石是,倪喜军等(2013)最近报道的世界上已知最古老(距今5 500万年)的灵长类代表——阿喀琉斯基猴(*Archicebus achilles*)骨架[图6-12(a)],它们较过去发现于德国梅瑟尔化石库的达尔文猴和

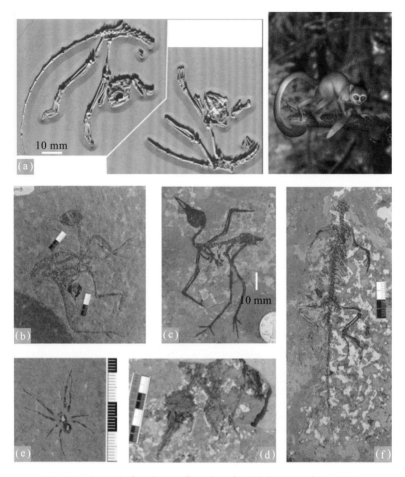

图6-12　松滋洋溪组特异埋藏群中所发现的化石(汪啸风,2015)

(a)阿喀琉斯基猴(*Archicebus achilles*)(Ni et al.,2013)及其再造(引自《化石》杂志,2013,n.3封面,再造图系倪喜军绘制);(b)(c)尖爪松滋鸟(*Songzia acutunguis* Wang et al.2012),(b)为该种正型标本(IVPP 18188)的另一面,武汉地质矿产研究所博物馆,标本号码:SB−0001;(c)(d)黑档口松滋鸟?(? *Songzia heidongkouensis*)(侯连海,1990),保存在黑档口镇政府;(e)荆州松滋蜘蛛(*Sonzilarachne jingzhouensis*),标本号码:SS−001;(f)鬣蜥科(Agamidae)的新类型— 湖北松滋蜥蜴(*Sonzisaurus hubeiensis*),标本号码:SA−001。

美国怀俄明的假熊猴整整早了700万年。虽然目前尚难以确定阿喀琉斯古猴在松滋洋溪组下部黑色泥页岩化石库中产出的具体层位。根据在黑档口新揭露化石采坑的调查和化石采集,在洋溪组下部厚1.2 m左右的黑色泥页岩化石库中,松滋鸟多见于中、上部含鱼层位(化石层2−3)之中,但丰度远不及鱼类化石高,大致在1万多条鱼化石中,才能发现一个鸟类化

石。值得注意的是，在这个猴-鸟-鱼化石库中，最近又发现爬行类，属于鬣蜥科（Agamidae）的新类型——湖北松滋蜥蜴（*Sonzisaurus hubeiensis*）[图 6-12（f）；图 6-13（b）]和罕见的江汉松滋古蝉（*Sonzicossus jianghanensis*）[图 6-13（a）]，荆州松滋蜘蛛（*Sonzilarachne jingzhouensis*）[图 6-13（e）]、白蚁（temitids）[图 6-13（c）]以及古植物和大量尚待进一步研究的鱼类化石[图 6-10（a）（b）]。

需要指出的是，层型剖面的洋溪组以灰褐、淡红、灰白色中-厚层灰岩为主，夹杂色泥岩，

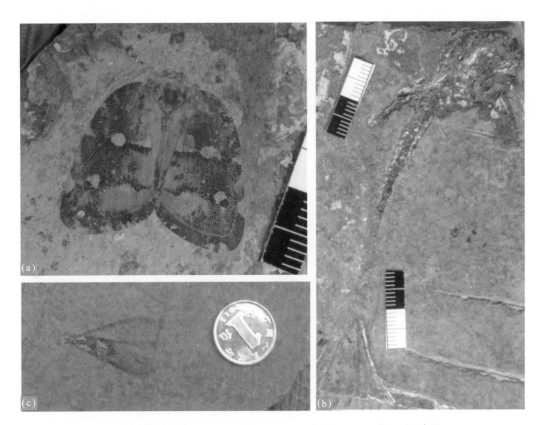

图 6-13 新发现鬣蜥类（Agamid）、蝉（cicada）和白蚁（termite）化石（汪啸风，2015）

（a）江汉松滋古蝉（*Songzicossus jianghanensis*），标本号，SC-001；（b）松滋蜥（未定种）（*Sonzisaurus* sp.），标本号：SA002；（c）白蚁（temitids）（钱币直径 10 mm），标本号：ST001.

厚 100～520 m。据雷奕振等（1987）研究，在上述含古猴-鸟-鱼化石群的黑灰色泥页岩中，还产有腹足类、介形类、轮藻和孢粉化石发现（王振，1978；侯佑堂 等，1978；李曼英 等，1978；王大宁 等，1980），并可进一步识别出以 *Mirolaminatus-Melanoides-Truncatella-Physa* 组合为代表的腹足类，以 *Cypris decaryi-Limnocythere hubeiensis-Sinocypris reticulata* 组合为特征的介形类，*Neochara huananensis-Obtusochara elllptica-Amblyochara taixianensis* 组合的轮藻以及以 *Polypodiaceoisporites* 为代表的孢粉化石（王乃文 等，2005）；此外，在当阳半月山等地相当层位中还发现龟鳖类（*Aspidetetes* sp.，*A.muyuensis*），在枝城楼子河洋溪组含湖北江汉鱼化石群之上还发现哺乳动物——冠齿兽（*Coryphodons zhichengensis*）左下颌骨和

右下颌骨前端(雷奕振 等,1987)。上述微体化石、哺乳类和爬行类化石的综合分析和研究均指示,洋溪组的时代为早始新世,与江汉盆地内部新沟咀组或国际通用的古新世初期依普里斯阶时代相当(表6-1)(雷奕振 等,1987;王乃文 等,2005),与该组古地磁24 反向极性时至22 正向极性时所指示地质年龄54.5－50.5 Ma 基本一致(张师本 等,1992;王乃文 等,2005),亦与吴萍、杨振强(1980)曾经在江汉盆地上覆中始新世荆沙组(与车阳河组相当)所测玄武岩夹层的钾氩同位素年龄为52 Ma,其上中晚始新世潜江组(与牌楼口组相当)的年龄分别为47.8 Ma 和43.1 Ma 基本吻合。

　　洋溪组化石十分丰富,据武汉(原宜昌)地质矿产研究所、中科院南京地质古生物研究所研究(雷奕振等 1987),与上述松滋古猴-鸟-鱼化石群共生的,还有腹足类、介形类、轮藻和孢粉化石(王振,1978;侯佑堂 等,1978;李曼英 等,1978);在当阳半月山等地相当层位中还有龟鳖类(*Aspidetetes* sp.,*A.muyuensis* Lei)发现;在邻近的枝城楼子河洋溪组含鱼化石群之上还发现冠齿兽(*Coryphodons zhichengensis* Lei)左下颌骨和右下颌骨的前端化石。正是通过这些微体化石、哺乳类和爬行类化石的综合分析和研究说明,洋溪组的时代为早始新世,与江汉盆地内部的新沟咀组或国际通用的古新世初期依普里斯阶时代相当。据武汉(原宜昌)地质矿产研究所对江汉盆地与车阳河组相当的荆沙组玄武岩夹层同位素年龄测定,其钾氩年龄为52 Ma,时代属中始新世(吴萍 等,1980);上覆与牌楼口组相当的潜江组的年龄分别为47.8 Ma 和43.1 Ma,大致与始新世中晚期相当,与上述据古生物化石所获的地层时代基本一致。

六、与世界相关化石群的对比

　　松滋阿喀琉斯基猴-松滋鸟-江汉鱼化石库是继著名的北美绿江组、德国梅瑟尔化石库之后,世界新发现的第三个早始新世多门化石共存的特异埋藏化石群,而且在出现和形成的时代上较前两个特异埋藏群早700 万年。北美绿江组化石库已有150 多年的研历史,化石分布在北美若干个中始新世湖盆沉积之中,已发现60 种脊椎动物化石和26 种鱼类化石,另外还有大量鸟类和哺乳类化石,是世界上公认的著名的化石宝库。德国的梅塞尔化石库也有100 多年历史,是了解公元前500 万年至公元前360 万年间始新世生活环境极为珍贵的遗址,占地70 hm²,是世界上产出哺乳动物化石最多的遗址之一,它深刻而生动地揭示了4700 万年前生物进化与生命的奇迹。经过近百年研究,已发现大约109 种植物属、8 种鱼类、31 类爬行动物、5 类两栖动物、50 种鸟类和30 类无脊椎动物(包括昆虫等),尤其是动物化石中包括30 多具完整的始祖马骨骼化石,它们是研究哺乳动物进化的宝贵财富。梅塞尔化石遗址曾经是采矿废杂堆积地,1991 年德国黑森州政府买下此地,并列为文化遗址保护区后才步入发展的快车道,1995 年又被联合国教科文组织(UNESCO)列入"世界文化遗产"保护名录。这些实例提醒我们,对松滋古猴-鸟-鱼化石库的认识和研究才刚刚揭开序幕,与北美绿江组化石库和德国梅塞尔化石库(图6-14)相比,无论在生物化石多样性、认识和研究程度方面都存在巨大差距,也无法与我国北方白垩纪的热河生物群(周忠和 等,2010)和山东新近纪中新世山旺化石群相比,但随着这个具有改写类人猿演化历史的珍稀化石——阿喀琉斯基猴的发现,已引起世人对此化石集中产地的高度重视,因为这个珍稀的化石库形成于白垩纪生物大绝灭之后,但较北美组和德国梅瑟尔中始新世化石库早 700 万年,较中新世山旺化石群早 3 700 万年,从而为人类了解白垩纪恐龙消失后的 1 000 万年间所发生的生物演化事件,打开了一扇独一无二的窗口。通过对此化石库的进一步开发性保护和研究,将会使人们发现众多物种起源与演化的足迹。深信通过对该化石集中产地的保护和系统发掘与研究,有希望成为继北美绿江组和德国梅瑟尔化石库之后,世界上第三个早始新世特异埋藏化石群,其潜在的社会、科学和经济效益目前还难以估量。

图 6-14 德国梅瑟尔化石产地遗址

七、对化石库形成与埋藏环境的设想

依据古生物化石保存的完整程度、排列方式和各部分器官抗破坏能力的不同,古生物化石的埋藏大体可分为两种类型,即原地埋藏和异地埋藏。松滋市域,特别是斯家场镇黑档口一带,江汉鱼体保存如初,形态完整,大部分脊椎、肋骨、细刺、鳞片清晰;松滋鸟化石保存也很精美,它的头、翼、尾、两条细长的腿等保存齐全,躯体完整,它是迄今我国发现保存最好的始新世鸟化石。另外,这些化石沿岩层层面分布,排列无定向,几乎没有分选。这些现象表明它们曾经可能都未经流水搬运,或者虽经过搬运,但搬运的距离不远,基本为原地埋藏。

江汉鱼等化石之所以保存如此之好,是与当时的古地理环境分不开的。据构造古地理、岩性和沉积相的分析,松滋地区早始新世洋溪组为一套近湖缘浅湖-近半深湖相沉积。化石主要产自该组下部深灰色-黑色钙质泥页岩中,岩石含有机质高、颜色较深、粒度细,微细水平层理发育,由此推测那时湖盆的沉积环境是相当稳定,水流不畅,湖面平静,湖水较深,深度可能超过20 m。尽管当时湖盆随着季节性变化不时有水注入,随之带来的植物、有机质等,以及湖水中自身存在的藻类和细菌,为大量鱼类繁殖提供了充足食物,但由于水流不畅和大量生物、细菌、藻类的聚集,导致湖盆滞流环境的不断扩大和缺氧水面(柱)的不断上升,最终破坏了湖盆边缘正常的水循环作用,导致鱼群的集群灭亡。与此同时,随着鱼群等大量水生生物的死亡和腐烂,使那些喜欢在湖盆周边戏水和觅食的松滋鸟、古猴的生态环境也随之发生急剧变化,由于食物链的改变或中断,它们与同江汉鱼一样,均面临着灭顶之灾。湖底缺氧的环境和所繁衍的大量厌氧藻类则成为这些死后坠入湖底生物的防腐剂,接踵而来的快速堆积和良好的沉积盖层,使这些生物死后得以保存下来,经过长期石化作用而形成当今所见的化石库。

八、化石产地的科普意义

截至目前,在松滋猴-鸟-鱼化石集中产区始新世地层中已发现大量无脊椎动物化石,包括10多种腹足类和轮藻化石,几十种介形类化石;大量孢子花粉化石及古植物化石;所产脊椎动物化石包括龟鳖类、鱼类、哺乳类中的冠齿兽和灵长类化石,它们都是普及科学知识,进行科普教育的生动教材(图6-15)。

图6-15　在旗林乡政府组织化石展览,宣传化石保护法

1)对松滋古猴-鸟-鱼化石库中的古猴化石的发现和研究过程本身,就是宣传科学发展观,弘扬创新极好的教材;通过古猴化石的复原和重建将为人们勾画出灵长类和人类早期演化历程,是宣传进化论思想,破除封建迷信的生动教材。

2)为什么鸟类和灵长类会与大量的鱼化石保存在一起,这个问题本身就是普及生物与环境关系,说明松滋乃至江汉盆地始新世古地理和古气候变化的生动教材;而大量江汉鱼因环境变化而集群死亡则是一个活生生的实例,教育人类要保护地球,爱护环境。

3)松滋猴-鸟-鱼化石库中大量无脊椎动物化石和孢子花粉化石及植物化石也是科普的生动教材,因为它们不仅能够确定含化石地层的时代和进行地层对比,而且也是指示含油气的地层位置,重建江汉盆地和邻区古地理、古气候的宝贵材料,同时也是普及地学和古生物学知识的具体教材。

总之,松滋猴-鸟-鱼化石库具有丰富的科学内涵,前节讨论的化石库产生、埋葬和形成过程,仅仅是一种假设,无论化石本身,还是化石库的形成机理和过程,均包含着丰富多彩的科学内涵,需要几十年,甚至几代人的不断探索和思考,自然也是教育和普及科学知识,提高人们认识和文化、科学水平的生动课堂。

参考文献

侯连海,1990.湖北松滋早始新世一鸟化石[J].古脊椎动物学报,28(1):34-42.

侯佑堂,何俊德,叶春辉,1978.江汉平原边缘地区白垩—第三纪介形类动物群[G]//中国科学院南京地质古生物研究所集刊(第九号).北京:科学出版社:129-206.

湖北省地质科学研究所,1977.中南地区古生物图层(三)中新生代部分[M].北京:地质出版社.

湖北省地质矿产局,1990.湖北省区域地质志[M].北京:地质出版社.

湖北省地质调查院,2013.湖北省大地构造相图.

湖北省区域地质测量队,1984.湖北省古生物图册[M].武汉:湖北科学技术出版社.

江汉平原石油地质综合研究联队,1961."东湖砂岩"地层时代及含由性研究初步报告[R].

郭战峰,杨振武,刘新民,等,2006.江汉平原古生界构造结构特征及油气勘探方向[J].海相油气地质,11(2):9-16.

雷奕振,关绍曾,张清如,等,1987.长江三峡生物地层学(5)白垩纪—第三纪分册[M].北京:地质出版社.

李曼英,宋子琛,李再平,1978.江汉平原白垩纪—第三纪的几个孢粉组合[M]//中国科学院南京地质古生物研究所集刊(第九号).北京:科学出版社:1-60.

刘娟,2008.东亚及北美亚口鱼科鱼类(胭脂鱼类)的调查与研究,1-60.

刘宪亭,1963.湖北宜都艾氏鱼(*Knightia*)的发现及其意义[J].古脊椎动物与古人类,7(1):31-37.

全国地层委员会,2014.中国地层表[M].北京:地质出版社.

汪啸风,2015.世界上罕见的早始新世猴鸟鱼化石库[J].古生物学报,54(4):425-435.

汪啸风,陈孝红,程龙,等,2009.关岭及相关生物群沉积与生态环境的探讨[J].古生物学报,48(3):509-525.

王大宁,赵英娘,1980.江汉盆地早白垩世—早第三纪早期孢粉组合特征及其地层意义[C]//地层古生物论文集:第九辑.北京:地质出版社,1980:121-171.

王振,黄仁金,1978.陕西三叠纪轮藻化石[J].古生物学报,17(3):267-275.

王振,1984.江汉盆地第三纪轮藻[M]//中国科学院南京地质古生物研究所集刊(第九号)北京:科学出版社,101-128.

王乃文,何希贤,2005. 古近系[M]//汪啸风,陈孝红. 中国各地质时代地层划分与对比.北京:地质出版社.

吴萍,杨振强,1980.中南区白垩纪至早第三纪地层对比及构造发展特征[J].地质学报,54(1):24-33.

徐余瑄,1980.湖北宜昌冠齿兽化石新材料[J].古脊椎动物与古人类,18(4):296-298.

叶祥奎,1963.广西柳城巨猿洞更新世陆龟一新种及其意义[J].古脊椎动物与古人类,7(3):223-228.

张江永,MARK V H W,2017. 金龙鱼(Scleropages:Osteoglossomorpha)化石的首次发现[J].古脊椎动物学报,55(1):1-9.

张师本,刘椿,1992.江汉盆地西北缘下第三系古地磁特征及底界[J]. 石油学报,13(2):121-126.

郑家坚,何希贤,刘淑文,1999. 中国地层典:第三系[M].北京:地质出版社.

周忠和,王原,2010.热河生物群脊椎动物生物多样性的分析以及与其他动物群的比较[J].中国科学:地球科学,40 (9):1250-1265.

CHANG M M,MIAO D S,CHEN Y Y,et al,2001.Suckers(Fish,Catostomidae)from the Eocene of China account for the family's current disjunct [J].Science in China Series D: Earth Sciences,44(7):577-586.

FURRER H,2004. Der Monte San Giorgio im Südtessin- vom Berg der Saurier zur Fossil-Lagerstätte internationaler Bedeutung[J].Neujahrsblatt Neujahrsblatt Der Naturforschenden Gesellschaft Zürich,206:1-64.

Hess H,1999. Lower Jurassic Posidonia Shale of Southern Germany[M]//Hess H,Ausich W I,Brett, et al. Fossil Crinoids.Cambridge: Cambridge University Press:183-196.

LEE J S,CHAO Y T,1924.Geology of the gorge district of the Yangtze (from Ichang to Tzekuei) with special reference to the development of the gorges[J].Bulletin of the Geological Society of China,3:351-391.

NI X J,DANIEL L G,DAGOSTO M,et al,2013.The oldest known primate skeleton and early haplorhine evolution[J].Nature,498: 60-64.

TEIHARD DE C P,YOUNG C C,1935.The Cenozoic sequence in the Yangtze[J].Bulletin Geological Society of China,14 (2):161-178.

WANG M,MAYR G,ZHANG J Y,et al,2012.Two new skeletons of the enigmatic, rail-like avian taxon Songzia Hou,1990 (Songziidae) from the early Eocene of China[J].Palaeontology, 36(4): 487-499.

WANG X F,BACHMANN G H,HAGDORN H,et al,2008. The Late Triassic black shales of the Guanling area Guizhou Province,south-west China:a unique marine reptile and pelagic crinoid fossillagestätte[J].Paleotology,51(1): 27-61.

第七章 鄂西陆相红盆珍稀植物群

摘要：早三叠世时，湖北基本上为一片汪洋大海，迄今尚无可靠的植物化石记录。但从中三叠世开始，印支造山作用使扬子地台及其周缘在不均匀抬升过程中所形成的断陷盆地中，发育以肋木（*Pleuromeia*）、脊囊（*Annalepis*）植物化石为代表的滨海潮坪植物群。肋木和脊囊植物均系全球十分珍贵的植物化石之一，因而深受广大古生物学者的重视。这个植物群不仅对鉴定早、中三叠世的地层时代、指示当时的滨海生态环境和研究海陆变迁有重要的意义，而且在植物演化上具有古生代鳞木类与现代水韭类植物的过渡性质。

伴随晚三叠世的来临，地壳进一步抬升并在省域西部发育若干小型陆相盆地，发育了湖泊—沼泽相含煤沉积，并在荆门—当阳盆地形成了晚三叠世早期（卡尼期）以蔡氏束脉蕨（*Symopteris zeilleri*）和较小中华蒐羽叶（*Sinoctenis minor*）为代表的九里岗组植物群。该植物群数量极为丰富，化石保存完整，形态特别，属种众多，既包括多实拟丹尼蕨（*Danaeopsis fecund*）、蔡氏束脉蕨（*Symopteris zeilleri*）、陕西舌叶（*Glossophyllum shensiense*）等华北延长群植物群的典型分子，也含古生代的孑遗分子，如疏脉蕉洋齿（*Compsopteris laxivenosa*）、西河蕉洋齿（*C.xiheensis*）、大辐叶（*Radiatifolium magnusum*）等，是华南极为少见的典型的晚三叠世卡尼期植物群，为我国南、北晚三叠世早期地层及植物群的对比提供了十分宝贵的资料。

本章在全面收集前人有关资料和笔者多年积累的基础上，对上述两个植物群的分布、性质、生态环境和古气候进行了全面的总结。

关键词：湖北西部，中—晚三叠世，肋木—脊囊植物群，九里岗组植物群，古生态，古气候

一、概述

湖北省三叠纪地层发育，层序清楚，尤其是在本省西部因印支造山事件所形成的陆相红色断陷盆地中，先后发育了中三叠世早期（安尼期）著名的肋木（*Pleuromeia*)-脊囊（*Annalepis*）植物群和晚三叠世早期（卡尼期）华南少见的卡尼期植物群。因此，湖北省是研究我国乃至全球中—晚三叠世陆相红色盆地植物群的理想地区之一。

肋木属是一类矮小的乔木状石松植物，广泛分布于欧亚大陆。由于它的地质时限短，层位稳定，因而一直被视为全球早—中三叠世的标准化石。该属的形态特征具有古生代鳞木类

与现代水韭植物的过渡性质,是古生代鳞木类的后裔,它始现于二叠纪与三叠纪之交,全球生物大绝灭之后的生物复苏期,在三叠纪早、中期大为发展,盛极一时,并为当时植被中的优势类群,从而显示了那一时期肋木的出现在植物系统演化史上的重要性。

脊囊属是三叠纪早、中期一类较为特殊的石松草本植物,在当时的植被中也占有十分重要的地位。该属的研究自 Fliche(1910)创名以来,直至近30年来才有比较明显的进展。这个属在以往很长一段时间内保存的都是单个孢子叶,而本省保存有完整的孢子叶球,这是世界各地不可比的。

早三叠世时,海水广布于华南,陆地面积十分狭小,肋木和脊囊植物几乎没有生长空间(云南东北角除外)。中三叠世则是华南从海到陆重要的转折时期,也是扬子地台石松植物大发展和扩张时期。值得注意的是这些植物的时空分布、迁移和绝灭与当时扬子地台抬升和海平面升降变化有密切的关系。依据本省及邻区的中三叠世石松植物材料,提出以下新的认识。

晚二叠世时,由于印支构造运动的影响,华南地块不断上升,致使我国南方不少陆相盆地的上三叠统与中三叠统之间呈假整合接触,其间通常缺失晚三叠世早期(卡尼期)的沉积。但当时我省荆门—当阳盆地受印支构造运动的影响相对较小,表现上三叠统九里岗组与下覆中三叠统巴东组为连续沉积。该盆地晚三叠世卡尼期地层发育齐全,并产华南典型的卡尼期植物群。

荆门—当阳盆地晚三叠世卡尼期九里岗组植物群属种很多,数量丰富。该植物群既含我国南方晚三叠世网叶蕨-格子蕨(*Dictyophyllum-Clathropteris*)植物群的典型分子,也含我国北方晚三叠世多实拟丹尼蕨-蔡氏束脉蕨(*Danaeopsis fecunda-Symopteris zeilleri*)延长群植物群的典型分子,其植物群的性质呈现我国南、北两个晚三叠世植物群的混生现象,在我国南、北两个晚三叠世植物群的关系中起着桥梁作用。同时,九里岗组植物群还含一些古生代的孑遗分子,如疏脉蕉羊齿(*Compsopteris laxivenosa*)、河西蕉羊齿(*C.xiheensis*)、大辐叶(*Radiatifolium magnusum*)等,从而表明该植物群的产出时代要比华南晚三叠世诺利期—瑞替期的安源组植物群、广东小坪组植物群、川北须家河组植物群、云南—平浪组植物群等早,时代为晚三叠世卡尼期。

二、研究简史

湖北三叠纪珍稀植物群包括中三叠世安尼期潮坪植物群和晚三叠世卡尼期九里岗组植物群。对于中三叠世安尼期巴东组植物群的研究,已有近60年的历史。20世纪70年代,叶美娜(1979)首次报道了鄂西利川忠路一带中三叠世巴东组7属9种植物,主要分子有 *Annalepis zeilleri*,*A.*sp.,*Neocalamites meriani*,*N.*sp.,*Cladophlebis* sp.,*Radicites* sp.,*Desmiophyllum* sp.,*Samaropsis* sp.等。这些植物化石,尤其是脊囊属(*Annalepis*)的发现,为进一步研究该组植物群提供了重要的线索。20世纪90年代,笔者等(1995)在研究长江三峡生态地层的过程中,于省域西部咸丰、恩施、秭归等地中三叠世巴东组中发现大量肋木、脊囊及其他植物化石,较多的植物化石发现表明,虽然中三叠统巴东组红色岩层中所含的植物化石不及上三叠统那样丰富,但也并非那么贫乏稀少。

我省晚三叠世卡尼期九里岗组植物群的研究历史较早。早在19世纪就有一些外国学者(Schenk,1883)来三峡地区进行考察,但资料零星,因而价值不大。新中国成立前后,我国著名古植物学家斯行健(1949)曾在南漳东巩一带香溪群含煤岩系中采得少量的植物化石。20世纪80年代,湖北省区域地质测量队(1984)所编著的《湖北省古生物图册》一书中,对荆门—当阳盆地上三叠统九里岗组中所产的植物化石做过比较系统的描述。嗣后,为了配合葛洲坝大坝的建设,把可能被水淹没的珍贵地质古生物遗迹保护下来,张振来、孟繁松等(1987)对我省西部地区的三叠系进行过专题性研究,较全面地论述了荆门—当阳盆地晚三叠世九里岗组植物群的组成和性质,并初步分析和讨论了九里岗组植物群与我国南、北晚三叠世植物群的关系。

三、化石产地的地质背景

1. 含植物化石剖面简介

湖北中三叠世安尼期潮坪植物群广泛分布于省域西部中三叠统巴东组1—2段;而晚三叠世卡尼期九里岗组植物群则仅见于荆门—当阳盆地上三叠统九里岗组。现含化石的代表性地层剖面简述如下:

(1)鄂西咸丰县梅坪中三叠统巴东组剖面(据湖北区测队1968年资料修改补充)

上覆地层:上三叠统沙镇溪组(T_3s)

——————————————假整合——————————————

中三叠统巴东组(T_2b)

4 段(T_2b^4)

⑯紫红色粉砂岩夹灰绿色粉砂质黏土岩及含钙或白云质页岩,偶夹灰紫色细砂岩。

153.5 m

⑮紫红色薄层含粉砂质页岩及灰黄、浅绿色含钙页岩,夹数层灰色薄—中层白云岩及灰岩。产双壳类:$Myophoria$ sp.。　116.7 m

⑭紫红色薄层含钙质或白云质页岩、粉砂质页岩夹泥灰岩。　70.2 m

3 段(T_2b^3)

⑬上部为浅灰色薄层泥质灰岩,下部为灰黄、黄、灰绿色钙质页岩夹灰绿色薄层泥质灰岩。产双壳类:$Myophoria$ cf.$hsui$ Chen.。　115.0 m

⑫浅灰色薄-中层白云岩夹薄-中厚层灰岩。产双壳类:$Myophoria$ sp.。　17.3 m

⑪灰、深灰色薄-中层泥质灰岩夹钙质白云岩及含钙粉砂质黏土岩。产双壳类:$Eumor-photis(Asoella)$ cf.$subillyrica$ Hsü,$Myophoria$ sp.。　89.0 m

⑩灰、灰黄、灰绿色薄至中层泥质灰岩。产双壳类：*Eumorphotis*（*Asella*）cf.*subillyrica*

Hsü,*Myophoria*（*Neoschizodus*）cf.*laevigata*（Zeithen）。　　　　　　53.8 m

⑨灰色中厚-厚层灰岩夹灰、灰绿色薄-中层泥质灰岩,偶见鲕状灰岩。　　63.9 m

2 段（T_2b^2）

⑧紫红色页岩夹灰绿色砂质页岩及少量紫灰色薄层细砂岩。　　　　　　141.9 m

⑦紫红色泥岩夹紫红色粉砂岩。　　　　　　　　　　　　　　　　　　63.4 m

⑥浅灰略带灰绿色薄－中层含铜钙质细砂岩。　　　　　　　　　　　　10.2 m

⑤紫红色薄层砂质页岩夹紫红、灰绿色含钙质粉砂岩。　　　　　　　　93.9 m

④紫红、灰绿色页岩、砂质页岩夹粉砂岩。产植物：*Pleuromeia marginulata* Meng,*An-*

nalepis brevicystis Meng,*A.zeilleri* Fliche,*Tongchuanophyllum* sp.。　　132.6 m

1 段（T_2b^1）

③浅灰、灰色钙质页岩夹灰色白云岩。产双壳类：*Eumorphotis*（*Asoella*）*subillyrica*

Hsü,*Geruillia* sp,*Myophoria* sp.。　　　　　　　　　　　　　　　34.3 m

②灰、灰黑色白云-灰岩、钙质白云岩夹钙质页岩。　　　　　　　　　　29.6 m

①深灰色薄至中层白云质灰岩。产双壳类：*Entolium disctes* Schloth.,*Eumorphotis*

（*Asoella*）*subillyrica* Hsu,*E.*（*A.*）*illyria*（Bittner）。　　　　　12.1 m

──────── 整合 ────────

下伏地层：下三叠统嘉陵江组（T_1j）

（2）南漳县小漳河上三叠统九里岗组剖面（据湖北区测队荆门幅 1：25 万区测报告）

上覆地层：上三叠统王龙滩组（T_3w）

──────── 整合 ────────

上三叠统九里岗组（T_3j）

⑨灰黑色含菱铁矿结核碳质粉砂岩夹灰绿色薄层细砂岩透镜体,含：植物 *Todites*

princeps（Presl.）*Neocalamites* sp.,*Podozamites* sp.。　　　　　18.21 m

⑧黑色碳质页岩与碳黑色碳质粉砂岩互层,底部灰黄色中厚层状含钙质粉砂质细砂岩,

含植物：*Neocalamites* sp.,*Ctenozamites* sp.,*C.sarrani* Zeiller,*Pterophyllum* sp.,*P.*

cf.*ptilum* Harris,*Anomozamites* sp.。　　　　　　　　　　　　　18.87 m

⑦黑色碳质粉砂岩夹灰黄褐色中厚层状细粒长石石英砂岩及碳质页岩,含植物：*Cycado-*

carpidium sp.,*Danaeopsis fecund* Hall,*Glossophyllum? shensiensis* Sze,*Podozamites lanceo-*

latus（Lindley ct Hatton）Braun,*P.lanceolatus* f.*eichwaldi* Herr,*Carpolithus* sp.等。

8.87 m

⑥灰黄褐色粉砂质页岩,底部灰绿色薄层长石石英砂岩夹粉砂岩透镜体,含植物：*Neoca-*

lamites carrerei（Zeiller）Halle,*Cladophlebis* sp,*Taeniopterus* sp.。　91.00 m

⑤灰黄绿色泥质粉砂岩夹细砂岩透镜体,含植物：*Cladophlebis* sp.,*C.stenophylla* Sze,

Pterophyllum sp.,*Podozamites* sp.,*Carpolithus* sp.,*Ctenozamites sarrani* Zeiller,

Anomozamites sp.，*Taeniopteris* sp.。   88.59 m

④黄褐色含菱铁矿结核粉砂岩，含植物：*Ctenozamites* sp.，*C. cycadea*（Berger），*C. sarrani* Zeiller，*Dictyophyllum* sp.，*Sphenobaiera* sp.，*Podozamites* sp.，*P. latior*（Sze）Ye，*Paradrepanozamites dadaochangensis* Chen。   30.20 m

③灰黄绿色含碳质粉砂岩。   44.15 m

②灰绿色含泥质钙质粉砂岩，夹紫红色泥质粉砂岩。   11.10 m

①灰绿色中厚-厚层状含细砂粗粉砂岩夹少量灰绿色石英砂岩透镜体。含植物根化石。

         41.87 m

———————— 整合 ————————

下伏地层：中三叠统巴东组（T_2b）

2. 地层划分与对比

本省西部地区的三叠纪地层发育齐全，厚度巨大，最厚可达 4 800 m。该系广泛分布于黄陵背斜东、西两侧，自下而上分为 4～5 个岩石地层单位，其与年代地层单位的对应关系如表 7-1 所示。

大冶组（T_1d）：厚约 600 m，灰色薄层状（中上部夹中厚层状）泥晶灰岩，顶部夹数层鲕状灰岩，底部夹黄灰色灰质泥岩和灰白色黏土岩，含丰富的菊石、双壳类、牙形石、有孔虫等化石，与下伏上二叠统大隆组为连续沉积。

表 7-1 湖北西部三叠系岩石地层单位与年代地层对照表

年代地层			岩石地层			
			湖北西部		荆门—当阳盆地	
系	统	阶	组	段	组	段
三叠系	上统	瑞替阶	沙镇溪组		王龙滩组	
		诺利阶				
		卡尼阶			九里岗组	
	中统	拉丁阶	巴东组	5 段	巴东组	5 段
				4 段		4 段
				3 段		3 段
		安尼阶		2 段		2 段
				1 段		1 段
	下统	奥伦尼阶	嘉陵江组		嘉陵江组	
		印度阶	大冶组		大冶组	

嘉陵江组（T_1j）：厚 50～700 m，白云岩、白云质灰岩、泥晶灰岩及角砾状灰岩，在剖面上大致显示由白云岩→灰岩→白云岩及角砾状白云岩→灰岩的变化等规律，与下伏大冶组为连续沉积。本组以白云岩为特色，层位稳定。双壳类自下而上分为 *Pteria* cf. *murchison-Bakevellia exporrecta* 组合带和 *Leptochondria minima-Chlamys*（*Chlamys*）*weiyuanensis* 组合带，牙形石自下而上为 *Pachycladina-Parachirognathus ethingtoni* 带和 *Neospathodus triangularis-N.homeri* 带，它们分别与奥伦尼阶下部和上部相当。

巴东组（T_2b）：厚千余米，为一套红色碎屑岩夹碳酸盐岩沉积，依岩性可分为 5 个岩性段。依据所含的双壳类、植物化石和 3 段的菊石，目前多数学者倾向于 1—3 段为安尼期，4—5 段为拉丁期。

1 段（T_2b^1）：厚 30～200 m。下部为灰、深灰色灰岩，白云岩夹角砾状灰岩及灰质泥岩，上部为黄灰、灰绿色灰质泥岩夹灰岩，与下伏嘉陵江组为连续沉积，产双壳类 *Myophoria*（*Costatoria*）*goldfussi*，*Eumorphotis*（*Asoella*）*illyria*，*Unionites spicata* 等，植物 *Pleuromeia marginulata*，*Annalepis zeilleri*，*Calamites shanxiensis* 和以 *Aratrisporites fischeri*，*Corisaccites* cf.*alutus* 为代表的孢粉亚组合。

2 段（T_2b^2）：厚 30～600 m，暗紫红色泥岩、粉砂岩夹灰绿色粉砂质泥岩，局部夹细砂岩及含铜砂岩，含双壳 *Myophoria*（*Costatoria*）*goldfussi*，*Bakevelliamytilides*，*Eumorphotis*（*Asoella*）*illyrica* 等，植物 *Pleuromeia marginulata*，*P.sanxiaensis*，*Annalepis zeilleri*，*A.brevicystis*，*Calamites shanxiensis*，*Cladophlebis* sp.，*Tongchuanophyllum* sp.等。

3 段（T_2b^3）：厚 65～560 m，以灰、深灰色泥质灰岩、灰岩为主，夹灰质泥岩，底部产铜，产菊石 *Progonoceratites pengshuiensis*，*P.aplatus* 等，双壳类 *Plagiostoma regularum*，*Placunopsis plana*，*Promyalina putiatinensis* 等和牙形石 *Neospathodus kockeli*，*Enantiognathus incurvus* 等。

4 段（T_2b^4）：厚 300～500 m，岩性与第 2 段基本相似，含化石较少，双壳类有 *Myophoria*（*Costatoria*）*goldfussi mansuyi*，*M.(C.)*cf.*radiata* 等，介形类 *Speluncella erskoviensis*，*Suchonela opima*，*Darwinula recondica* 等，植物 *Annalepis latiloba* 等。

5 段（T_2b^5）：厚 12～24 m，灰白色白云岩、灰岩夹灰质泥岩，含双壳 *Myophoria* sp.等，有孔虫 *Ammodiscus incertus*，*Glomospira regularis*，*Nodosariabadongensis* 等和以 *Aratrisporites granulatus*，*Protohaplosypinus limpidus* 为代表的孢粉组合。

九里岗组（T_3j）：厚 250～540 m，黄灰、深灰色粉砂岩，泥岩夹长石石英砂岩，碳质泥岩及煤层（线），与下伏巴东组呈整合接触，产丰富的植物化石并含有我国南方 *Dictyophyllum*—*Clathropteris* 植物群和北方 *Danaeopsis-Symopteris* 植物群的主要分子，其中 *Danaeopsis fecunda*，*Symopteris zeilleri*，*Lepidopteris ottonis* 等均为晚三叠世的标准分子。

王龙滩组（T_3j）/ 沙镇溪组（T_3s）：王龙滩组厚 600～1 000 m，为一套以长石石英砂岩为主，夹粉砂岩、碳质泥岩及煤层（线），与下伏九里岗组为连续沉积。下部产海相双壳类 *Trigonodus keuperinus*，*Unionites manmuensis*，*Bakevelloides subhekiense* 等，植物 *Anthrophyopsis cras-*

sinervis,*Cladophlebis raciborskii*,*Symopteris* sp.等；上部产陆相双壳类 *Sibireconcha hubeiensis*,*Utschamiella longa* 等。本组时代为诺利期—瑞替期。沙镇溪组厚度变化较大,秭归盆地西部约 200 m,东部仅 4~16 m,为一套含煤岩系,岩性以灰、灰黑色泥岩,碳质泥岩,石英砂岩为主,夹粉砂岩、薄煤层及煤线,与下伏巴东组呈假整合接触,产半咸水双壳类 *Unionites emeiensis*,*Modiolus problematicus* 等和 *Sinoctenis calophylla-Cycadocarpidium erdmanni* 植物组合以及孢粉化石。上述化石所指示的时代为诺利期—瑞替期。

四、中三叠世早期(安尼期)滨海潮坪植物群

本省中三叠世安尼期滨海潮坪植物群主要分布于省域西部利川忠路、恩施七里坪、咸丰梅坪、秭归两河口及郭家坝等地,植物化石均产于中三叠统巴东组 1—2 段中。这两段主要为一套陆源碎屑潮坪相沉积(1 段下部为潮下带除外)(徐安武,1995),剖面由许多相似的、正粒序的沉积韵律所组成,而每个韵律可进一步划分为下潮坪、中潮坪、上潮坪三个亚相:下潮坪由含灰质石英粗粉砂岩组成,厚达 1.4 m,其中具发育的沙纹层理、生物搅动构造和疏密不等的垂直虫管;中潮坪由中—薄层状灰质细粉砂岩和粉砂质泥岩组成,厚达 1.4 m,具不清晰的沙纹层理、透镜状层理、沙泥互层层理,并见疏密不等的以垂直层面为主的虫管,有的地方含铜和较丰富的植物及叶肢介化石;上潮坪主要为紫红或砖红色块状含灰质粉砂岩和含灰质粉砂质泥岩,无层理,常见垂直虫管,最厚可达 8.46 m。值得注意的是无论川东、鄂西,还是湘西北地区,巴东组 1—2 段的植物化石均产于该两段陆源碎屑潮坪相之中潮坪中,并常见于中潮坪的积水洼地。

1. 安尼期滨海潮坪植物群的组成和性质

湖北中三叠世安尼期滨海潮坪植物群以省域西部及鄂、湘边境桑植县中三叠统巴东组 1—2段的植物化石为代表,主要分子有三峡肋木(*P.sanxiaensis*),狭缘肋木(*Pleuromeia marginulata*),蔡氏脊囊(*Annalepis zeilleri*),短囊脊囊(*A.brevicystis*),三峡脊囊(*A.sanxiaensis*),山西新卢木(*Neocalamites shanxiensis*),似木贼(未定种)(*Equisetites* sp.),阿尔基羽羊齿(*Neuropteridium voltzii*),枝脉蕨(未定种)(*Cladophlebis* sp.),多肋盾子(*Peltaspermum multicostatum*),铜川叶(未定种)(*Tongchuanophyllum* sp.),凸脉蕉洋齿(*Nilssonia costanervis*),网结似丝兰(*Yuccites anastomasis*),坚叶杉(*Pagiophylum* sp.)等。很明显,这个组合以石松类的肋木(*Pleuromeia*)(图 7-1、图 7-2)和脊囊(*Annalepis*)(图 7-3)为特色。肋木自 20 世纪首次发现于德国以来,一直被视为欧亚大陆早三叠世最具标志性的植物,但该属实际上可延至中三叠世早期。它在川东、鄂西、湘西北、鄂东等地都有分布,而且数量丰富,化石相当完整。脊囊是北半球很有特征的一属水生草本植物,对鉴定中三叠世的时代有一定意义,该属在区内的分布比肋木更广,在巴东组 1—2 段的岩层中比比皆是。种子蕨类的盾子属(*Peltaspermun*)除为生殖器官外,叶一般都很大,叶脉奇异。有节类数量较多,

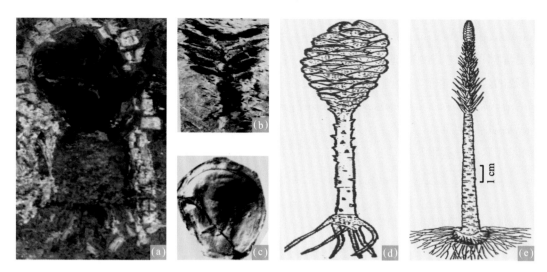

图 7-1 肋木（*Pleuromeia*）植物化石及其复原图（据 Magdefrou, 1956）

（a）三峡肋木（*P. sanxiaensis*），标本产自秭归郭家坝中三叠世巴东组；（b）（c）狭缘肋木（*P. marginulata*），标本均产自赤壁中三叠世陆水河组；（d）（e）肋木植物再造。（图片比例尺＝1 cm）

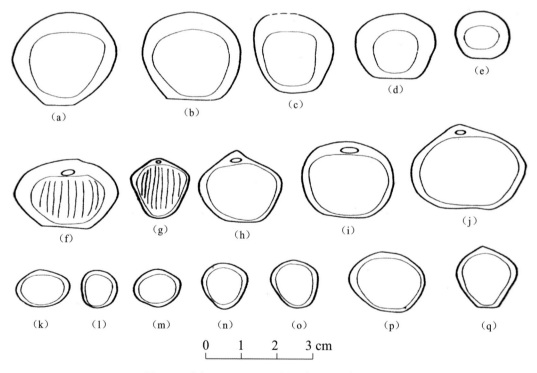

图 7-2 肋木（*Pleuromeia*）植物叶和孢子囊的形态

（a）～（f）三峡肋木（*P. sanxiaensis*）；（g）～（q）狭缘肋木（*P. marginulata*）

其形态与法国斑砂岩的 *Calamites arenaceus* 有些相似。蕨类、苏铁类和松柏类属种较少，各类仅有少数的代表。从组合的成分来看,当前的组合与华北二马营组底部植物组合(王自强等,1990)、德国介壳灰岩植物群(*Blanckenhorn*,1886)、法国洛林黏土煤层植物群(Fliche,1910)等都可对比,其特征分子 *Pleuromeia*,*Annalepis*,*Neuropteridium*,*Yuccites* 等基本上是一致的。鉴于这个组合与 *Costatoria goldfuss mansuyi*,*Bakevellia mytilioides ornata*,*Mytilus eduliformis praecursor*,*Unionites gregaria*,*Eumorphotis*(*Asoella*)*illyria* 等中三叠世海相双壳类共生,其上覆含安尼期最晚期的 *Progonoceratites* 菊石动物群,故这个植物群的时代属中三叠世早期(安尼期)。

2. 安尼期植物群的生态环境

众所周知,植物和周围环境之间的关系是极其密切的,它们是相互作用不可分割的统一体,植物结构的变异性和可塑性常因生态环境的不同而改变。据此,我们可以利用湖北西部巴东组1—2段的古植物资料,概略地重塑当时植物群落的生态环境和恢复原来的植被景观。巴东组的植物化石主要产于1段上部至2段,现以此2段植物化石为例,其生态环境概要讨论如下。

据野外观察,巴东组1段上部至2段各类植物化石在同一层位中的埋藏状况是不同的。如肋木一般保存较好,植株完整,在同一植株上保留着假根、根托、茎和孢子囊穗(图7-1),有的甚至连营养叶也未脱落;值得注意的是有的根托近直立地埋藏于岩层中或假根几乎垂直岩层层面生长。这些现象表明它基本未经过搬运,似为原地埋藏。脊囊既有散落的孢子叶又有较完整的孢子囊穗发现(图7-3),有的孢子叶甚至还保留着叶尖,但未见假根着生状况,由此推测脊囊植物虽经过水流搬运,但搬运的距离可能不远,基本为近异地埋藏。有节类和似丝兰(*Yuccites*)保存也尚好,前者多为茎干椭模,且不少是多节的;后者叶片大,保存全,叶脉清楚,推测它们可能都未经长距离搬运,似亦为近异地埋藏。

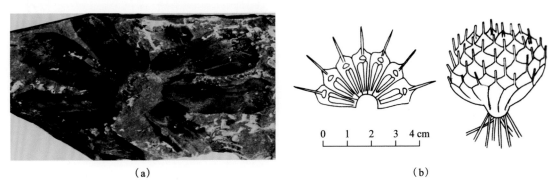

(a) (b)

图7-3 脊囊(*Annalepis*)及其再造图

(a)蔡氏脊囊(*Annalepis zeilleri*);(b)三峡脊囊(*A.sanxiaensis*)及其再造图

关于肋木植物的生态环境,以往不少学者对其都做过论述。一般认为肋木属旱生植物,因为它具有肉质的茎和叶,茎干短,不分枝,叶宿存,易脱落。由于此类植物常与海相动物化石伴生，因而也有人推测它是一种潮坪植物，生长在咸的湿地或与红树林生态相类似的地方，或滨海平原与三角洲混合沉积（Mägdefrau，1931；Konno，1973）。

　　湖北西部巴东组1段上部至2段的肋木代表稀疏的小型单属群丛，该群丛约由三种矮小的灌木组成，植株一般都不高，多数约半米，少数如狭缘肋木（*Pleuromeia marginunata*），高可能超过1 m。这属植物当时可能生长在较平坦的滨海岸边，时而受到海浪或潮水的影响；或分布在不受风浪冲击的平坦海岸和海湾的淤泥浅滩上。当涨潮时，植物部分或全部被潮水所淹没，这里就成了滨海潟湖环境；退潮时植物体又露出来，此地则成了干化潟湖环境。在这种海水进退频繁的高能带环境条件下，肋木植物具有特殊的生态适应性，因而形成了很多特殊的生态结构（图7-4）。

　　肋木的孢子囊近似盘形或近圆形，上表面凹入，下表面凸起，并紧贴于孢子叶的腹面，脱落时，大都与散落的孢子叶连在一起；孢子叶一般为椭圆形，前端尖凸，后端平截，周缘稍向上卷，下表面光滑。这些特征无疑适于孢子囊在水上漂浮[图7-4(a)]。更为重要的是，它的孢子叶前缘具一叶舌坑和很特殊的唇瓣[图7-4(d)]。这种叶舌坑可能相当于贮气腔，而唇瓣可能相当于气腔盖并能自动开与关，推测其生态功能可能与植物的呼吸吐水有关。当涨潮植物被水淹没时，唇瓣就自动闭合[图7-4(L，Lm)]，植物可利用叶舌坑内的空气来呼吸；当退潮植物露出来时，唇瓣又自动张开，植物不断地进行吐水[图7-4(e)]。另外，肋木的大孢子坚实，表面光滑，比重比其他植物的孢子大，这显然有利于孢子的快速沉积，便于它在海水进退频繁的滨海环境中就地萌发成新的植株。这些都是肋木适应滨海生活环境所必需的。

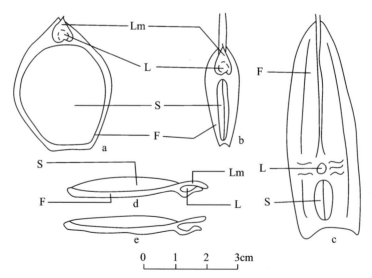

（a）狭缘肋木；（b）蔡氏脊囊；（c）短囊脊囊；（d）（e）肋木孢子叶的纵切面（d.唇瓣闭合，e.唇瓣张开），F.孢子叶，L.叶舌坑，Lm.唇瓣，S.孢子囊

图7-4　肋木和脊囊孢子叶的形态和叶舌构造

　　组合的另一重要分子脊囊是一属较小的水生草本植物，在湖北西部巴东组1段上部至2

段中也多呈单属群丛出现。该属植物当时可能生长在肋木群丛的靠岸边缘或沿海岸陆地边缘沼泽，或多或少也能受到拍岸浪的影响。它的孢子叶披针形，膜质，轻而薄，前端尖，后端平截；孢子囊狭细呈棒状，居中紧贴于孢子叶腹面且位置稍偏后，其重量致使孢子叶的前端在水上稍翘起，散落后仍与脱落的孢子叶连在一起，整个形态如同水上的小船一般（图7-5）。这些形态特征明显地有利于它在水上漂浮。另外，它的孢子叶同样具叶舌坑和唇瓣，其生态功能与肋木植物基本上是一致的。当它一旦受到拍岸浪影响时，植物就借助这种结构来吐水和通气［图7-4(b)］。

图 7-5　短囊脊囊 Annalepis brevicystis 的孢子叶和孢子囊

（标本产自咸丰梅坪中三叠统巴东组 2 段）

有节类和似丝兰常共生在一起。它们可能沿海岸陆地沼泽或湖泊边缘生长，一起形成岸边灌木丛。由于有节类孢子受精需借助于水才能进行；似丝兰植株较高，叶片很大，植物蒸腾作用比较强烈，它们只有生长在近水岸边或潮湿的土壤里才能维护正常的生命活动。其他如蕨类、种子蕨类等植物，它们可能生长在近水岸边的灌木丛下，组成稀疏的植被的下层结构。

3. 肋木植物的时空分布、迁移与衰亡

肋木植物是石松类中一属稀有的珍贵化石，在鉴定早、中三叠世的时代方面如同海相动物化石，早已为人们所熟知。近 30 年来，研究它在世界上的分布、迁移和衰亡等一系列重要的古植物学问题，已引起人们的普遍关注（Retellack，1975）。这属植物的地理分布较广，层位也相当稳定，在以往的地质文献中，它的始现层位以华北石千峰群刘家沟组最低。该组的植物组合经王自强等（1989）研究，认为其所指示的时代介于晚二叠世末期孙家沟组植物组合与

早三叠世晚期和尚沟组植物组合之间,属早三叠世早期即印度期(Induan)。

早三叠世晚期,肋木获得了迅速的发展和迁移,其分布范围已遍布欧亚大陆,而且在澳大利亚的东部也有类似的标本发现(Retallack,1975)。经长期研究,西欧斑砂岩(Buntsandstein)一直被视为早三叠世的典型沉积,肋木就是其中主要的化石代表。德国的斑砂岩分为上、中、下三部分,肋木均产于斑砂岩的中—上部(Blanckenhorn,1886;Magdefrau,1931)。在法国伏脂杉砂岩(Grees a Voltzia)中,也有 *P.sternbergi*(Munster)和 *P.oculina*(Blanckenhorn)的发现,其层位相当于斑砂岩的上部(Grauvogel-Stamm,1978)。俄罗斯地台的 *P. rossica* Neuburg 通常与丰富的脊椎动物化石底栖鳄(*Benthosuchus*)共生,层位对比大致为奥伦尼阶(Olenekian)的下部。在中亚、西伯利亚东部,符拉迪沃斯托克(海参崴)以及日本等地,肋木常与早三叠世晚期的菊石或其他海相软体动物化石伴生,含这些肋木的层位明显为奥伦尼阶(Konno,1973),华北和尚沟组产以 *P.sternbergii* 为代表的植物组合,其组合面貌与西欧斑砂岩植物群完全可以对比,时代亦应为奥伦尼期(王自强 等,1990)。由此可见,上述各地肋木的时代均为奥伦尼期。

肋木能否延入中三叠世,以往一直有怀疑。看来,比较可靠的属中三叠世的肋木产地有法国孚日山区褐煤层(Depape et al,1963)、里海东岸曼格什拉克、俄罗斯岛等处,这些地方肋木出现的层位都较高,大致为中三叠统安尼阶(Anisian)。前已述及,三峡地区巴东组1—2段的肋木都与显示强烈中三叠世色彩的海相双壳类共生,其时代确属中三叠世安尼期。

据笔者研究,肋木在华南主要分布于长江流域一带,其所在层位包括鄂东南中三叠世蒲圻群和三峡地区中三叠世巴东组。鄂东南蒲圻群自下而上分为陆水河组和蒲圻组,总体上反映了由海到陆的海退相序(张仁杰 等,1982),此地肋木仅见于陆水河组灰绿色粉砂质泥岩中(层位相当于鄂西巴东组1段),而其上的蒲圻组尚未发现。由此向西至鄂西和湘西北一带,肋木分布的层位明显增高,从巴东组1段延续到2段的中部,如湖北秭归香溪、恩施七里坪、咸丰梅坪、湖南桑植洪家关等剖面都是如此,而2段的上部未见其踪迹。再向西至川东一带,肋木分布的层位则更高,从巴东组1段至2段的顶部都有分布。基于肋木的如此分布规律,使我们有理由推断,安尼期早期肋木在漫长的长江流域几乎是同时出现的,此后随着时间的推移(安尼期中、晚期),肋木则明显由东向西迁移,其分布范围也随之逐渐缩小,最后可能仅残存在川东一带(图7-6)。

肋木在长江流域的这种时空变迁,推测其原因很可能与当时地壳构造运动及由此而引起的岩相古地理变化有关,安尼期早期中下扬子海盆与上扬子海盆的海水可能相互沟通,此时适于在水上漂流的肋木孢子囊得到了迅速的传播,并开始迅猛地发展;但安尼期中、晚期,可能由于印支运动的影响,扬子地台构造分异加强,结果出现东升西坳的构造格局,因而导致了当时扬子地台的海退作用总体上自东向西周期性发生,从而引起了肋木的时空变迁。

全球性肋木的分布表明,它在早三叠世早期可能就已出现,早三叠世晚期大盛于欧、亚,到中三叠世早期才趋于衰亡。华南早三叠世时基本上为海相沉积,至今尚没有可靠的肋木化石记录,但进入中三叠世早期,它获得了广泛的发展,至安尼期末,很快衰亡。前已叙及,在长

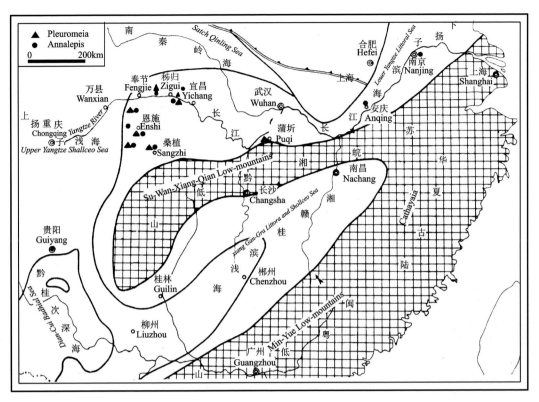

图 7-6 长江流域中—下游中三叠世古地理和肋木植物的分布（据刘宝珺 等，1994 资料修改）

江中、上游一带，肋木分布的最高层位为巴东组 2 段的顶部（相当于安尼期晚期），而在其上的 3—5 段从未发现。值得注意的是，与肋木有亲缘关系的 *Lundbladispora* 孢子分布也是如此（张振来，1979）。故安尼期末，长江流域一带的肋木确实走上了绝灭之路，进入拉丁期它已不复存在了，目前已知全球肋木延续的最晚时限亦为中三叠世早期，其生命危机几乎是同时出现的。至于肋木绝灭的原因，可能是它内外多种因素综合作用的结果，但就长江流域已有的资料而言，明显与下列因素有关。

1)海平面急剧上升或下降。湖北西部一带巴东组 1—2 段总体上为一套海退相序，其海退的顶峰在 2 段的中上部。但从巴东组 3 段开始（相当于安尼期最晚期），由于海平面急剧上升，大规模的海侵几乎遍及整个湖北西部及湘西北地区，其中最大的海侵在 3 段的下部。此时已幸存在川东和湖北西部一带的肋木正地处海侵的腹地，一旦海侵突然来临，它首当其冲会遭到致命的打击。与此同时，在一些地方（如鄂东南一带），可能由于海平面的急剧下降，致使广阔的滨海岸边环境很快消失，进而导致了植物生态体系危机的出现，肋木也由此而告终（孟繁松 等，2002）。

2)巨型风暴潮事件。据徐安武(1995)研究，在湖北西部一带巴东组 2 段的中上部和 4 段陆源碎屑潮坪沉积中，均发育多层风暴潮沉积，尤其是 2 段中上部的风暴潮沉积，在川东、鄂西和湘西北一带都有分布，而且层位稳定，波及的范围可达数千平方千米，如此巨大的风暴潮也可能导致对环境反应敏感的肋木植物的绝灭。

五、晚三叠世早期(卡尼期)九里岗组植物群

晚三叠世早期(卡尼期)九里岗组植物群主要分布于荆门—当阳盆地的南漳东巩、小漳河,远安九里岗、铁炉湾,荆门姚河、海慧沟以及当阳土地岭一带,植物化石主要产于上三叠统九里岗组中—下部。

1. 九里岗组植物群的组成和性质

湖北晚三叠世卡尼期九里岗组植物群以荆门—当阳盆地上三叠统九里岗组的植物化石为代表,化石数量丰富,属种众多,门类齐全,现将各门类植物的主要分子列举如下。

有节类植物:*Neocalamites carrerei*,*N.hoerensis*,*N.sarrani*,*Equisetites sthenodon*,*E. acanthondon* 等。

真蕨类植物:*Danaeopsis fecunda*,*Symopteris zeilleri*,*Marrattia asiatica*,*Todites princes*,*T. shensiensis*,*Clathropteris meniscioides*,*Dictyophyllum nathorsti*,*Thaumatopters expansa*,*Th.nipponica*,*Gleichenites nitida*,*Cladophlebis raciborski*,*C.denticulata* 等。

种子蕨类植物:*Lepidopteris ottonis*,*Compsopteris laxivenosa*、*C.magnificus*,*C.xiheensis*,*Thinnfeldia elegans*,*Th.nanzhangensis*,*Ptilozamites nilssini*,*Ctenozamites aequalis*,*C.sarrani*,*Aipteris* sp.等。

苏铁类植物:*Nilssonia elegantissima*,*N.latifolia*,*N.linearis*,*Ctenis jingmen-ensis*,*Anthrophyopsis crassinervis*,*Pterophyluum aequale*,*P.dolicholibum*,*P.hubeiensis*,*P.longifilium*,*P.sinense*,*Anomozamites amdrupiana*,*Ctenophyllum nervosum*,*Zamites donggongensis*,*Z.insignis*,*Otozamites megaphyllus*,*Sinoctenis calophylla*,*S.minor*,*Sphenzamites changi*,*Sph.fenshuilingensis* 等。

银杏类植物:*Ginkgoites rotundus*,*Baiera donggongensis*,*Glossophyllum shensiensis*,*Radiatifolium magnusum* 等。

松柏类植物:*Cycadocarpidium ermanni*,*Ferganeilla* cf.*urjanchiaca*,*Podozamites lanceolatus* 等。

分类位置不明的植物:*Paradrepanozamites dadaochangensis*,*Hubeiophyllum angustum*,*H.cuneifolium*,*Mixophyllum simplex*,*Taeniopteris donggongensis* 等。

上述列举的植物化石尽管不太完全,但大体上反映了九里岗组植物群的自然面貌。很明显,该植物群总的特点是:以苏铁类植物最发达,属种多,分布广;真蕨类次之,其中尤以观音座莲科(*Danaeopsis*)、合囊蕨科(*Symopteris*)和双扇蕨科(*Dictyophyllum*,*Clathropteris*)最具特征;有节类和银杏类亦占相当重要的地位,前者不少属种为九里岗组和陕北延长群所特

有,后者兼具大叶、浅裂或不分裂的叶特点;种子蕨类大大衰退;松柏类贫乏而单调;此外,还包括一些具简单网脉的 *Hubeiophyllum* 及具间生小裂片的 *Mixophyllum* 等,它们都是九里岗组植物群中比较特殊的类型。

关于我国晚三叠世植物群,以往分为 *Dictyophyllum-Clathropteris* 和 *Danaeopsis-Symopteris* 两个植物群,广泛分布于我国南、北方。对于 *Dictyophyllum-Clathropteris* 植物群的研究,近年来取得了相当显著的进展,目前已知它并不只限于瑞替克—里阿斯(Rhaetian-Liassic)期,而是从晚三叠世卡尼期直至中侏罗世早期,由于它延续的时代较长,因而在生产实践和科学研究中意义不大。周志炎、李佩娟(1980)从古植物学观点讨论中国中生代陆相地层的划分、对比和时代时,将此植物群进一步划分为五个组合,其中第二组合称之 *Ptilozamites-Anthrophyopsis* 组合,以湘赣安源组、云南—平浪组和四川须家河组所产植物化石为代表。这一组合在华南晚三叠世地层分布很广,如湘粤艮口组、粤中小坪组的植物化石亦包括于这一组合范畴,本书称之为 *Ptilozamites-Anthrophyosisp* 植物群。至于 *Danaeopsis-Symopteris* 植物群,可以陕北晚三叠世延长群植物群为代表。该植物群的重要分子虽自中三叠世就开始发育(黄枝高 等,1980),但

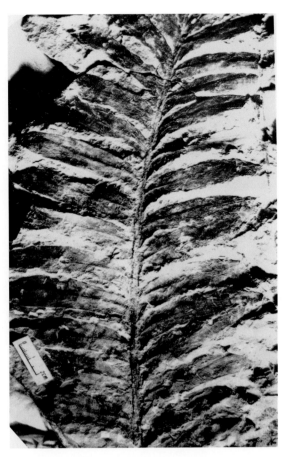

图 7-7 雅致丁菲羊齿(*Thinnfeldia elengans*)
(种子蕨类植物,标本产自远安茅坪场上三叠统九里岗组)

以晚三叠世最为繁盛,在我国北方晚三叠世地层分布很广。根据九里岗组植物群的成分及其数量丰富与否,笔者认为:该植物群既具有 *Danaeopsis-Symopteris* 植物群的重要特征,又具有 *Ptilozamites-Anthrophyopsis* 植物群的重要特征,属于其过渡性植物群。

九里岗组植物群具有陕北延长群植物群的浓厚色彩,延长群的许多重要分子在九里岗组陆续都有发现(图 7-8)(斯行健,1956)。它们的共同点是:①延长群丰富而重要的植物是 *Danaeopsis fecunda*、*Symopteris zeilleri* 和 *Glossophyllum? shensiense*,这些植物在地层中出现多寡,一定程度上反映了植物群某方面的重要特征。以上植物在九里岗组中是很普遍的,尤其是 *S.zeilLeri* 和 *G. shensiense*,据野外观察,不仅十分普遍,而且连叶型和大小几乎与延长群的无甚区别;②延长群比较特别的有节类在九里岗组亦甚为发育,属种基本相同,有些植物如 *Neocalamites hoerensis*,*N.rugosus*,*Equisetites acanthondon*,*E.sthenodon* 等迄今仅

见于延长群和九里岗组中,似为两者所特有;③九里岗组的银杏类除上面已提及的 *G. shensiense* 外,Ginkgoites rotundus 与延长群的 *G.choui* 很近似,叶都比较大,浅裂或不分裂;④九里岗组的 *Compsopteris*、*Aipteris* 等种子蕨类,近年来在延长群亦先后发现,这些繁盛于古生代的植物在中生代早期出现,对于鉴定地层时代具有一定的意义。

图 7-8　蔡氏束脉蕨(*Symopteris zeilleri*)
本种是华北晚三叠世延长群植物群的代表分子,标本产自南漳东巩上三叠统九里岗组

九里岗组植物群与我国南方安源组、艮口组、小坪组、云南一平浪组等植物群的密切关系为大家所理解,以往多将该植物群隶属于 *Ptilozamites-Anthrophyopsis* 植物群的范畴。它们的共同点是:植物群都以苏铁类最繁茂,真蕨类都很发达,其中以双扇蕨科最具特征、丰富多产,但它们之间的区别仍然是很明显的。如:①常见于前者观音座莲目植物(*Danaeopsis*,*Symopteris*),在后者虽有其存在,但为数很少,偶尔出现,据已有资料,*Danaeopsis fecunda* 只发现于广东高明、花县和乐昌几处,在闻名中外的安源组中迄今未有确切的 *Danaeopsis*、*Symopteris* 的报道,在云南一平浪组中,此两属在数量上亦远不如九里岗组丰富;②后者有节类不如九里岗组丰富,种类较少,有些植物如 *Neocalamites rugosus*,*Equisetites acanthodon*,*E.sthenodon* 等,如前所述迄今未在后者发现;③前者银杏类属种甚多,尤其是 *Glossophyllum? shensiense* 极为丰富,其余的银杏植物多以叶较大、浅裂或不分裂为特征;后者属种单调,尚未有可靠的 *G.? shensiese* 发现,叶一般较小,多次深裂;④种子蕨类的成分不同,常见于后者的 *Ptilozamites*,*Pachypteris*,*Hyrcanopteris*,在前者未见其痕迹;而前者十分标志的 *Compsopteris*,*Aipteris* 为后者所缺少。

以上可以看出,九里岗组植物群与 *Ptilozamites-Anthrophyopsis* 植物群以及与 *Danaeopsis-Symopteris* 植物群既有相同点,又有不同点。一方面,它兼具上述两植物群的重要特征,在我国南、北晚三叠世两个植物群的联系上起着桥梁作用,成为它们的重要分子共生场所;另一方面,九里岗组植物群与上述两植物群各自存在明显的差异,这种差异不仅表现在植物群成分的不同及其数量上的多寡,而且植物的形态结构亦不一样。因此,九里岗组植物群无论隶属于上述哪一植物群范畴都是十分勉强的,应为它们的过渡性植物群。

九里岗组植物群含较多的晚三叠世标准分子 *Danaeopis fecunda*,*Symopteris zeilleri*,*Todites shensiensis*,*Lepidopteris ottonis*,*Pterophyllum sinense*,*Sinoctenis minor*,*Drepannzamites* cf *nilssoni*,*Sphenozamiles changi*,*Glossophyllum shensiense*,*Cycadocarpidium erdmanni* 等,其时代属晚三叠世无疑。值得注意的是:在九里岗组中还出现了一些显示古老色彩的分子 *Compsopteris laxivenosa*,*Compsopteris xiheensis*,*Radiatifolium magnusum* 等(图 7-9,图 7-10),这些属的繁盛期是古生代,尤其是石炭纪、二叠纪,其中 *Compsopteris* 叶的形态比较特别,叶基收缩呈斜圆形,这种形态在中生代早期沉积中尚未发现,然而,此种形态却与贵州晚二叠世的奇羽蕉羊齿(*C.imparis*)和江苏、云南晚二叠世的收缩蕉羊齿(*C.contracta*)颇为相似。大辐叶(*Radiatifolium magnusum*)形态特征与贵州盘州市晚二叠世宣威组的楔扇叶(*Rhipidopsis panii*)很接近(图 7-10)(中国科学院植物研究所中国古生代植物编写组,1974)。这些都显示九里岗组植物群还残留有古生代植物群的色彩,它也接近西欧晚三叠世早期 Lettenkohle 植物群,故九里岗组植物群的时代属晚三叠世卡尼期比较可信。

图 7-9　西河蕉洋齿(*Compsopteris xiheensis*)
(种子蕨类植物,标本产于南漳东巩九里岗组)

图 7-10　大辐叶（*Radiatifolium magnusum*）

（古老的银杏类植物，标本产于南漳东巩上三叠统九里岗组）

图 7-11　狭叶湖北叶 *Hubeiophyllum angustum*

（本种为九里岗组植物群的特征分子，标本产于远安铁炉湾上三叠统九里岗组）

2. 九里岗组植物群所指示的古环境与气候

荆门—当阳盆地九里岗组的植物化石如同一部自然史书,反映了晚三叠世早期的环境与气候变化信息。众所周知,一方面植物的形态结构、分布状况依环境条件而转移;另一方面植物也不同程度影响和改变环境条件,植物属种及其数量丰富与否,与植物周围的环境密切相关。

中三叠世晚期(拉丁期),由于地壳的上升,在湖北西部一带时而出现大片的滨岸平原环境,红色岩层普遍出现,这表明当时的气候偏干,古植被贫乏,滨岸平原几乎光秃秃的。一旦进入晚三叠世早期,由于地壳进一步上升,海水基本退出湖北地区,嗣后,随着时间的推移,湖北西部地形起伏逐渐明朗,并形成一些小型的断陷沉积盆地,如秭归盆地、荆门—当阳盆地等,陆地上湖泊也开始出现,因当时气候由偏干转为湿润多雨,这样的古地貌和气候给植物繁衍提供了良好的自然条件,植物生长迅速繁盛起来。当时荆门—当阳盆地植物茂盛,属种分异度很高。就植物的生活习性而言,九里岗组有节类植物的许多种是一类喜湿植物,它们通常生长在河湖水体岸边、沼泽边缘或潮湿地区,并与其他植物一起构成岸边灌木丛;而真蕨类、种子蕨类和苏铁类植物生长在水域附近比较平缓的丘陵或斜坡地带,它们的高度发展指示了湿热、雨水充沛的气候环境(图 7-12)。

图 7-12 斜楔羽叶(*Sphenozamites mariani*)
(指示湿热气候的苏铁类植物,标本产自南漳东巩上三叠统九里岗组)

　　荆门—当阳盆地晚三叠世早期潮湿气候形成的原因，明显与当时盆地所处的古地理位置有关。早印支运动后，我国境内结束了长期存在的南海、北陆的古地理面貌，扬子地台与北方大陆拼接，其间出现了古秦岭。当时古秦岭已成为分隔我国南、北气候区的天然屏障，也是我国热带、亚热带与温带天然的分界线。同时，又因当时黄陵背斜的隆起，也成为分隔秭归盆地与荆门—当阳盆地的天然屏障。尽管那时荆门—当阳盆地西为广阔的特提斯海，但因黄陵背斜隆起的阻隔，故荆门—当阳盆地受特提斯海湿润气流的影响较小；而盆地东与环太平洋海滨相近，其间又无多大的阻挡，当时环太平洋湿热的气候易沿古秦岭南缘向西挺进或来自南方的湿热气流向北运移，由于当时古秦岭和黄陵背斜隆起的阻挡，这两股湿热气流直抵荆门—当阳盆地一带后汇合，从而大大地增加了这一地区的降雨量，普遍出现湿热的环境气候。

参考文献

郭学聪,1961.达尔文主义[M].北京:人民教育出版社.

湖北省区域地质测量队,1984.湖北省古生物图册[M].武汉:湖北科学技术出版社.

黄枝高,周慧琴.古植物[M]//中国地质科学院地质研究所.陕甘宁盆地中生代地层古生物(上册).北京:地质出版社,43-198.

克里什托弗维奇 A H,1965.古植物学[M].姚兆奇,张志诚 等译.北京:中国工业出版社.

李星学,1995.中国地质时期的植物群[M].广州:广东科技出版社.

刘宝珺,许效松,1994.中国南方岩相古地理图集(震旦纪—三叠纪)[M].北京:科学出版社.

孟繁松,李旭兵,2002.长江流域中三叠世肋木植物的衰退及其适应性生存对策[J].华南地质与矿产,2:60-65.

孟繁松,徐安武,张振来,等,1995.长江三峡及邻区巴东组非海相生物群和沉积相[M].武汉:中国地质大学出版社.

斯行健,李星学,1963.中国植物化石第二册 中国古生代植物[M].北京:科学出版社.

斯行健,1944.鄂西香溪煤系植物化石[J].地质论详,2:1-217.

斯行健,1956.陕北中生代延长层植物群[J].古生物志(新甲种),5,1-217.

汪啸风,陈孝红,张仁杰,等,2002.长江三峡地区珍贵地质遗迹保护和太古宙——多重地层划分与海平面变化[M].北京:地质出版社.

王鸿祯,1985.中国古地理图集[M].北京:地图出版社.

王立新,解志民,王自强,1978.山西沁水盆地早三叠世肋木属的发现及其地层意义[J].古生物学报,17(2):195－211.

王自强,王立新,1989.华北石千峰群早三叠世植物化石[J].山西地质,4(1):23-40.

王自强,王立新,1990.华北石千峰群早三叠世晚期植物化石[J].山西地质,5(2):97-154.

吴舜卿,吴向午,1983.中国三叠纪植物化石地层[M]//中国科学院南京地质古生物研究所.中国各纪地层对比表及说明书.北京:科学出版社,206-222.

徐仁,1980.生物史 第二分册 植物的发展[M].北京:科学出版社.

叶美娜,刘兴义,黄国清,等,1986.川东北地区晚三叠世及早、中侏罗世植物[M].合肥:安徽科学技术出版社.

叶美娜,1979.湖北、四川中三叠统植物化石的发现[J].古生物学报,19(1):73-82.

张仁杰,孟繁松,张振来,1982.湖北东南部三叠纪地层[C]//宜昌地质矿产研究所.中国地质科学院宜昌地质矿产研究所文集(5):40-53.

张振来,孟繁松,等,1987.长江三峡生物地层学(4)三叠纪-侏罗纪分册[M].北京:地质出版社.

张振来,1979.湖北蒲圻中三叠世蒲圻群下部孢粉组合[C]//中国孢粉学会.中国孢粉学会第一届学术会议论文选集.北京:科学出版社:125-129.

中国科学院植物研究所《中国古代植物》编写小组,1974.中国古生代植物[M].北京:科学出版社.

周志炎,李佩娟,1980.从古植物学观点讨论中国中生代陆相地层划分、对比和时代[C]//国际交流地质学术论文集(4)地层 古生物.北京:地质出版社:90-98.

BLANCKENHOM M,1886.Die fossile flora des Buntsandeins und des Muschelkalks der Umgegend von Commem[J].Paleontographica.32:117-154.

DEPAPE G.,DOUBINGER J,1963.Flore triassiques de Frace[J].Men Bur Rech Geol Min,15:51-523.

FLICHE P,1910.Flore fossile du Trias en Lorraine er France-Comte[J].Bull Soc Sci Nancy,2(3):222-286.

GRAUVOGEL-STAMM L. 1978. La flore du Grès à Voltzia (Buntsandeinsupérieur) des Vosges du Nord (France).Morphologie,anatomie,interpretations phylogenique et paleogeographique[J].Sci Geol,50:1-225.

KONNO E,1973.New species of Pleuromeia and Neocalamites from the Upper Scythian Bed in the kitakami Massif[J].Sci Rep Res Inst Tohoku 2nd ser,43:97-115.

MäGDEFRAU K,1931.Die fossile Flora von Singen in Thur.und pflanzengeographischen Verhaltnisse in Mitteleuropa zur Buntsandsteinzeit[J].Ber Deutsch Bot Ges,49:298-308.

RETALLACK G J,1975.The life and times of a Trassic lycopod[J].Alcheringa,1:3-29.

SCHENK A,1883.Jurassische Pflanzen[J].In Richthofen Fvon China Bd,4:245-269,46-54.